有机化学反应机理解析

Elucidation of Organic Reaction Mechanisms

周德军 著

化学工业出版社

·北京·

内容简介

本书从国际知名的有机化学期刊中精选了285个反应，涵盖了氧化反应、还原反应、卤代反应、环化反应、延长碳链反应、重排反应、自由基反应、官能团转换反应等反应类型。每一个反应都对其机理进行了详细的分析，给出了关键反应的反应过程以及每一步反应的电子转移过程。另外，在附录中给出了有机化学中常用缩略语的中英文名称和化学结构、常用有机化合物的酸碱度、常用有机溶剂物理性质、常用显色剂及配制方法。

书中对每一步反应电子转移路线的规范书写，有助于读者提高剖析化学反应机理的能力。本书可供大专院校有机化学、药物化学、应用化学等专业的本科生、研究生、教师以及有机化学领域的科研人员阅读参考，尤其适合有机化学初学者阅读。

图书在版编目（CIP）数据

有机化学反应机理解析 / 周德军著. -- 北京 : 化学工业出版社，2025. 3. -- ISBN 978-7-122-47320-2

I. O621.25

中国国家版本馆CIP数据核字第2025UE7188号

责任编辑：傅聪智　　文字编辑：王丽娜
责任校对：宋　玮　　装帧设计：刘丽华

出版发行：化学工业出版社
（北京市东城区青年湖南街13号　邮政编码100011）
印　　装：北京建宏印刷有限公司
710mm×1000mm　1/16　印张15½　字数289千字
2025年5月北京第1版第1次印刷

购书咨询：010-64518888　　售后服务：010-64518899
网　　址：http://www.cip.com.cn
凡购买本书，如有缺损质量问题，本社销售中心负责调换。

定　　价：98.00元

前言

有机化学反应机理是对有机化学反应过程的详细描述，用电子的移动轨迹解释旧键的断裂与新键的形成历程。箭头表示一对电子的移动方向，鱼钩表示单电子的移动方向。现有的有机化学反应机理是根据很多实际反应推测总结后提出的，虽然每个反应机理有一定的适用范围，但其不仅能够解释很多实验事实，还能预测新反应的发生。如果新的实验事实无法用原有的反应机理解释，那么就需要提出新的反应机理。

从20世纪末开始，我国在有机化学研究领域开始快速发展，目前出现了多个以中国化学家命名的反应。对于有机化学工作者，在熟记常见人名反应功能的同时，还要熟悉每个反应的反应机理，反应机理既可以帮助理解和学习已知反应，又可以指导自己的研究课题和工作内容。有机化学反应发生时，分子间碰撞或电子转移导致共价键的断裂与形成在10^{-12}～10^{-14}秒内完成，凭借目前的仪器设备，很难清楚地观察到分子间的反应过程。因此，根据反应现象和中间体来推测有机化学反应机理，仍是现代有机化学研究者的主要研究手段。

本书从国际知名有机化学期刊中收集了285个反应实例，以反应类型进行分类，包括：氧化反应、还原反应、卤代反应、环化反应、延长碳链反应、重排反应、自由基反应、官能团转换反应等8章。编者对所精选的代表性反应都进行了详细的机理分析，规范化书写每一步的电子转移过程，并对关键反应步骤配有文字描述。另外，附录1收集了有机化学常用缩略语，附录2收集了常用有机化合物酸碱度，附录3收集了常用有机溶剂物理性质，附录4收集了常用显色剂及配制方法，便于有机化学工作者参考。

在本书的编写、绘图、附件整理与校稿过程中，得到承德医学院在校生张钰滢、李森、韩浓、陈庆伟、成桦、高小萱、刘子厚、鲁翔宇、杜寒莹的全力协助；承德医学院给予资金方面的大力支持；另外，山东达冠医药科技有限公司也给予资料和资金方面的支持，在此一并致谢。由于编者水平有限，难免出现疏漏与不足之处，恳请广大读者不吝赐教。

周德军

2025 年 1 月

目录

第 1 章

氧化反应

1.1 合成醛酮

1.1.1 醇被氧化生成酮

反应实例 1

$$\xrightarrow[\text{Me}_2\text{CO-H}_2\text{O, 室温}]{\text{CrO}_3\text{, H}_2\text{SO}_4}$$

Eisenbraun E J. Org Synth, 1973, Coll Vol 5: 310.

【反应说明】 该反应是 Jones 氧化反应。Jones 试剂是一种较强的氧化剂，可将伯醇氧化为羧酸，仲醇氧化为酮。

【反应机理】

$$\xrightarrow[\textbf{A}]{\text{H}_3\text{O}^{\oplus}}$$

$$\xrightarrow[\textbf{B}]{-\text{H}_2\text{O}} \qquad \xrightarrow{+\text{H}^{\oplus}}$$

$$\xrightarrow[\textbf{C}]{-\text{H}_2\text{CrO}_3}$$

A—三氧化铬在酸性条件下与水反应形成 Jones 试剂；**B**—醇羟基氧的孤对电子进攻 Jones 试剂，脱去一分子水；**C**—酸性条件下，脱去一分子 H_2CrO_3 生成酮（铬也由原来的六价还原为四价）。

反应实例 2

AgOAc, Br_2
苯; 0 ℃, $h\nu$

Beckwith A L, Kazlauskas R J, Syner-Lyons M R. J Org Chem, 1983, 48: 4718.

【反应说明】 该反应是光诱导下溴氧键均裂，进而引发自由基反应将叔醇扩环为环酮的反应。

【反应机理】

Br—Br····$Ag^{\oplus}$ −AgBr **A** $h\nu$ **B** **C** **D**

A—在银离子的推动下，醇与溴分子反应形成次溴酸酯；**B**—光诱导均裂反应产生自由基；**C**—碳碳键裂解形成较稳定的仲碳自由基；**D**—溴原子迁移得到产物，同时又生成了新的自由基使反应能够继续下去。

1.1.2 末端醇被氧化生成醛

反应实例 1

DMSO, $(COCl)_2$, CH_2Cl_2, −50 ℃
Et_3N, −50 ℃ ~ rt

Leopold E J. Org Synth, 1990, Coll Vol 7: 258.

【反应说明】 该反应是 Swern 氧化反应，是有机合成中经常用到的选择性较好的氧化反应。它能将伯醇氧化为醛而不氧化为羧酸，同时它也可以将仲醇氧化为酮。反应后处理也较简单，一般不用纯化。

【反应机理】

$$\ce{Me2S=O + (COCl)2 ->[A] ->[-CO, -CO_2][A] Me2S^{+}Cl\ Cl^{-} ->[RCH_2OH][-HCl][B] [RCH_2O-S(Me)_2Cl <=> RCH_2O-S^{+}(Me)CH_2H\ Cl^{-}] ->[:NEt_3][-Et_3NHCl][C] RCH(H)-O-S^{+}(Me)CH_2^{-} ->[-Me_2S][D] RCHO}$$

A—二甲基亚砜（DMSO）进攻草酰氯形成氯硫离子，同时脱去一分子的一氧化碳和二氧化碳；B—醇进攻氯硫离子，脱去一分子氯化氢；C—三乙胺夺取甲基上的一个氢形成硫叶立德；D—消去一分子二甲硫醚生成了醛。

反应实例 2

$$\ce{Me2CHCH2OH ->[DCC, TFA, 吡啶][DMSO, rt] Me2CHCHO}$$

Tidwell T T. Org React, 1990, 39: 297.

【反应说明】该反应是 Pfitzner-Moffatt 氧化反应，是将醇氧化为醛酮的反应。反应机理可以和 Swern 氧化对照来了解。

【反应机理】

$$\ce{Cy-N=C=N-Cy + H^{+} ->[A] Cy-N^{+}H=C=N-Cy ->[Me2S=O] CyHN-C(=NCy)-O-S^{+}Me_2 ->[Me2CHCH2OH][+H^{+}, -H^{+}][B] CyHNC(O)NHCy + Me_2S^{+}-OCH_2CHMe_2 ->[吡啶][C] Me(CH_2^{-})S^{+}-OCH_2CHMe_2 ->[-Me_2S] Me_2CHCHO}$$

A—1,3-双环己基碳二亚胺(DCC)得到一个质子活化；**B**—醇羟基氧孤对电子进攻硫原子发生亲核取代反应；**C**—先形成一个硫叶立德，然后再发生分子内 β-消除，消去一分子二甲硫醚得到产物。

反应实例 3

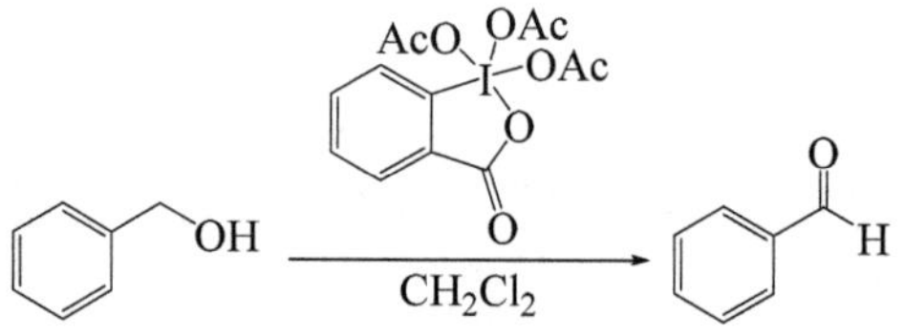

Dess D B, Martin J C J Org Chem, 1983, 48: 4155-4156.

【反应说明】 该反应为 Dess-Martin 氧化反应，是将伯醇氧化为醛、仲醇氧化为酮的反应。

【反应机理】

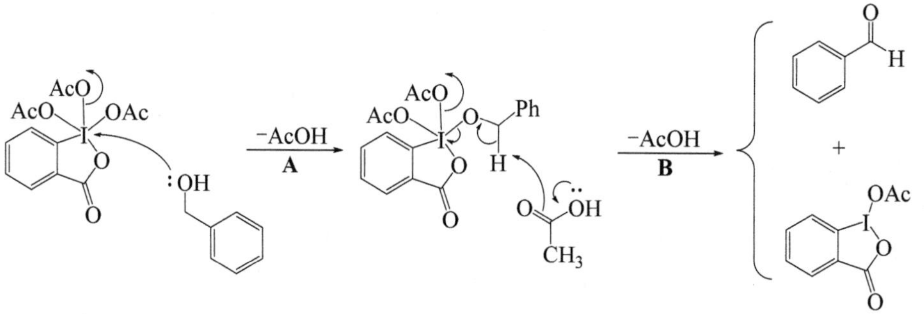

A—羟基氧上的孤对电子进攻五价碘，脱去一分子乙酸；**B**—酸羰基孤对电子夺取苄基上的一个质子，同时再脱去一分子乙酸得到苯甲醛，原 Dess-Martin 氧化剂由五价降为三价。

反应实例 4

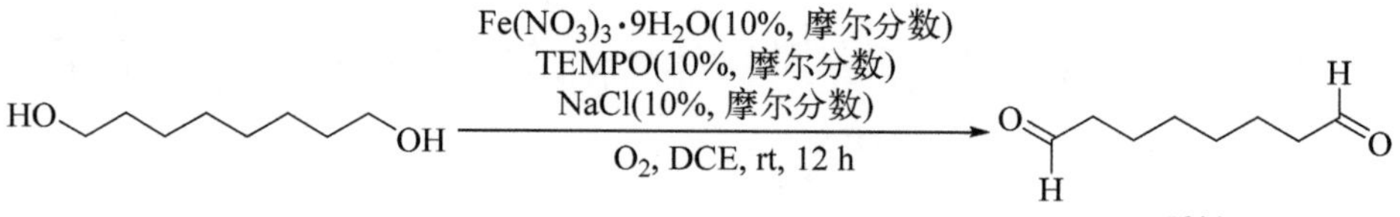

Jiang X G, Zhang J S. J Am Chem Soc, 2016, 138: 8344.

【反应说明】 该反应是麻生明氧化反应，是用 $Fe(NO_3)_3 \cdot 9H_2O$/TEMPO 作催化体系，O_2 作为氧化剂，NaCl 作为添加剂，室温条件下将醇氧化为醛的反应。

【反应机理】

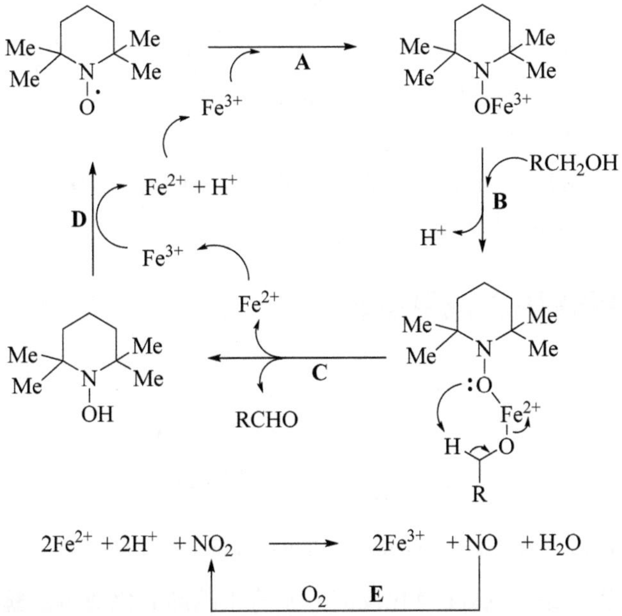

$$2Fe^{2+} + 2H^{+} + NO_2 \longrightarrow 2Fe^{3+} + NO + H_2O$$

O_2 E

A—2,2,6,6-四甲基哌啶氧化物(TEMPO)与三价铁偶联；**B**—氧化插入醇的氢氧键中，同时释放一个质子，三价铁转变为二价铁；**C**—经五元环过渡态，*β*-氢消除得到醛，同时释放一个二价铁离子和一分子 TEMPOH；**D**—TEMPOH 被三价铁氧化转变为 TEMPO；**E**—一氧化氮经氧气氧化为二氧化氮，使反应可以循环进行。

反应实例 5

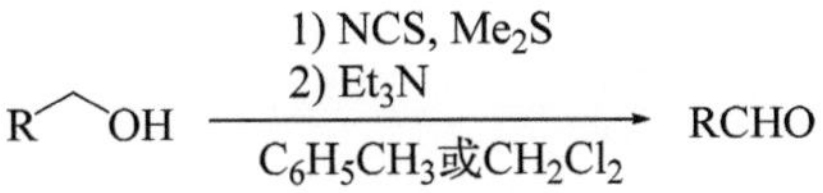

$$RCH_2OH \xrightarrow[C_6H_5CH_3\text{或}CH_2Cl_2]{1)\ NCS,\ Me_2S;\ 2)\ Et_3N} RCHO$$

R = H, 烷基，芳香基

Corey E J, Kim C U. J Am Chem Soc, 1972, 94: 7586.

【反应说明】该反应是 Corey-Kim 氧化反应，是将醇氧化成醛和酮的反应。

【反应机理】

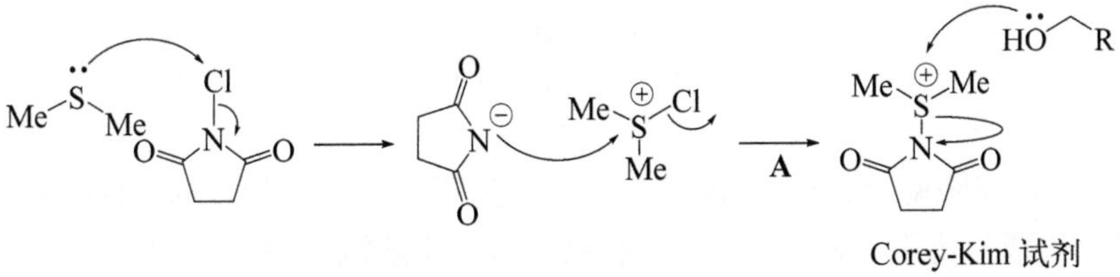

Corey-Kim 试剂

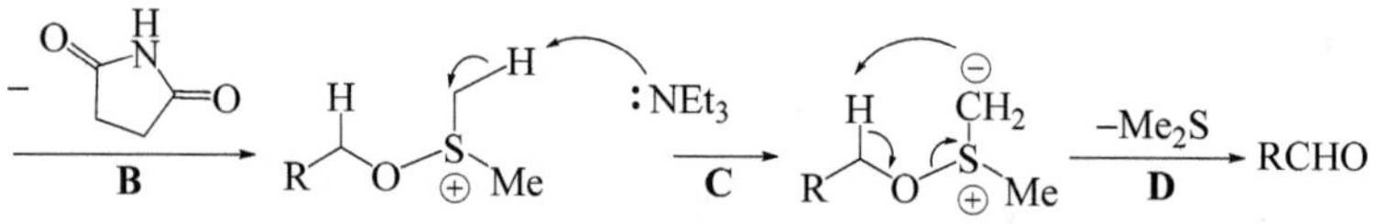

A—氯代丁二酰亚胺与二甲硫醚反应生成 Corey-Kim 试剂；B—醇与 Corey-Kim 试剂发生亲核取代反应，脱去一分子丁二酰胺形成氧硫正离子；C—三乙胺夺取酸性较强的氧硫正离子上的甲基氢形成碳负离子；D—分子内质子转移，脱去一分子二甲硫醚得到产物。

1.1.3 末端烯被氧化生成甲基酮

反应实例

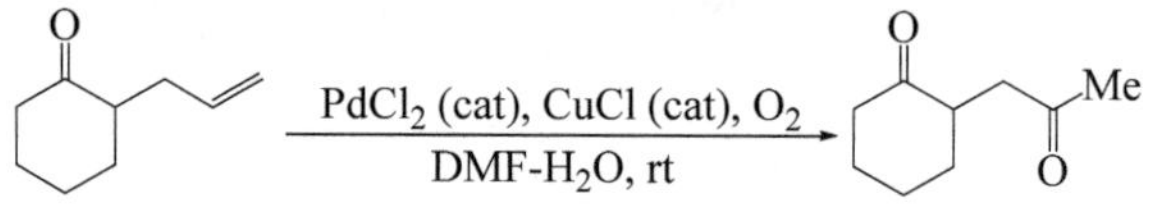

$PdCl_2$ (cat), CuCl (cat), O_2

DMF-H_2O, rt

Tsuji J, Shimizu I, Yamamoto K. Tetrahedron Lett, 1976, 34: 2975.

【反应说明】该反应是 Wacker 氧化反应，是将末端烯氧化成甲基酮的反应。

【反应机理】

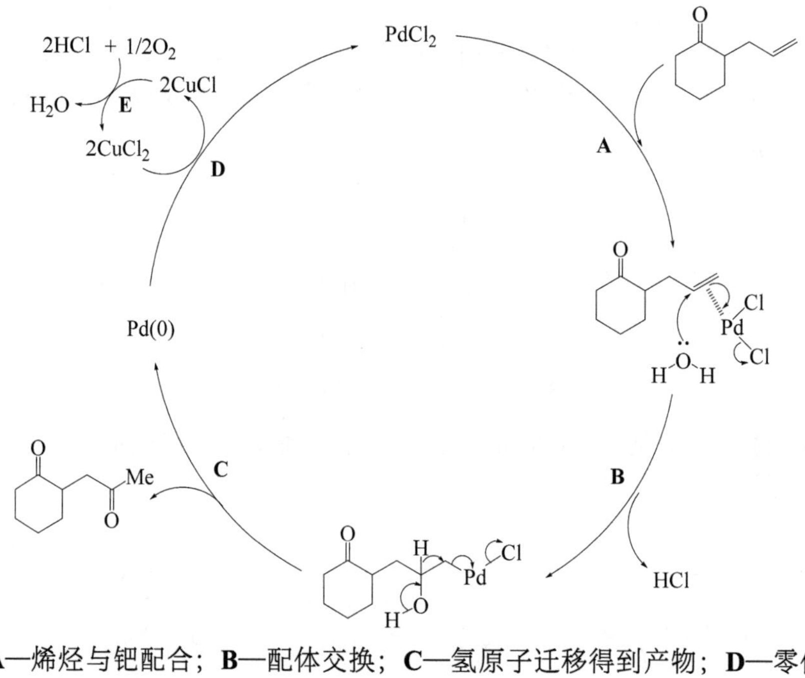

A—烯烃与钯配合；B—配体交换；C—氢原子迁移得到产物；D—零价钯被氯化铜氧化成氯化钯；E—氧气再把氯化亚铜氧化成氯化铜。

1.1.4 烯被臭氧氧化生成醛酮

反应实例 1

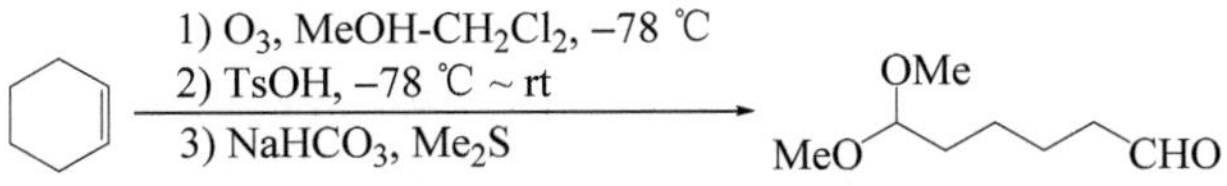

1) O_3, MeOH-CH_2Cl_2, −78 ℃
2) TsOH, −78 ℃ ~ rt
3) $NaHCO_3$, Me_2S

Claus R E, Schreiber S L. Org Synth, 1990, 7: 168.

【反应说明】该反应是环烯烃被臭氧氧化开环形成醛的反应。

【反应机理】

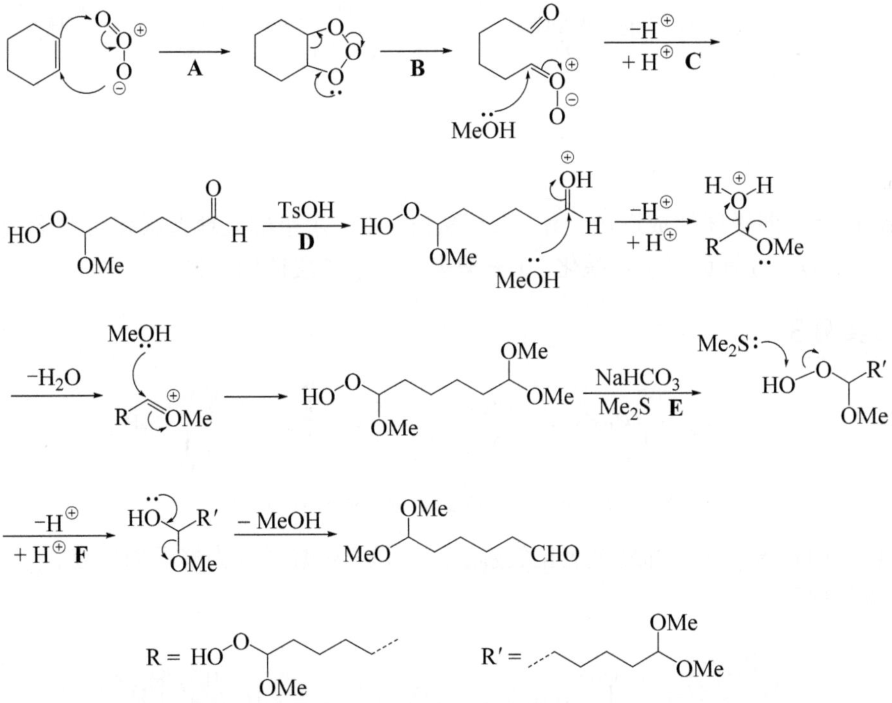

A—臭氧 1,3-偶极环加成；**B**—杂环开环；**C**—甲醇与偶极过氧化物加成；**D**—酸性条件下醛基转变为缩醛；**E**—中和对甲苯磺酸（TsOH）；**F**—过氧化物被二甲硫醚还原成醛。

反应实例 2

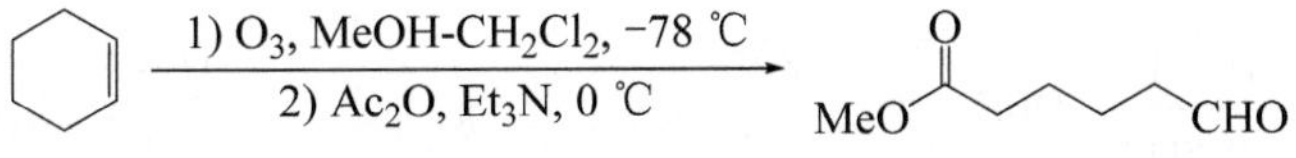

1) O_3, MeOH-CH_2Cl_2, −78 ℃
2) Ac_2O, Et_3N, 0 ℃

Claus R E, Schreiber S L. Org Synth, 1990, Coll Vol 7: 168.

【反应说明】该反应是环烯烃被臭氧氧化开环生成一端是醛一端是酯的反应。

【反应机理】

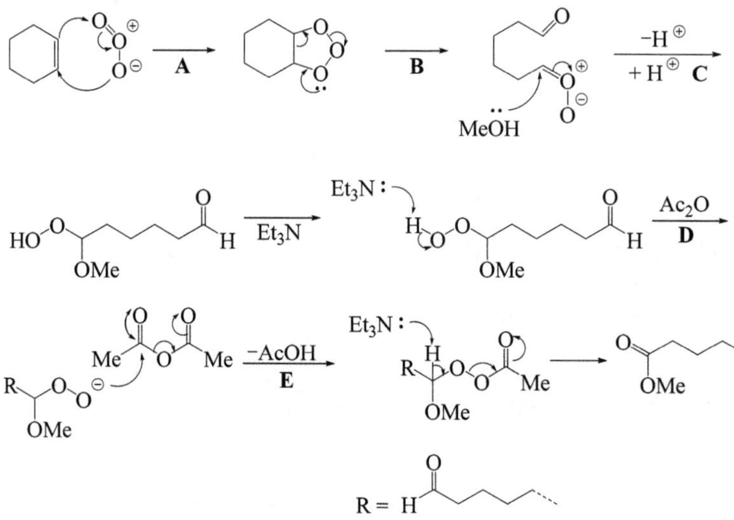

A—1,3-偶极环加成反应；B—杂环裂解；C—用甲醇处理偶极化合物形成过氧化物；D—过氧负离子乙酰化；E—消去一分子乙酸得到产物。

反应实例 3

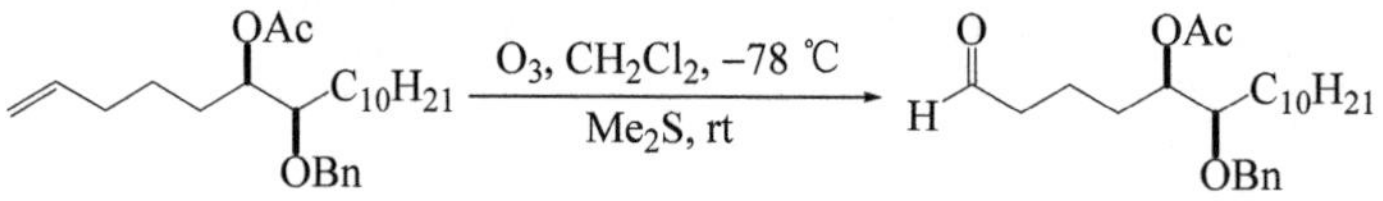

O_3, CH_2Cl_2, −78 ℃; Me_2S, rt

Ko K Y, Eliel E L. J Org Chem, 1986, 51: 5353.

【反应说明】该反应是烯烃臭氧化裂解反应，是将烯烃转变为醛酮的反应。

【反应机理】

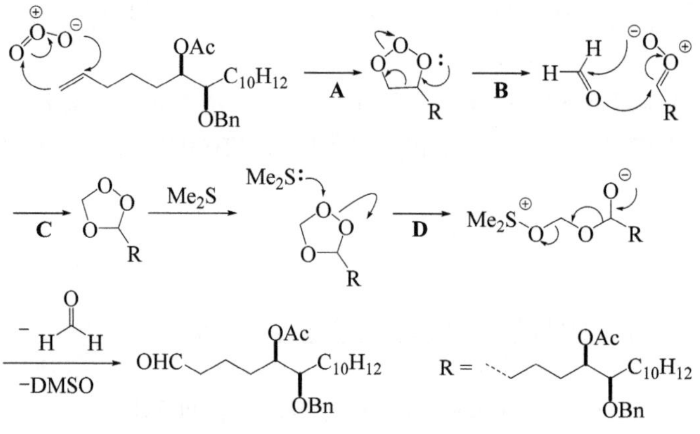

A—臭氧与烯烃发生 1,3-偶极环加成反应；**B**—臭氧化物初次异裂；**C**—分裂后的 1,3-偶极化合物与醛进行再结合生成新的臭氧化物；**D**—在二甲基硫醚的作用下还原裂解臭氧化物的氧-氧键得到产物。

1.1.5　环己二烯被氧化生成酮

反应实例

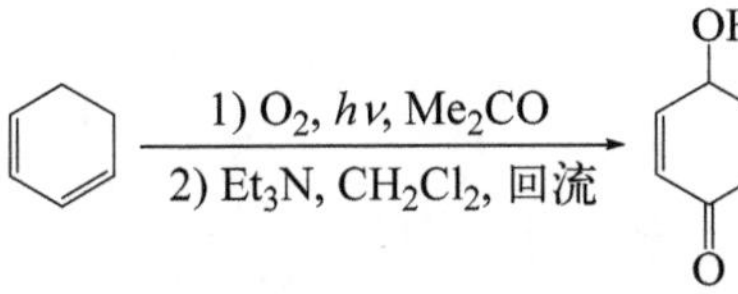

1) O_2, $h\nu$, Me_2CO
2) Et_3N, CH_2Cl_2, 回流

Balci M. Chem Rev, 1981, 81: 91.

【反应说明】 首先光照使氧气活化成单个氧气分子，然后与环己二烯发生 Diels-Alder 反应，再用碱性较强的三乙胺处理开环得到产物。

【反应机理】

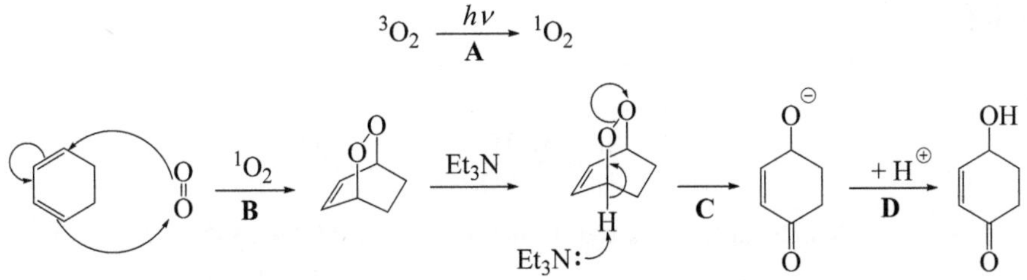

$$^3O_2 \xrightarrow[\mathbf{A}]{h\nu} {}^1O_2$$

A—光照形成单个氧气分子；**B**—Diels-Alder 反应；**C**—三乙胺作为碱夺取桥头碳上的一个氢使过氧化物开环；**D**—质子化得到产物。

1.1.6　邻二醇被氧化裂解生成醛

反应实例

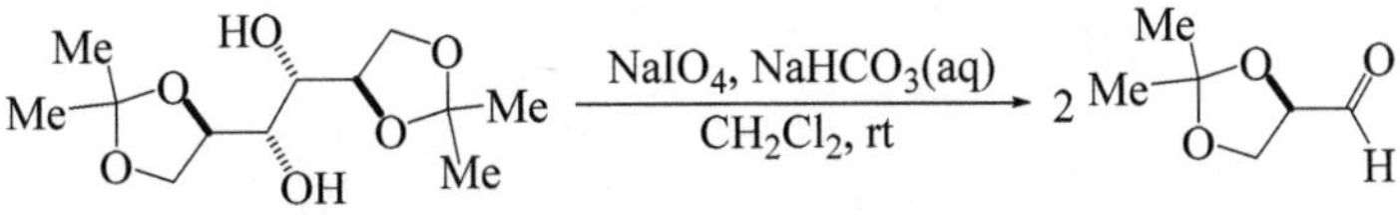

$NaIO_4$, $NaHCO_3$(aq)
CH_2Cl_2, rt

Schmid C R, Bryant J D. Org Synth, 1995, Coll Vol 8: 450.

【反应说明】 顺式邻二醇能被高碘酸氧化裂解成醛酮。

【反应机理】

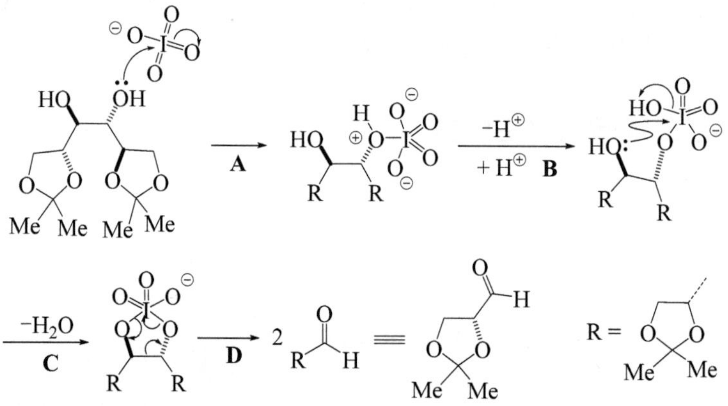

A—羟基氧孤对电子进攻高价碘；**B**—分子内质子转移；**C**—脱去一分子水形成关键的五元环中间体；**D**—碳碳键裂解形成两分子醛。

1.1.7 苄溴被氧化生成醛

反应实例

Kornblum N, Jones W J. J Am Chem Soc, 1957, 79: 6562.

【反应说明】 该反应是 Kornblum 氧化反应，将苄卤直接氧化成苯甲醛的反应。

【反应机理】

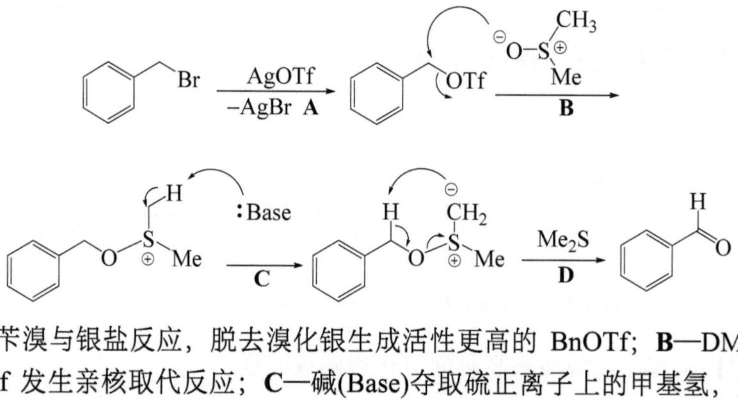

A—苄溴与银盐反应，脱去溴化银生成活性更高的 BnOTf；**B**—DMSO 的氧与 BnOTf 发生亲核取代反应；**C**—碱(Base)夺取硫正离子上的甲基氢，形成硫叶立德；**D**—经五元环质子转移生成苯甲醛，同时脱去一分子二甲基硫醚。

1.2　氧化缩短碳链

1.2.1　邻羟基苯甲醛被氧化生成邻二酚

反应实例

H_2O_2, NaOH / H_2O, 50 ℃

Dakin H D. Org Synth, 1941, Coll Vol 1: 149.

【反应说明】该反应是 Dakin 氧化反应，芳香醛或酮能被过氧化物氧化生成酚。可用该反应脱去苯环上的碳。

【反应机理】

后处理 / + $H^{\oplus}$

A—酚在碱性条件下脱去一个质子；**B**—过氧化氢负离子在醛羰基上加成；**C**—富电子的芳香环进攻过氧原子使 O—O 键断裂形成环氧乙烷；**D**—环氧乙烷断裂恢复芳香性；**E**—甲酸酯水解，最后酸化后处理得到酚。

1.2.2　羧酸氧化脱羧生成烯

反应实例

$Pb(OAc)_4$, $Cu(OAc)_2$ / 苯，回流

Kochi J K. J Am Chem Soc, 1965, 87: 1811.

【反应说明】该反应是 Kochi 反应，在四乙酸铅与二乙酸铜的作用下使羧基均裂脱羧生成烯烃。

【反应机理】

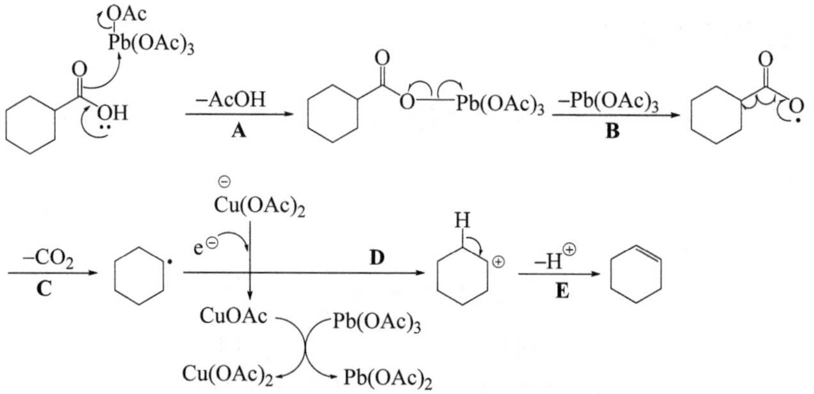

A—苯甲酸与四乙酸铅反应形成混合铅的羧酸盐；B—均裂脱羧形成氧自由基；C—分子内电子移动，脱去一分子二氧化碳形成仲碳自由基；D—自由基被二乙酸铜氧化夺去一个电子形成碳正离子；E—脱去一个质子形成环己烯。

1.3 其他氧化反应

1.3.1 环酮被氧化生成内酯

反应实例

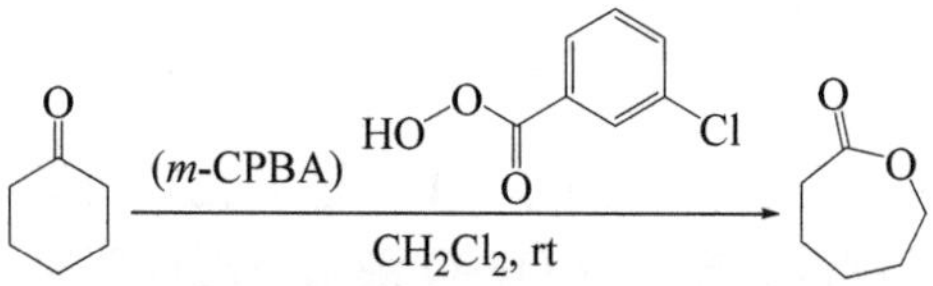

Krow G R. Org React, 1993, 43: 251.

【反应说明】该反应是 Baeyer-Villiger 氧化重排反应，是把酮氧化重排形成酯的反应。重排的优先顺序是叔碳>仲碳>芳香碳>伯碳>甲基。

【反应机理】

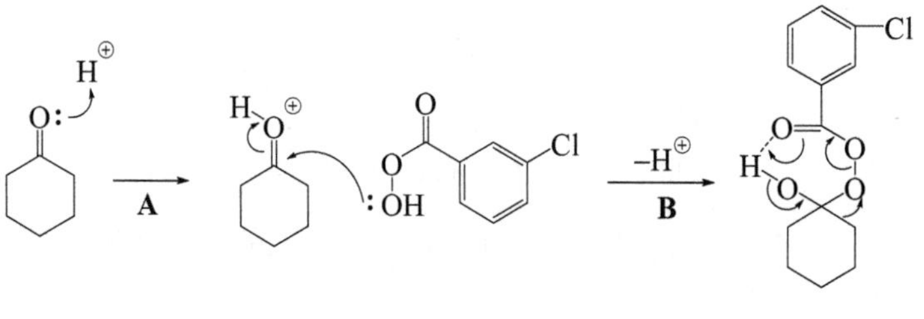

C → O O + HO O Cl

A—酮羰基得到一个质子活化；**B**—间氯过氧苯甲酸加成到活化了的羰基上；**C**—在氧的孤对电子推动下发生1,2-烷基迁移形成内酯。

1.3.2 烯丙基被氧化生成末端醇

反应实例

Me Me Me Me OAc → (SeO_2, $^tBuO_2H$, H_2O / CH_2Cl_2, 0℃) HO Me Me Me OAc

Umbreit M A, Sharpless K B. J Am Chem Soc, 1977, 99: 5526.

【反应说明】 该反应为Ene反应的衍生反应，可以用来合成末端醇。

【反应机理】

SeO_2 →(H_2O, A) HO Se=O HO; Me Me Me OAc H OH O=Se OH →(B) Me R HO Se OH OH

→($-H_2O$, C) Me R O=Se OH →(D) Me R O Se :OH →(E) Me R O^- H–O^+=Se

→($-Se=O$) Me Me Me OH OAc

R = Me Me OAc

O=Se: H O–O–^tBu →(F) O=Se^+–O–H ^-O–^tBu → O=Se=O

A—二氧化硒形成水合物亚硒酸；**B**—亚硒酸的硒氧双键与空间位阻较小的碳碳双键发生Ene加成反应；**C**—脱水形成亚硒酸；**D**—2,3-迁移反应；**E**—在羟基氧孤对电子推动下，硒氧键断裂形成氧负离子，然后质子化得到产物；**F**—用叔丁基过氧化氢把一氧化硒氧化回二氧化硒，重复利用。

1.3.3 醛酮被氧化生成不饱和醛酮

反应实例

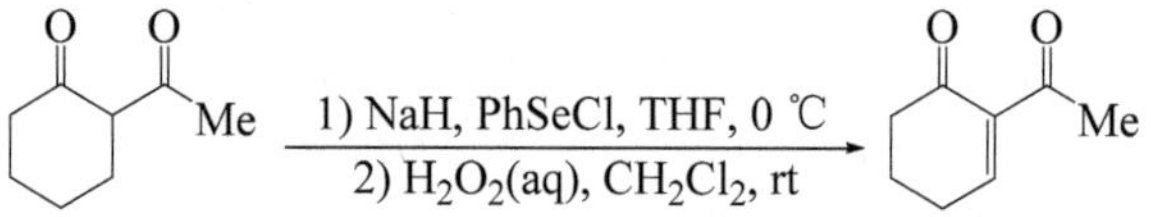

1) NaH, PhSeCl, THF, 0 ℃
2) H_2O_2(aq), CH_2Cl_2, rt

Renga J M, Reich H J. Org Synth, 1988, Coll. Vol 6: 23.

【反应说明】该反应可以将醛酮转变为 *α*-不饱和醛酮或 *β*-不饱和醛酮。

【反应机理】

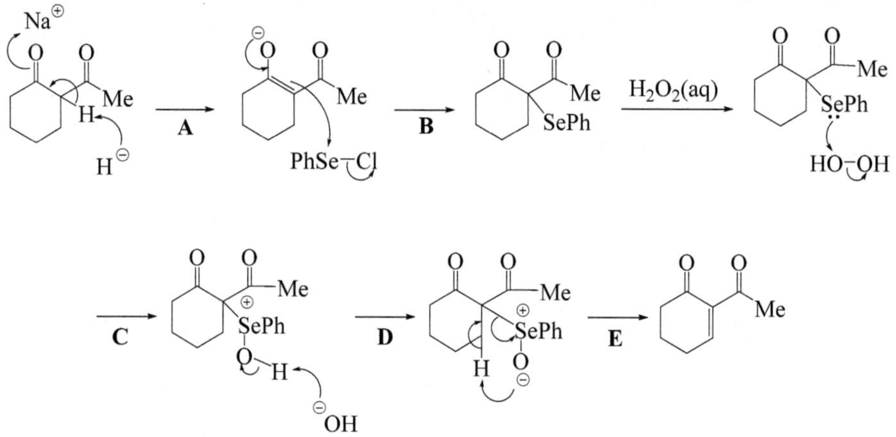

A—*β*-二酮被碱夺去一个 *α*-氢形成烯醇盐[pK_a(RCOCH$_2$COR) = 9，pK_a (H_2) = 35]；**B**—在烯醇的 *α* 位硒化；**C**—过氧化氢将二价硒氧化成四价硒；**D**—被氢氧负离子夺去质子形成氧化硒；**E**—*β*-二酮消去一分子苯基氧化硒得到产物。

1.3.4 环己二烯被氧化生成不饱和环氧乙烷

反应实例

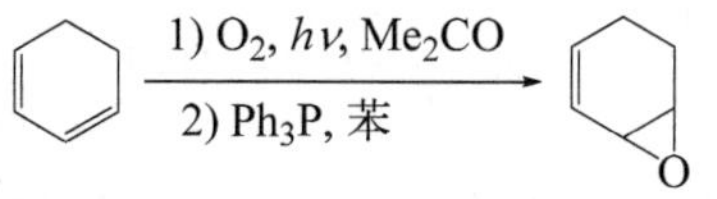

1) O_2, *hν*, Me_2CO
2) Ph_3P, 苯

Balci M. Chem Rev, 1981, 81: 91.

【反应说明】该反应首先形成单分子氧气，与环己二烯发生 Diels-Alder 反应形成桥环化合物，然后用亲核性较强的三苯基膦处理开环得到环氧乙烷。

【反应机理】

$^3O_2 \xrightarrow[A]{h\nu} {}^1O_2$

$^1O_2$ B Ph$_3$P: C $-Ph_3P{=}O$ D Ph$_3$P

A—三线态氧经光照形成单线态氧；B—Diels-Alder 反应；C—三苯基膦作为亲核试剂进攻过氧化物使氧氧键断裂；D—分子内亲核加成脱去一分子三苯氧膦形成环氧乙烷。

1.3.5 由 *β*-酮酯合成 *α*-重氮酯

反应实例

Ph OEt Et$_3$N, Me—C$_6$H$_4$—SO$_2$—N$_3$ MeCN, rt Ph OEt N$_2$

Lall M S, Ramtohul Y K, James M N G, et al. J Org Chem, 2002, 67: 1536.

【反应说明】该反应通过叠氮迁移使碳氮键连接形成 *α*-重氮酯。

【反应机理】

Ph OEt H :NEt$_3$ A Ph OEt N≡N$^{\oplus}$—N$^{\ominus}$—Ts B Ph OEt H N N N Ts C

Ph OEt N N N Ts H −TsHN$^{\ominus}$ D Ph OEt N$^{\oplus}$ N Ph OEt N$^{\oplus}$ N$^{\ominus}$

A—在碱性条件下，酮烯醇化[pK_a ($RCOCH_2CO_2R$)= 11，pK_a($HNEt_3^+$)= 10.7]；B—烯醇进攻位阻较小的氮；C—分子内质子转移[pK_a($PhSO_2NH_2$) = 8.5]；D—脱去一个磺酰胺负离子得到产物。

1.3.6 DDQ 氧化脱 PMB

反应实例

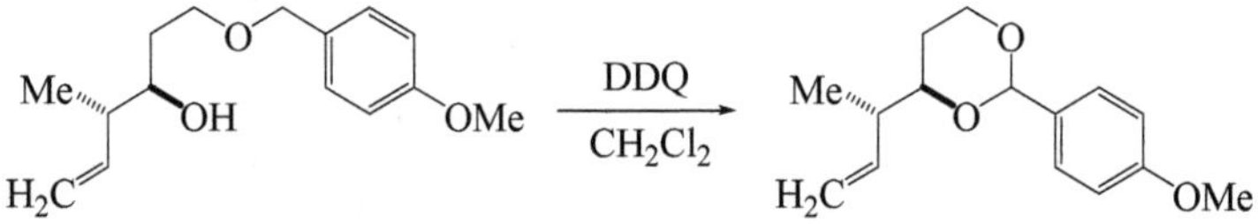

DDQ, CH_2Cl_2

Crimmins M T, Siliphaivanh P. Org Lett, 2003, 5: 4641.

【**反应说明**】该反应是 2,3-二氯-5,6-二氰基-1,4-苯醌（DDQ）氧化反应。常用 DDQ 氧化来脱去氧原子上的保护基对甲氧基苄基（PMB），该反应由于分子内还有一个羟基所以分子内反应优先形成了缩醛。

【**反应机理**】

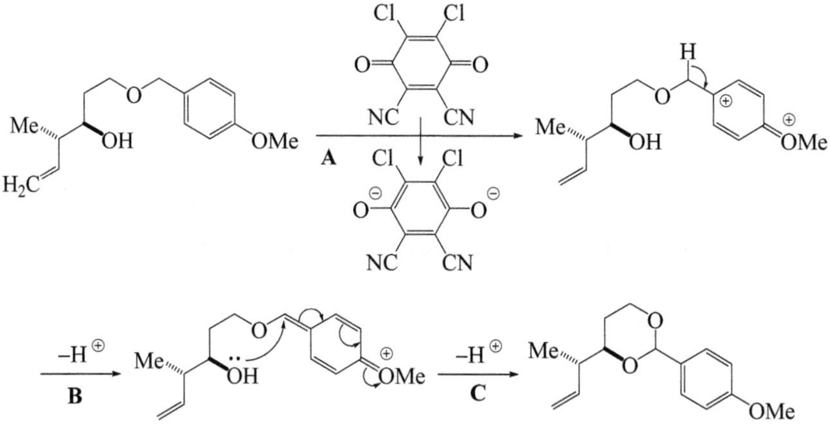

A—从反应底物向 DDQ 转移两个电子形成电荷转移混合物；**B**—脱去一个质子后形成醌的甲基化物；**C**—分子内加成得到产物。

1.3.7 脱硅基

反应实例

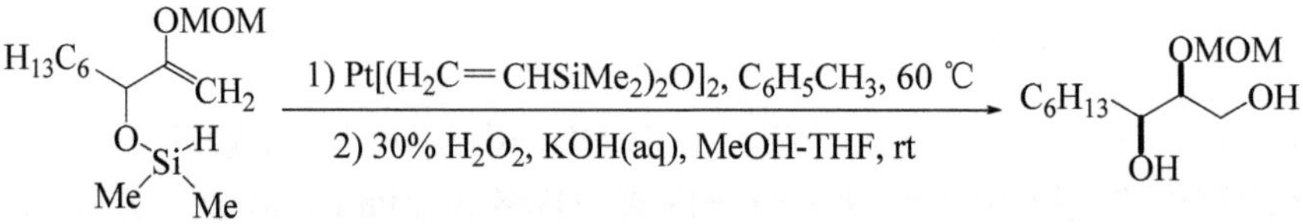

1) $Pt[(H_2C{=}CHSiMe_2)_2O]_2$, $C_6H_5CH_3$, 60 ℃

2) 30% H_2O_2, KOH(aq), MeOH-THF, rt

Tamao K, Nakagawa Y, Arai H, et al. J Am Chem Soc, 1988, 110: 3712.

【反应说明】该反应是 Tamao 氧化反应的衍生反应。

【反应机理】

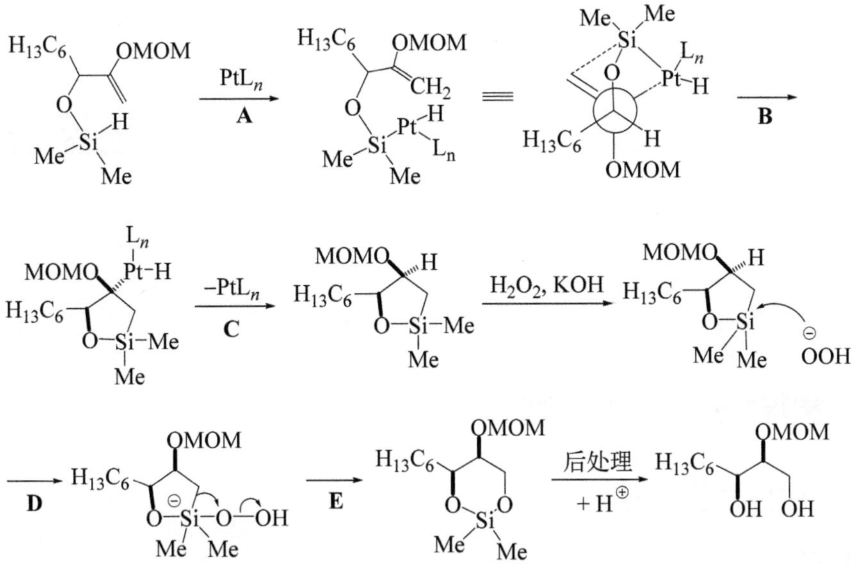

A—催化剂铂在硅氢键上氧化插入；B—分子内金属硅在烯烃上非对映选择性加成；C—还原消去催化剂；D—过氧化氢负离子进攻硅，形成硅负离子；E—硅碳键迁移脱去一个氢氧负离子形成硅缩酮，然后酸化后处理得到产物。

第 2 章

还原反应

2.1 羰基被还原成亚甲基

2.1.1 肼作为还原剂

反应实例

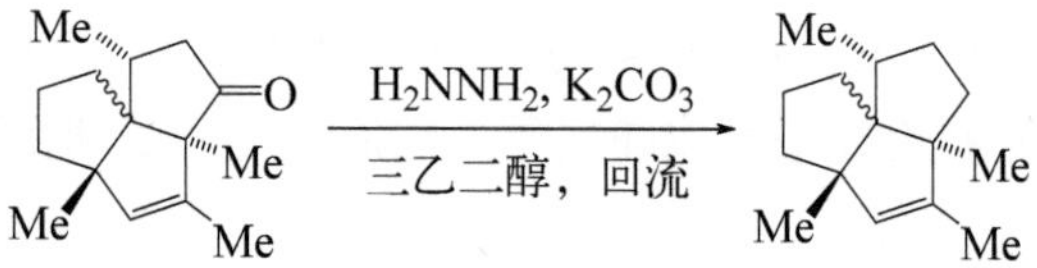

H_2NNH_2, K_2CO_3

三乙二醇，回流

Paquette L A, Han Y K. J Org Chem, 1979, 44: 4014.

【反应说明】 该反应是 Wolff-Kishner 还原反应，是黄鸣龙改良后的反应条件。该反应是把醛酮在碱性条件下还原到烷烃的反应。

【反应机理】

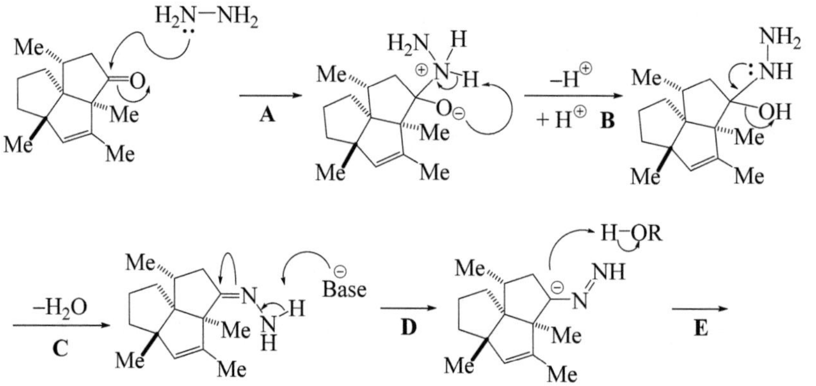

H_2N-NH_2

A

$-H^{\oplus}$

$+H^{\oplus}$ B

$-H_2O$

C

Base

D

H−OR

E

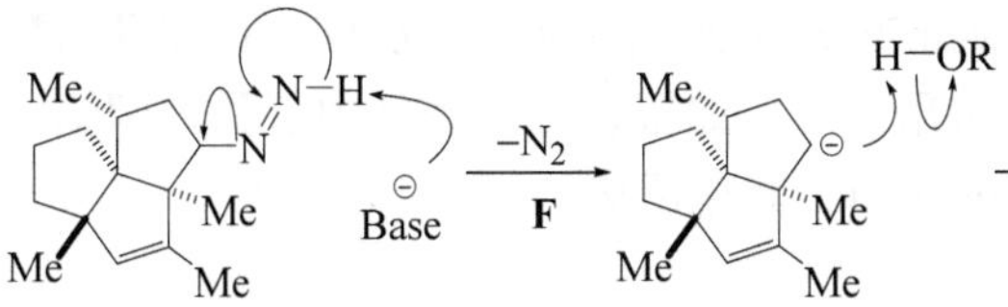

A—肼在酮羰基上加成；B—分子内质子迁移；C—在氮孤对电子的推动下脱水形成腙；D—在碱性条件下腙脱去一个质子，形成碳负离子；E—从溶剂中得到一个质子；F—消去一分子氮气后质子化得到产物。

2.1.2 锌汞齐作为还原剂

反应实例

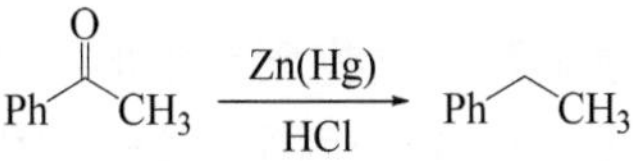

Clemmensen E. Chem Ber, 1913, 46: 1837.

【反应说明】该反应是 Clemmense 还原反应，将羰基在酸性条件下还原成亚甲基。

【反应机理】

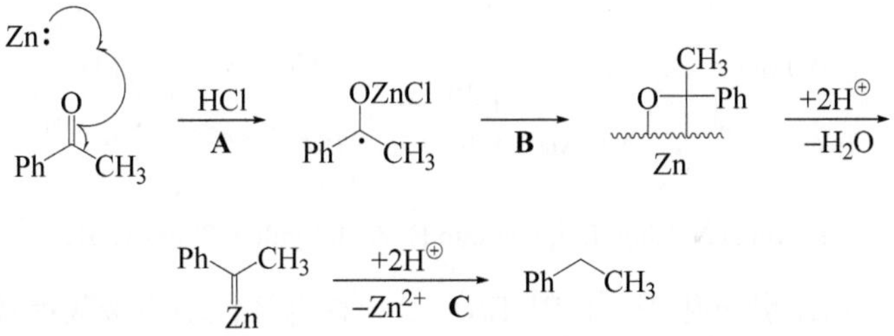

A—在 HCl 存在的条件下，锌汞齐与羰基发生单电子加成反应；B—酸性条件下脱去一分子水得到锌烯中间体；C—两个质子与锌交换还原成亚甲基得到产物。

2.2 酮或酯被还原成醇

2.2.1 酮被还原成醇

反应实例

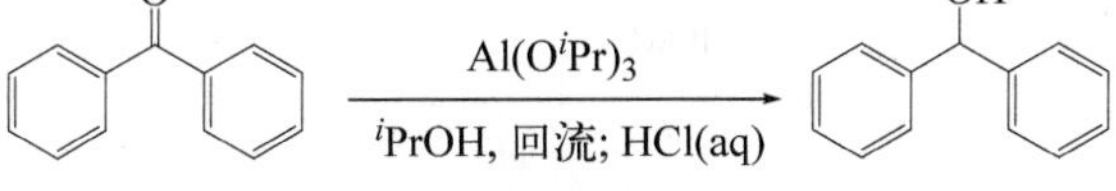

Wilds A L. Org React, 1944, 2: 178.

【反应说明】该反应是 Meerwein-Ponndorf-Verley 还原反应，是在异丙醇溶剂中三异丙醇铝将醛酮还原到醇的常用方法。如果在丙酮溶剂中三异丙醇铝可以将醇氧化为醛酮，反应机理参考 Oppenauer 氧化反应。

【反应机理】

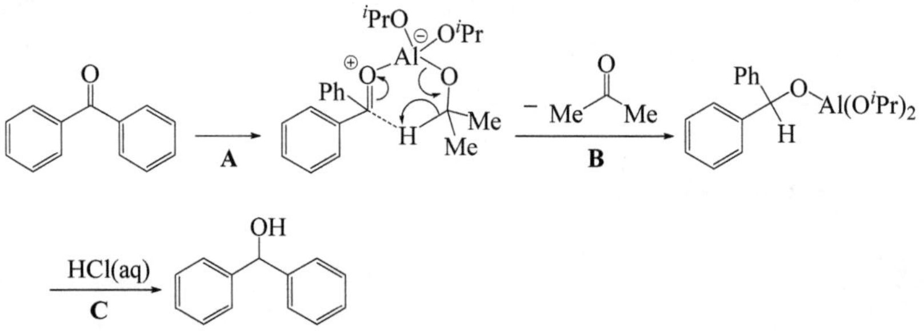

A—三异丙醇铝作为路易斯酸与底物酮反应形成盐；B—经过一个六元环过渡态氢负离子发生转移，同时脱去一分子丙酮；C—酸化后处理得到产物。

2.2.2 酯被还原成醇

反应实例

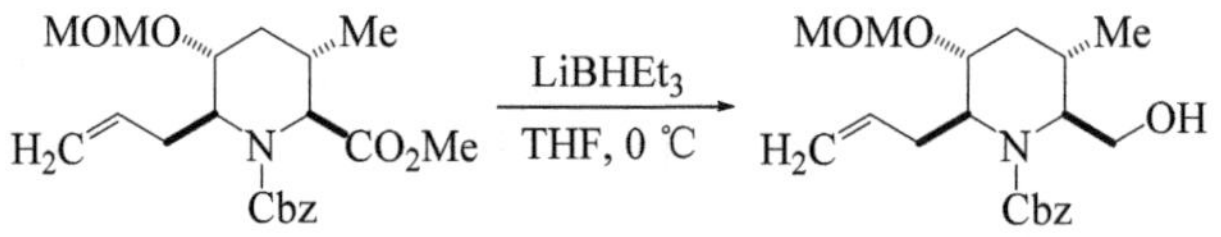

Toyooka N, Zhou D J, Nemoto H, et al. Synlett, 2008, 1: 61.

【反应说明】三乙基硼氢化锂（$LiBHEt_3$）是一种选择性地将羧酸酯还原到醇，而不还原氨基甲酸乙酯（又称乌拉坦）的常用试剂。

【反应机理】

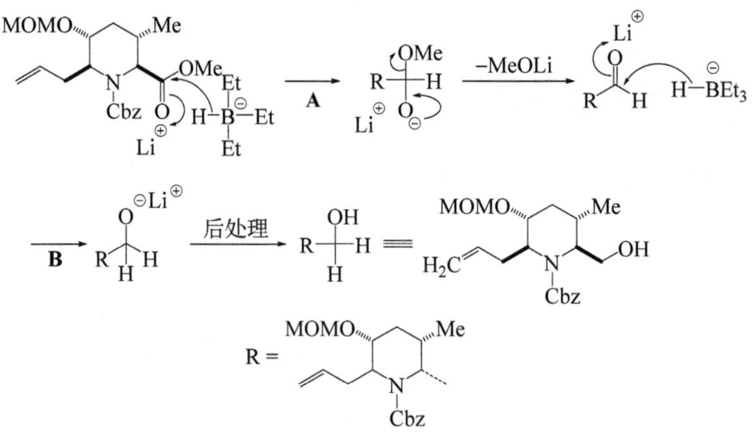

A—羧酸酯被三乙基硼氢化锂加成还原得到四面体中间体，然后脱去一分子甲醇锂得到醛；**B**—醛进一步被加成还原得到相应的醇。

2.3 苯环被还原

2.3.1 苯环被还原成 1,4-环己二烯

反应实例

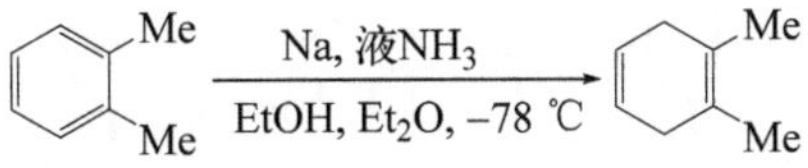
Me
Me
Na, 液NH3
EtOH, Et2O, −78 ℃
Me
Me

Paquette L A, Barrett J H. Org. Synth, 1973, Coll Vol 5: 467.

【反应说明】该反应是 Birch 还原反应。

【反应机理】

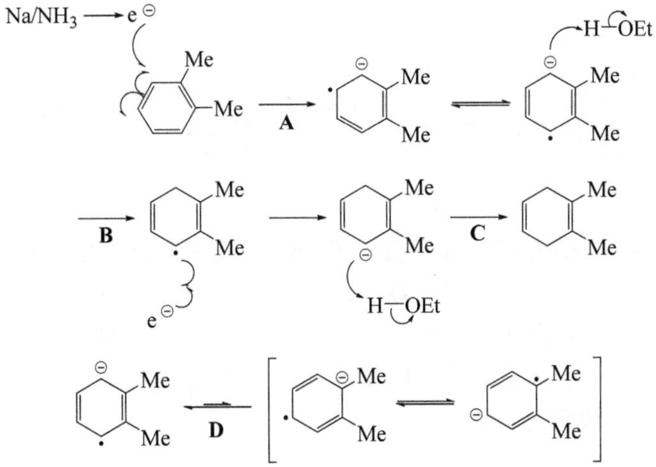
Na/NH3
e
Me
Me
A
Me
Me
H
OEt
Me
Me
B
Me
Me
e
Me
Me
H
OEt
C
Me
Me
Me
Me
D
Me
Me
Me
Me

A—从钠原子上转移一个电子到芳香环上形成一个自由基负离子；**B**—质子化；**C**—烷基取代会使碳负离子更不稳定；**D**—仲碳负离子比叔碳负离子稳定。

2.3.2 苯环被还原成 *α,β*-不饱和酮

反应实例

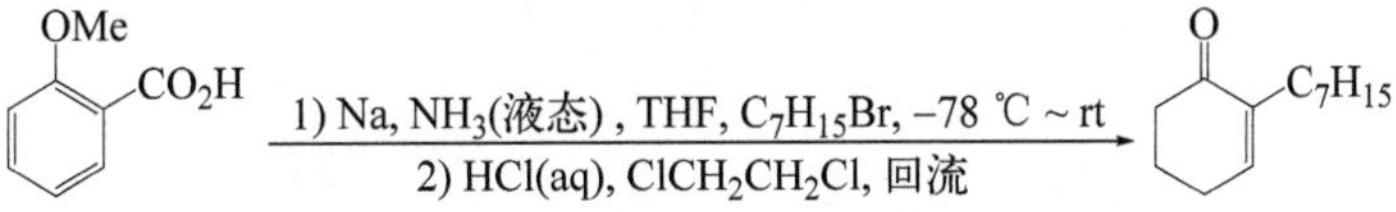
OMe
CO2H
1) Na, NH3(液态) , THF, C7H15Br, −78 ℃ ~ rt
2) HCl(aq), ClCH2CH2Cl, 回流
O
C7H15

Taber D F, Gunn B P, Chiu I C. Org Synth, 1983, Coll Vol 7: 249.

【反应说明】该反应是 Birch 还原反应的衍生反应。

【反应机理】

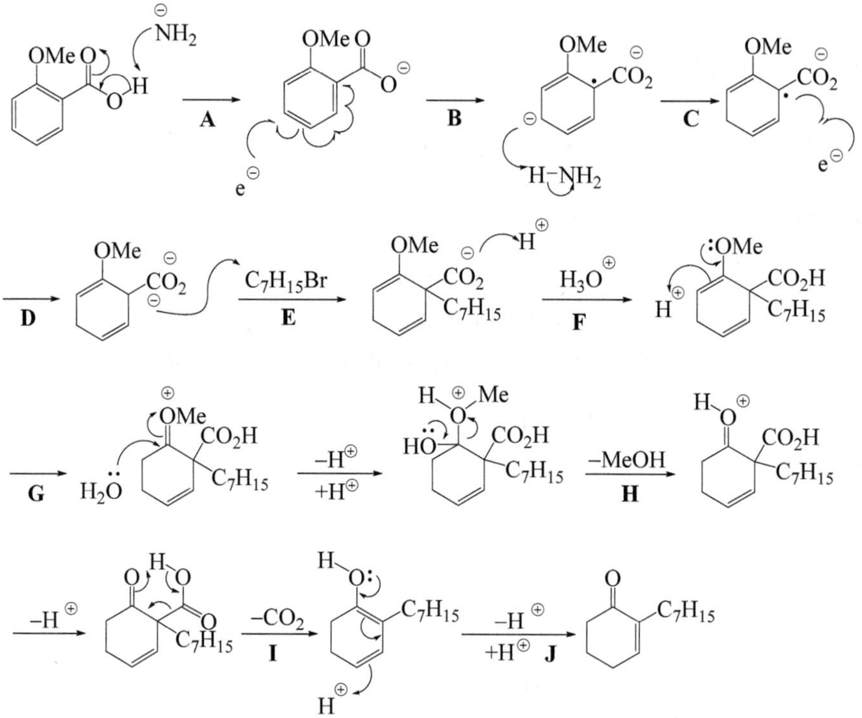

A—碱性条件下羧酸变为羧酸负离子；B—单电子转移形成较稳定的自由基负离子；C—自由基负离子质子化；D—又一次单电子转移形成双负离子；E—碳负离子烷基化；F—羧酸负离子质子化；G—烯醇醚质子化；H—一分子水加成，然后质子转移，消去一分子甲醇；I—六元环电子转移同时脱去一分子二氧化碳；J—烯醇式异构化转变为酮式。

2.4 碳碳双键被还原成碳碳单键

反应实例

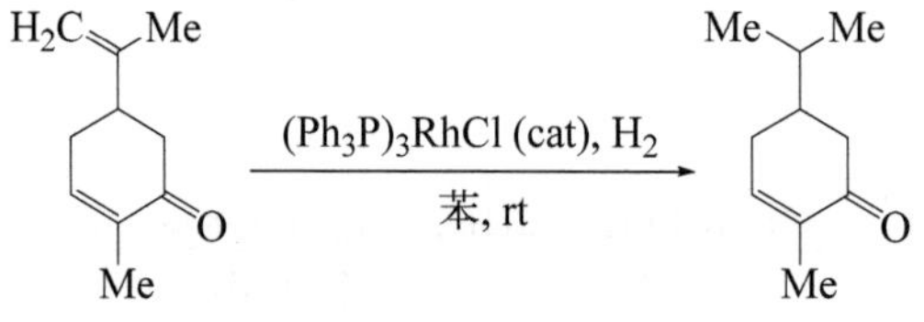

$(Ph_3P)_3RhCl$ (cat), H_2

苯, rt

Ireland R E, Bey P. Org Synth, 1988, 6: 459.

【反应说明】该反应是 Wilkinson 催化剂$(Ph_3P)_3RhCl$均相催化选择性加氢反应。

【反应机理】

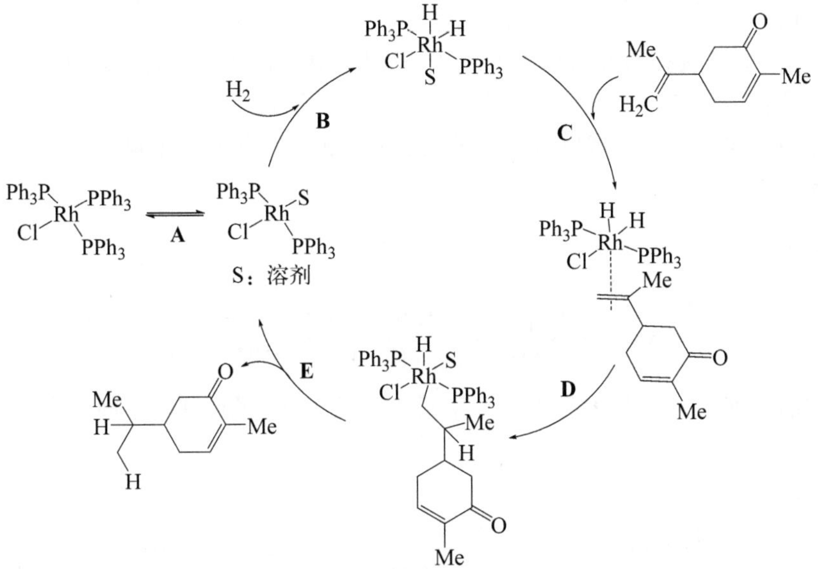

A—配体交换；B—在金属铑上氧化加氢；C—催化剂与烯形成络合物；D—氢金属化反应；E—还原消去产物，同时催化剂复原。

2.5 脱杂原子形成碳碳双键

2.5.1 由环氧乙烷合成碳碳双键

反应实例 1

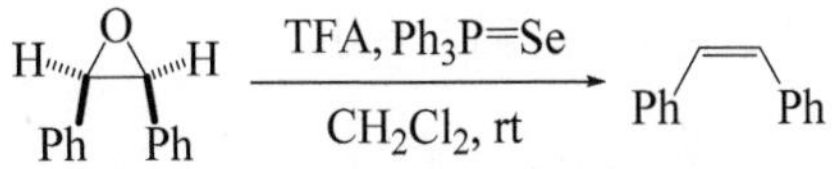

Clive D L J, Denyer C V. J Chem Soc Chem Commun, 1973: 253.

【反应说明】该反应是环氧乙烷与硒叶立德生成顺式烯烃的反应。

【反应机理】

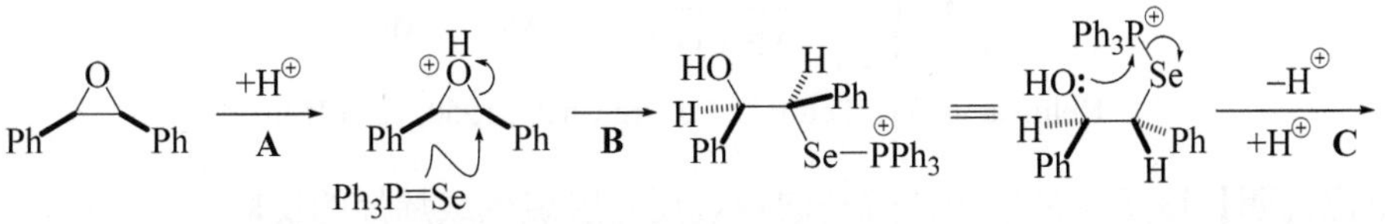

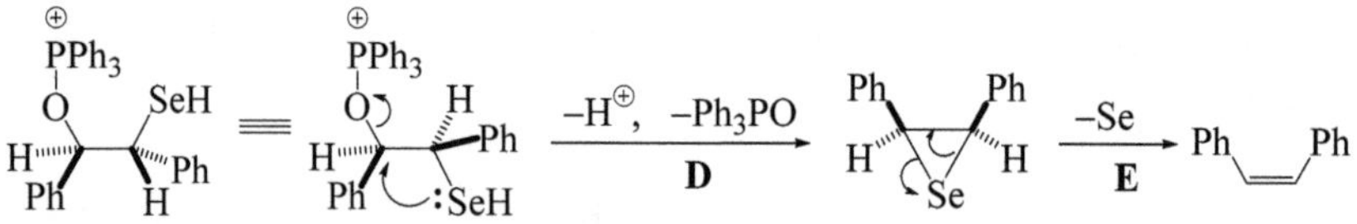

A—环氧乙烷在酸性条件下得到质子活化；B—硒叶立德进攻环氧乙烷，开环同时构型发生反转；C—三苯基膦从硒原子上迁移到氧原子上；D—分子内 S_N2 反应伴随着构型反转形成顺式环硒乙烷；E—分子内电子转移脱去硒原子得到顺式二苯乙烯。

反应实例 2

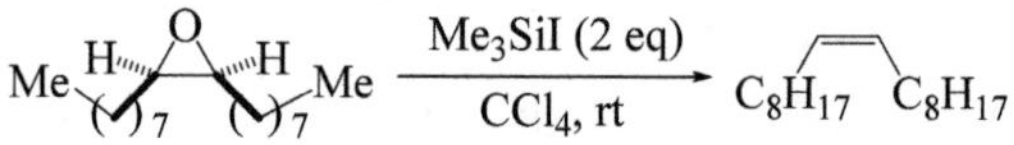

【反应说明】该反应是环氧乙烷与三甲基碘硅烷反应，经过硅醚中间体生成顺式烯烃的反应。

【反应机理】

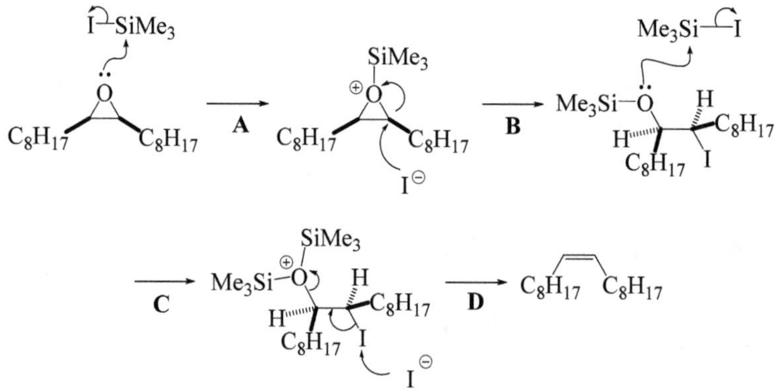

A—环氧乙烷硅烷化；B—S_N2 亲核取代反应，同时构型发生翻转；C—硅醚再进行硅烷基化；D—E2 消除反应得到产物。

2.5.2 由环硫乙烷合成碳碳双键

反应实例

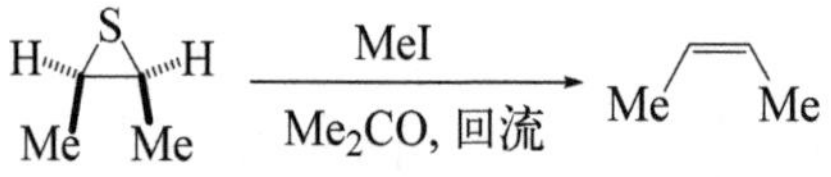

Helmkamp G K, Pettitt D J. J Org Chem, 1960, 25: 1754.

【反应说明】该反应是环硫乙烷与碘甲烷反应脱硫生成烯烃的反应。

【反应机理】

$$\text{环硫乙烷} \xrightarrow[\mathbf{A}]{H_3C-I} \xrightarrow[\mathbf{B}]{I^{\ominus}} \xrightarrow[\mathbf{C}]{H_3C-I} \xrightarrow[\mathbf{D}]{-Me_2S,\ -I_2} \text{MeCH=CHMe}$$

A—环硫乙烷甲基化；**B**—碳硫键断裂同时构型发生翻转；**C**—硫甲基化形成硫正离子；**D**—E2 消除反应消去一分子二甲基硫醚，生成顺式烯烃。

2.6 脱羟基形成碳碳双键

2.6.1 脱邻二羟基形成碳碳双键

反应实例

$$\text{PhCH(OH)CH(OH)Ph} \xrightarrow[\text{2) }(MeO)_3P,\ \text{回流}]{\text{1) 硫羰基二咪唑},\ C_6H_5CH_3,\ \text{回流}} \text{PhCH=CHPh}$$

Corey E J, Winter R A E. J Am Chem Soc, 1963, 85: 2677.

【反应说明】该反应是 Corey-Winter 烯烃合成反应。

【反应机理】

$$\xrightarrow[+H^{\oplus}]{-H^{\oplus}} \xrightarrow{\mathbf{A}} \xrightarrow[+H^{\oplus}]{-H^{\oplus}} \xrightarrow{\mathbf{B}} \xrightarrow{(MeO)_3P} \xrightarrow{\mathbf{C}}$$

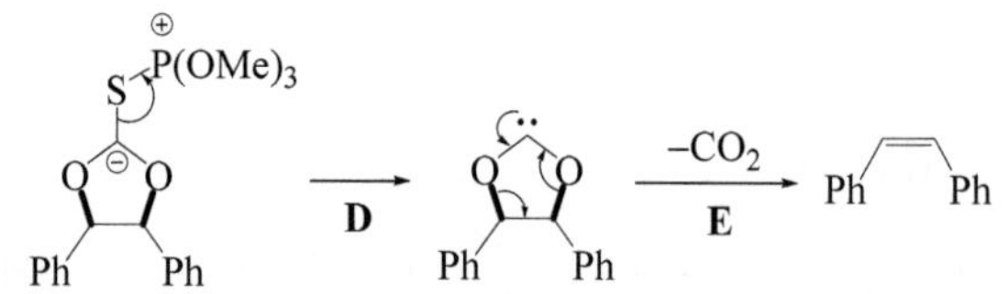

$P(OMe)_3$ **D** $-CO_2$ **E** Ph Ph

A—邻二醇与硫脲亲核加成，脱去咪唑；**B**—分子内亲核加成同时脱去一分子咪唑形成硫代碳酸酯；**C**—三甲氧基膦与硫代碳酸酯加成；**D**—还原脱硫形成卡宾；**E**—分子内电子转移并脱去一分子二氧化碳得到顺式二苯乙烯。

2.6.2 脱单羟基形成碳碳双键

反应实例

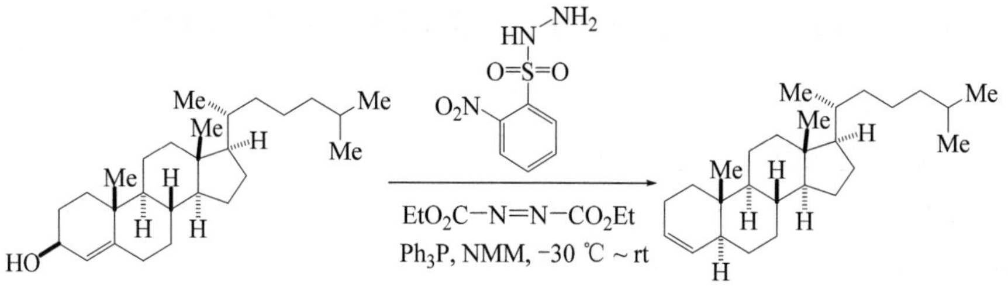

$EtO_2C-N=N-CO_2Et$

Ph_3P, NMM, −30 ℃ ~ rt

Myers A G, Zheng B. Tetrahedron Lett, 1996, 37: 4841.

【反应说明】 该反应分两步，第一步为 Mitsunobu 反应，第二步先消去一分子亚磺酸再分子内环化脱去一分子氮气形成双键。

【反应机理】

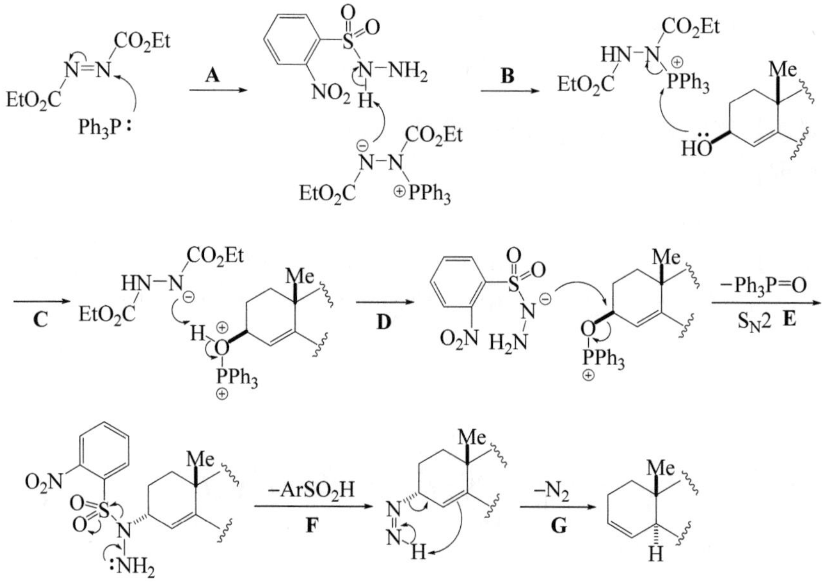

A **B** **C** **D**

$-Ph_3P=O$

S_N2 **E**

$-ArSO_2H$ **F**

$-N_2$ **G**

A—Mitsunobu 反应；**B**—脱去一个酸性较强的质子；**C**—羟基亲核取代；**D**—氮负离子质子化；**E**—氮负离子亲核取代脱去一分子三苯基氧膦；**F**—消去一分子亚磺酸；**G**—消去一分子氮气生成产物。

2.7　氮原子上保护基的脱离

2.7.1　脱苄基

反应实例

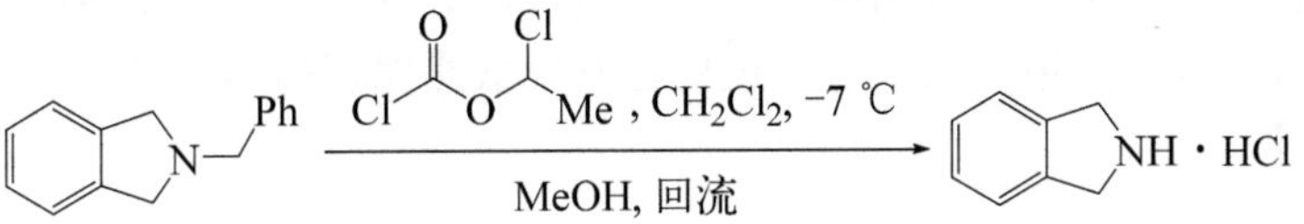

Yang B V, O'Rourke D, Li J. Synlett, 1993: 195.

【反应说明】该反应是一种化学法脱苄的反应。用钯炭作催化剂加氢还原是常用的脱苄基的方法，但如果化合物中含有对加氢还原不稳定的基团则可以采用该方法来脱苄。

【反应机理】

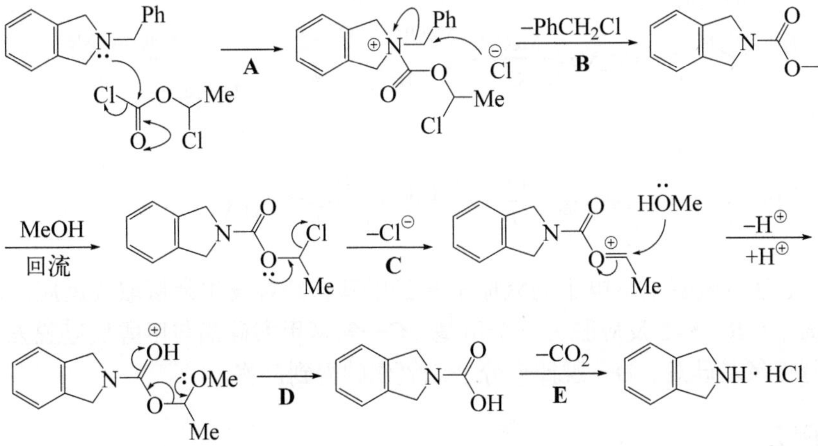

A—叔胺与酰氯反应生成季铵盐；**B**—氯离子进攻苄基脱去一分子苄氯；**C**—E1 消除反应脱去一个氯离子后，甲醇亲核加成；**D**—在氧原子孤对电子推动下脱去一分子乙醛和一分子一氯甲烷形成氨基甲酸；**E**—脱羧得到产物。

2.7.2 脱烷氧酰基

反应实例 1

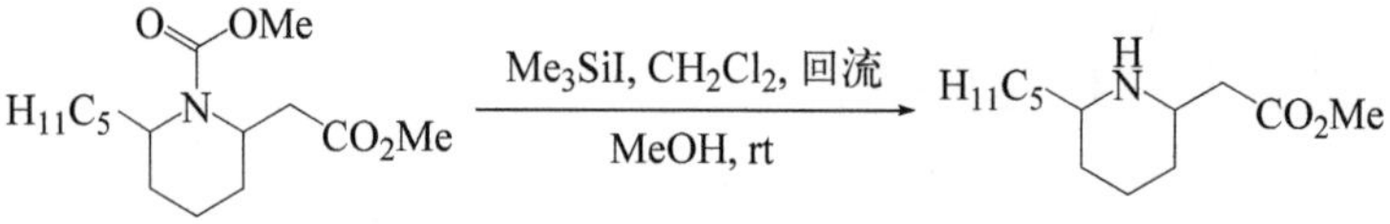

Me3SiI, CH2Cl2, 回流
MeOH, rt

Laurent P, Braekman J C, Daloze D. Eur J Org Chem, 2000: 2057.

【反应说明】该反应介绍了一种脱去氮原子上甲酸酯保护基的方法。常用强碱水解的方法来脱去氮原子上甲酸酯保护基，但该反应底物中含有一个羧酸酯，对强碱不稳定，所以选用三甲基碘硅烷来选择性脱甲酸酯保护基。

【反应机理】

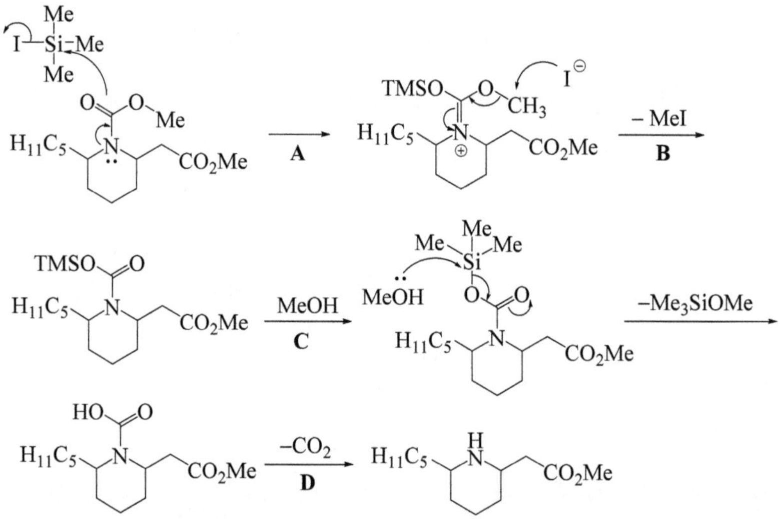

A
− MeI
B
MeOH
C
−Me3SiOMe
−CO2
D

A—氨基甲酸酯上富电子的氧原子与三甲基碘硅烷发生亲核取代反应，形成亚胺正离子；**B**—S_N2 反应脱去一个甲基；**C**—氨基甲酸硅酯与甲醇反应脱去一分子三甲基甲氧基硅烷；**D**—脱掉一分子二氧化碳得到产物。

反应实例 2

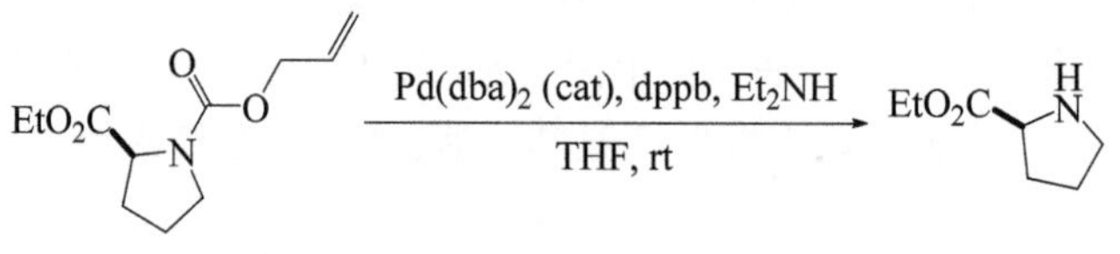

Pd(dba)2 (cat), dppb, Et2NH
THF, rt

Genet J P, Blart E, Savignac M, et al. Synlett, 1993: 680.

【反应说明】用催化剂催化的方法来脱去氮原子上的甲酸烯丙酯保护基。

【反应机理】

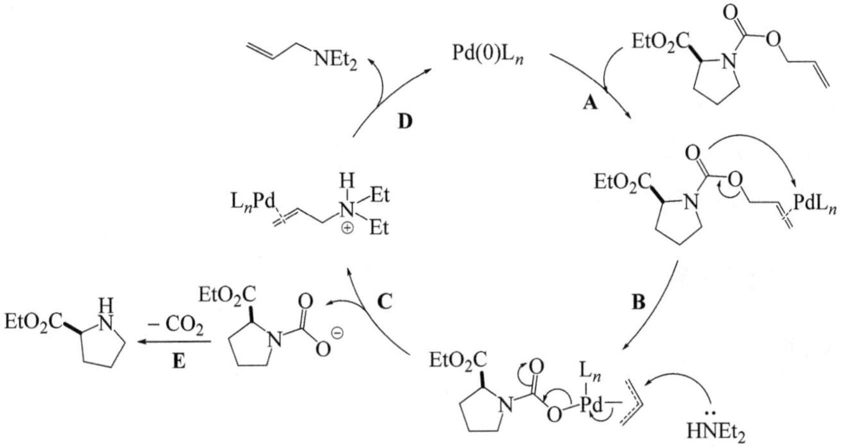

A—烯丙基的 π 原子轨道与钯进行络合；B—分子内电子迁移，钯插入碳氧键中；C—二乙胺进攻烯丙基络合物，钯氧键断裂；D—催化剂钯脱离还原；E—脱去一分子二氧化碳得到产物。

反应实例 3

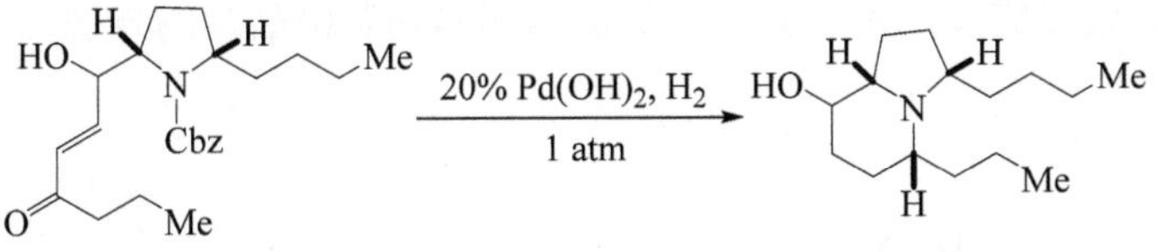

$$\xrightarrow[\text{1 atm}]{20\%\ Pd(OH)_2,\ H_2}$$

Toyooka N, Zhou D J, Nemoto H, et al. Synlett, 2008(12): 1894.

【反应说明】先用氢氧化钯催化脱去苄氧羰基（Cbz），再通过胺与酮反应来关环得到吲哚里西啶，最后选择性加氢还原得到产物。

【反应机理】

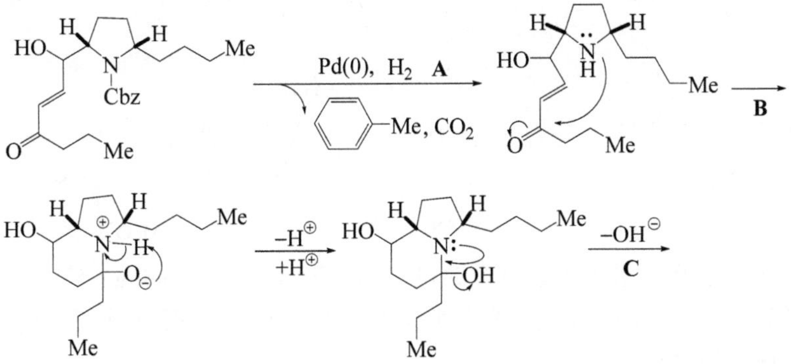

HO H H N⊕ Me Me —Pd(0), H_2 / **D**→ HO H H N H Me Me

A—还原消去一分子甲苯和一分子二氧化碳得到相应的胺；**B**—氮原子在酮羰基上亲核加成，然后质子转移形成羟胺；**C**—脱去氢氧根负离子形成亚胺正离子；**D**—最后立体选择性地加氢还原得到叔胺产物。

2.7.3 脱磺酰基

反应实例

MeO O O S NO_2 N Ph —PhSH, KOH / CH_3CN, 50 ℃→ MeO N H Ph

Kurosawa W, Kan T, Fukuyama T. Org Synth, 2004, Coll Vol 10: 482.

【反应说明】该反应是用来脱去氮上保护基邻硝基苯磺酰基的方法。

【反应机理】

Ph N O O S NO_2 MeO —**A**→ Ph N O O S NO_2 S Ph ⊖ MeO —**B**→ (O_2N, PhS)

PhS—H ⊖OH → PhS⊖

Ph N O S O⊖ MeO —H—SPh→ Ph N O S O H MeO —$-SO_2$ / **C**→ Ph HN MeO

A—硫醇负离子进攻芳香环上缺电子部分形成 Meisenheimer 络合物；**B**—消去一个邻硝基二苯基硫醚，形成胺基亚硫酸负离子；**C**—质子化后，脱去一分子二氧化硫得到产物。

第3章

卤代反应

3.1 合成酰卤

羧酸与二氯亚砜反应合成酰氯

反应实例

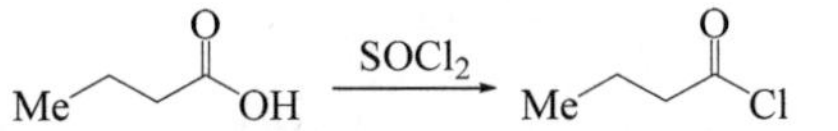

Helferich B, Schaefer W. Org Synth, 1941, Coll Vol 1: 147.

【反应说明】 该反应是羧酸在二氯亚砜中回流直接酰氯化的反应。

【反应机理】

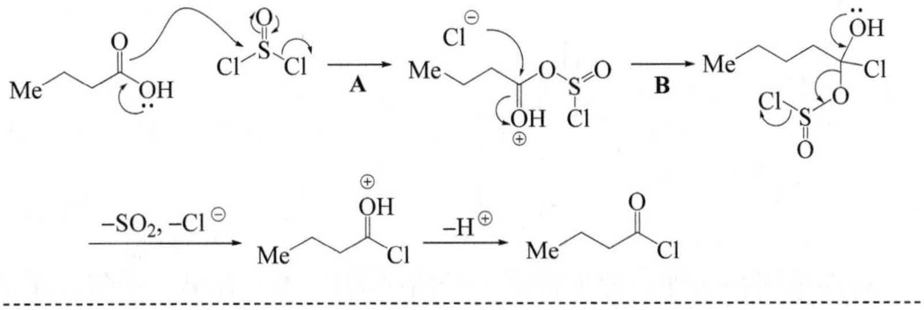

或

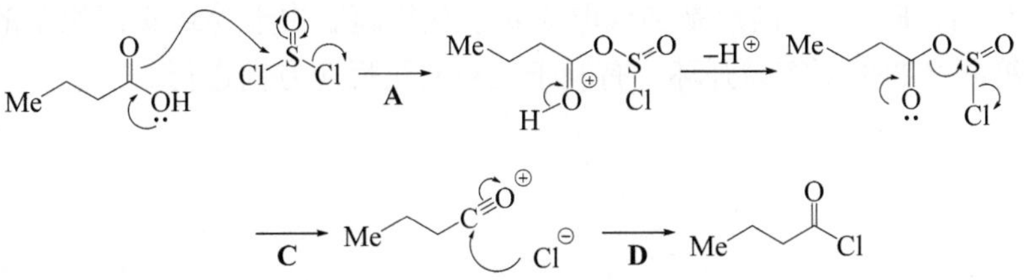

A—羧酸的羰基进攻二氯亚砜生成一个混合酸酐同时脱去一个氯离子；**B**—脱去的氯离子进攻羰基碳形成一个四面体的中间体；**C**—在氧原子的孤对电子推动下脱去一分子二氧化硫和一个氯离子形成酰基阳离子；**D**—氯离子进攻酰基阳离子生成酰氯。

3.2 合成 *α*-卤代醛酮

3.2.1 合成 *α*-溴代缩酮

反应实例

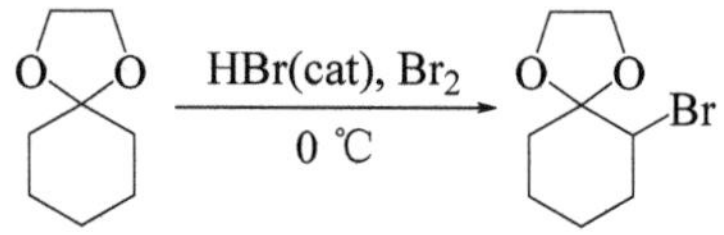

HBr(cat), Br_2, 0 ℃

Aben R W M, Hanneman E J M, Scheeren J M. Syn Commun, 1980, 10: 821.

【反应说明】该反应是一个缩酮的 *α*-卤代反应。

【反应机理】

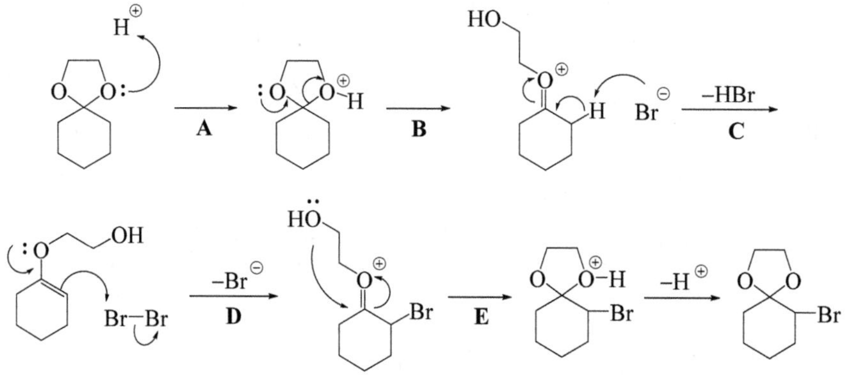

A—首先缩酮在酸性条件下得到一个质子活化；**B**—在另一个氧原子的孤对电子推动下开环；**C**—脱去一个质子形成烯醇醚；**D**—富电子的烯醇醚进攻溴分子得到 *α*-溴代物；**E**—分子内羟基加成形成 *α*-溴代缩酮。由于受到 *α*-溴原子的吸电子作用，缩酮产物更不容易开环，有利于反应向正反应方向进行。

3.2.2　酮进行 α-溴代

反应实例

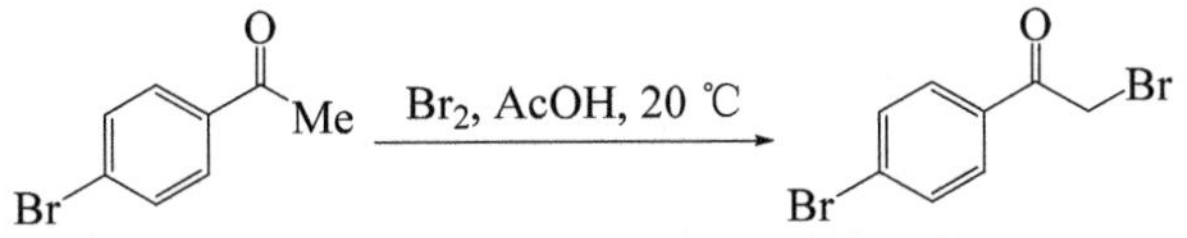

Br₂, AcOH, 20 ℃

Langley W D. Org Synth, 1941, 1: 127.

【反应说明】该反应是在酸性条件下酮 α 位的溴代反应。

【反应机理】

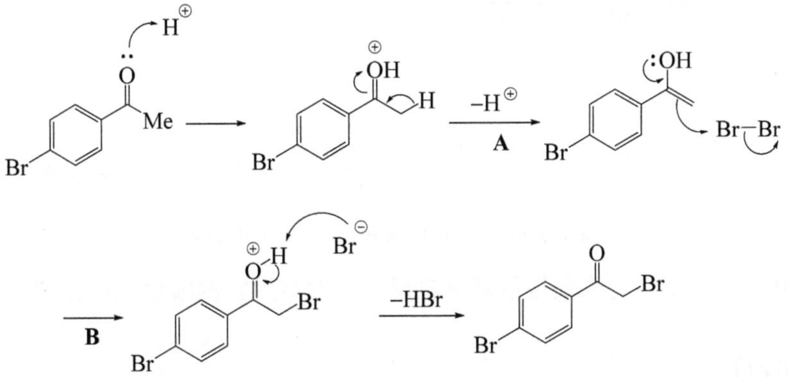

A—在酸催化下酮变为烯醇；B—富电子的烯醇进攻溴分子进行溴化反应。

3.2.3　合成 α-溴代缩醛

反应实例

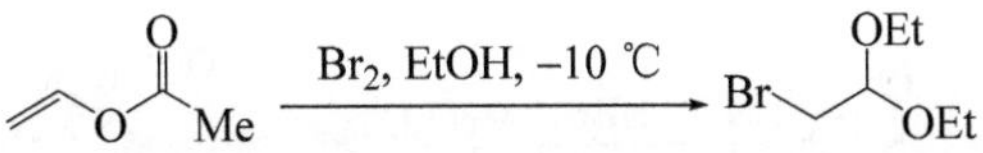

Br_2, EtOH, −10 ℃

McElvain S M, Kundiger D. Org Synth, 1955, Coll Vol 3: 123.

【反应说明】该反应是乙酸乙烯酯与溴反应生成 α-溴代缩醛的反应。

【反应机理】

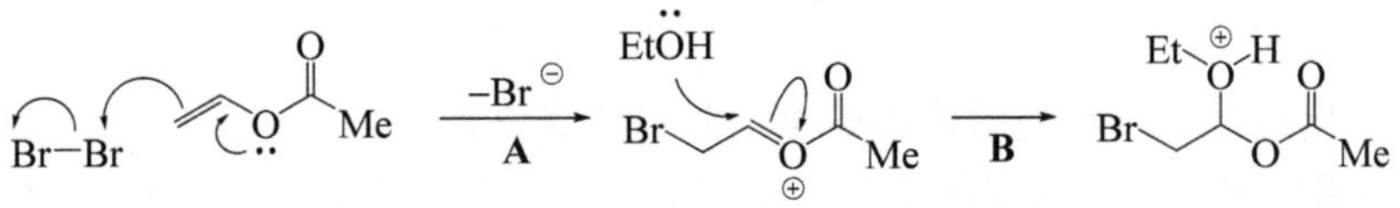

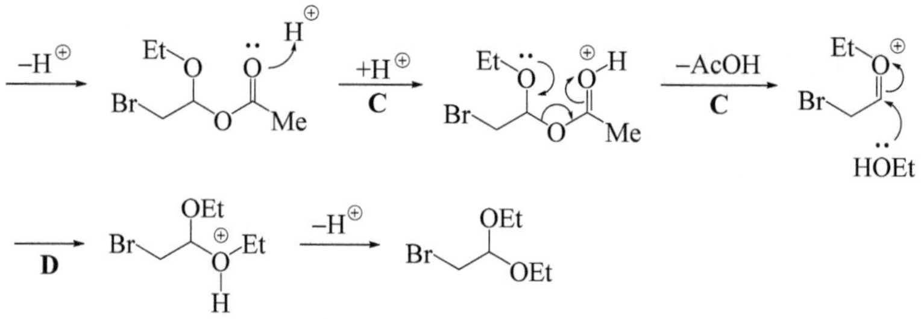

A—富电子的烯醇酯进攻溴分子进行溴代反应；**B**—一分子乙醇进行加成；**C**—质子迁移然后消去一分子乙酸；**D**—又一分子乙醇加成，然后脱去一个质子生成 *α*-溴代缩醛。

3.2.4　从酰氯合成 *α*-溴代酮

反应实例

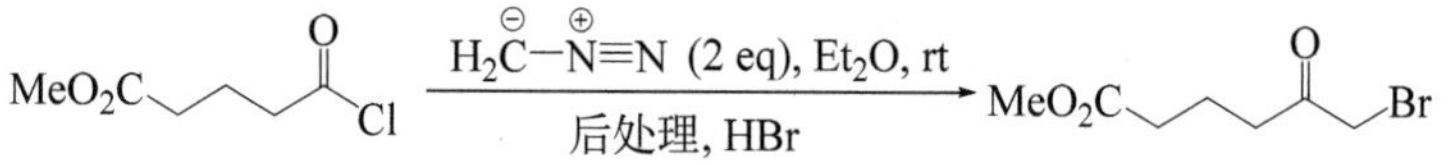

Nair V, Jahnke T S. Tetrahedron, 1987, 43: 4257.

【反应说明】该反应是酰氯与重氮甲烷反应，然后用氢溴酸后处理生成 *α*-溴代酮的反应。

【反应机理】

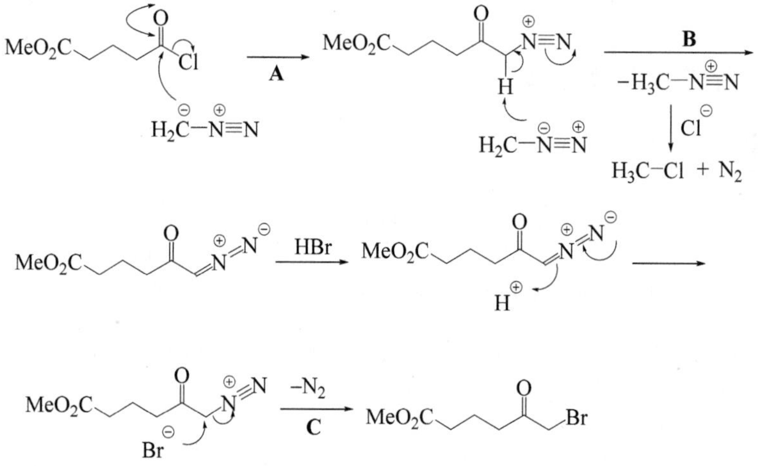

注：反应需要过量的重氮甲烷来消除反应副产物 HCl。

A—重氮甲烷与酰氯亲核取代；**B**—脱去一个质子形成重氮甲基酮；**C**—溴负离子亲核取代，消去一分子氮气得到 *α*-溴代甲基酮。

3.3 合成 *α*-卤代羧酸

3.3.1 从羧酸合成 *α*-溴代羧酸

反应实例

$$\mathrm{Me(CH_2)_3CH_2COOH} \xrightarrow[\mathrm{H_2O}]{\mathrm{Br_2,\ PCl_3,\ 70\ ℃}} \mathrm{Me(CH_2)_3CHBrCOOH}$$

Clarke H T, Taylor E R. Org Synth, 1941, Coll Vol 1: 115.

【反应说明】 该反应是 Hell-Volhard-Zelinsky 反应，是羧酸在路易斯酸的催化下在 *α* 位进行溴代的反应。

【反应机理】

A—羰基氧进攻三氯化磷，活化羰基；B—氯负离子进攻羰基加成；C—消除二氯氧磷，羧酸变为酰氯；D—酰氯异构为烯醇后进行溴代反应；E—酰氯水解变为 *α*-溴代羧酸。

3.3.2 从氨基酸合成 *α*-氯代羧酸

反应实例

$$\mathrm{H_2N\text{-}CH(Me)\text{-}CO_2H} \xrightarrow[\mathrm{HCl(aq),\ rt}]{\mathrm{NaNO_2}} \mathrm{Cl\text{-}CH(Me)\text{-}CO_2H}$$

Koppenhoefer B, Schurig V. Org Synth, 1993, Coll Vol 8: 119.

【反应说明】该反应使氨基酸的氨基被氯取代，但立体中心保持不变。

【反应机理】

A—通过重氮盐形成反应性很强的 α-内酯；B—氯负离子进攻内酯使内酯开环得到产物。α 位的立体中心经过两次翻转所以保持不变。

3.4 合成 α-卤代烃

3.4.1 由醇合成 α-溴代烃

反应实例

$$\text{Me}_2\text{CHCH}_2\text{OH} \xrightarrow[0\,^\circ\text{C} \sim \text{rt}]{\text{PBr}_3} \text{Me}_2\text{CHCH}_2\text{Br}$$

Noller C R, Dinsmore R. Org Synth, 1943, Coll Vol 2: 358.

【反应说明】该反应是常见的羟基被溴取代的反应。

【反应机理】

A—醇羟基氧的孤对电子进攻三溴化磷同时脱去一个溴负离子；B—脱去的溴负离子进攻活化的羟基碳发生 S_N2 反应。

3.4.2 合成末端溴代烃

反应实例

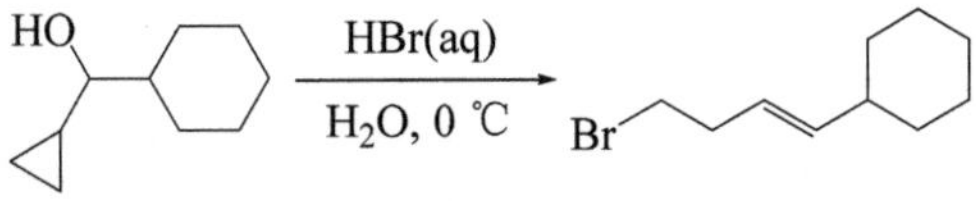

Ferreri C, Ambrosone M. Syn Commun, 1995, 25: 3351.

【反应说明】该反应是 α-羟基环丙烷在氢溴酸作用下的开环反应。

【反应机理】

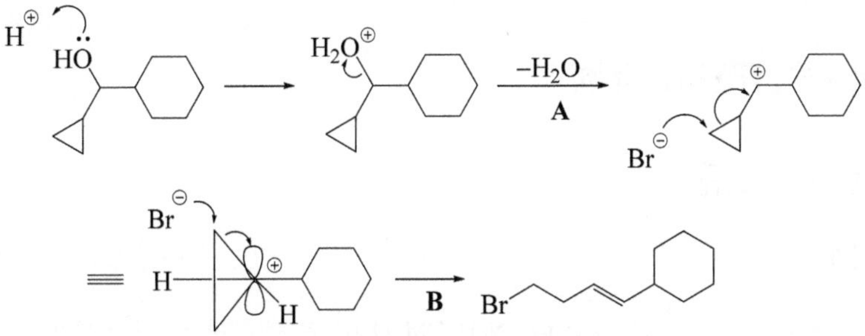

A—脱去一分子水形成碳正离子；B—环丙烷开环生成立体位阻较小的反式烯烃。

第 4 章

环化反应

4.1 合成五元环化合物

4.1.1 合成环戊酮

反应实例 1

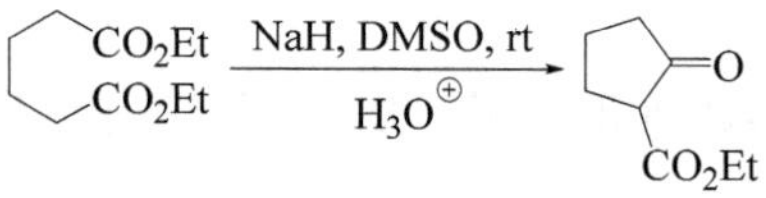

Schaefer J P, Bloomfield J J. Org React, 1967, 15: 1.

【反应说明】该反应为 Dieckmann 缩合反应。与 Claisen 缩合反应相类似，Claisen 缩合反应是两分子酯进行分子间缩合生成 β-酮酯的反应，而 Dieckmann 缩合反应是含两个酯基的化合物分子内缩合生成环 β-酮酯的反应。

【反应机理】

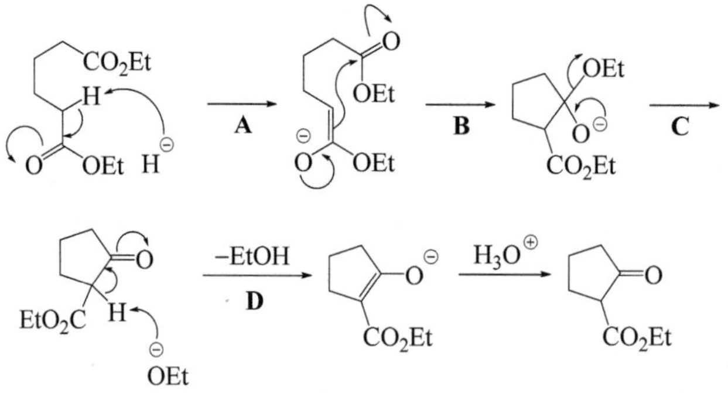

A—酯的一个 α-氢被碱夺去形成烯醇负离子；**B**—烯醇负离子进攻分子内的另一个酯羰基；**C**—消去一个乙氧基；**D**—在碱性条件下，酮转变为烯醇盐，直到最

后酸性处理才能形成环 β-酮酯［$pK_a(RCOCH_2CO_2R) = 10.7$, $pK_a(EtOH) = 16$］。

反应实例 2

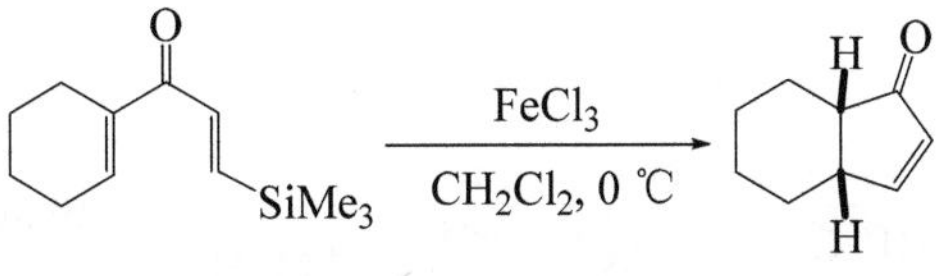

FeCl$_3$
CH$_2$Cl$_2$, 0 ℃

Jones T K, Denmark S E. Helv Chim Acta, 1983, 66: 2397.

【反应说明】该反应为 Nazarov 环化反应，是二烯酮在三氯化铁的催化下生成不饱和环酮的反应。

【反应机理】

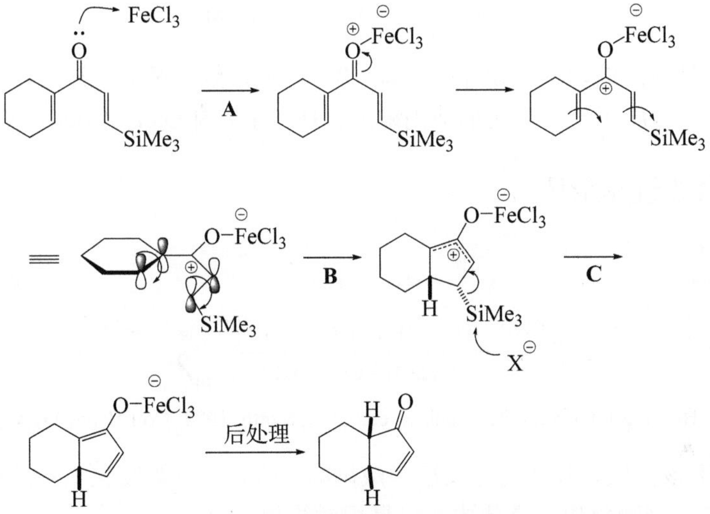

后处理

A—酮羰基与路易斯酸三氯化铁结合使羰基活化；**B**—4 电子顺旋电环化关环反应；**C**—脱三甲基硅形成区域稳定的烯醇盐，然后酸化处理得到产物。

反应实例 3

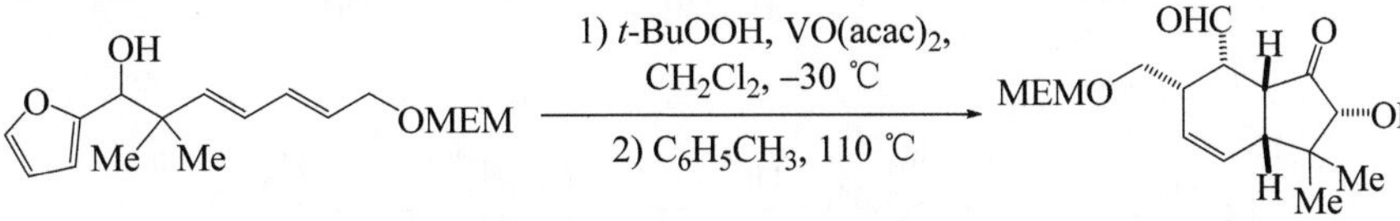

1) t-BuOOH, VO(acac)$_2$, CH$_2$Cl$_2$, −30 ℃
2) C$_6$H$_5$CH$_3$, 110 ℃

Richter F, Maichle-Mossmer C, Maier M E. Synlett, 2002: 1097.

【反应说明】该反应为 Achmatowicz 重排反应，是合成五元六元并环的反应。该反应的反应机理比较复杂，可以为有机化学研究者解释未知反应提供一种新的思路。

【反应机理】

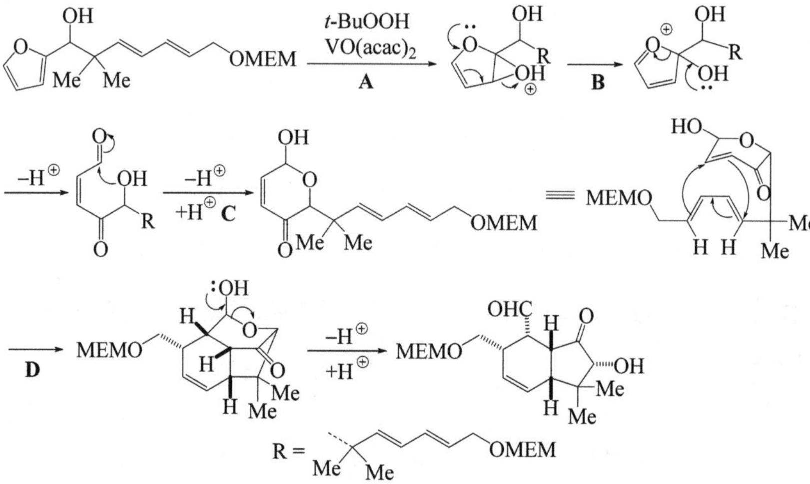

A—在羟基的推动下形成环氧乙烷；B—环氧乙烷裂解后，五元环也开环形成顺式烯醛；C—质子迁移环化形成内缩醛；D—分子内 Diels-Alder 反应。

4.1.2 合成五元杂环

反应实例 1

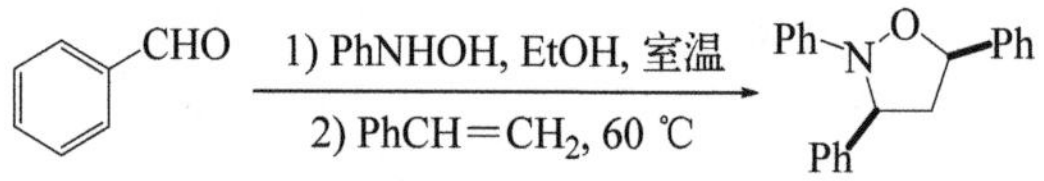

1) PhNHOH, EtOH, 室温
2) PhCH=CH$_2$, 60 ℃

Brüning I, Grashey R, Hauck H, et al. Org Synth, 1973, Coll Vol 5: 1124.

【反应说明】该反应是羟胺与醛反应形成硝酮，然后再与烯发生 1,3-偶极环加成反应得到产物。产物给出的立体中心只是相对构型。

【反应机理】

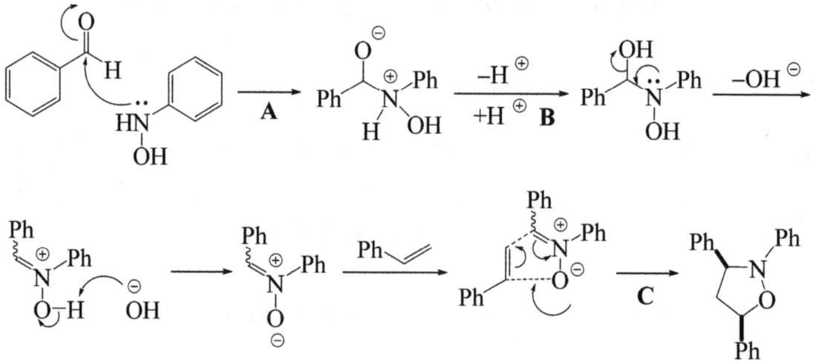

A—羟胺在醛羰基上加成；B—质子迁移然后消去一分子水得到硝酮；C—硝酮与苯乙烯发生 1,3-偶极环加成反应得到产物。

反应实例 2

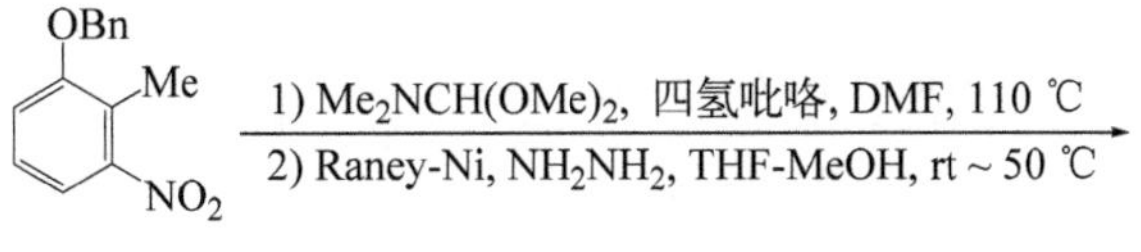

1) $Me_2NCH(OMe)_2$, 四氢吡咯, DMF, 110 ℃
2) Raney-Ni, NH_2NH_2, THF-MeOH, rt ~ 50 ℃

Batcho A D, Leimgruber W. Org Synth, 1990, Coll Vol 7: 34.

【反应说明】 该反应为 Leimgruber-Batcho 吲哚合成反应，是用邻硝基甲苯合成吲哚的反应。

【反应机理】

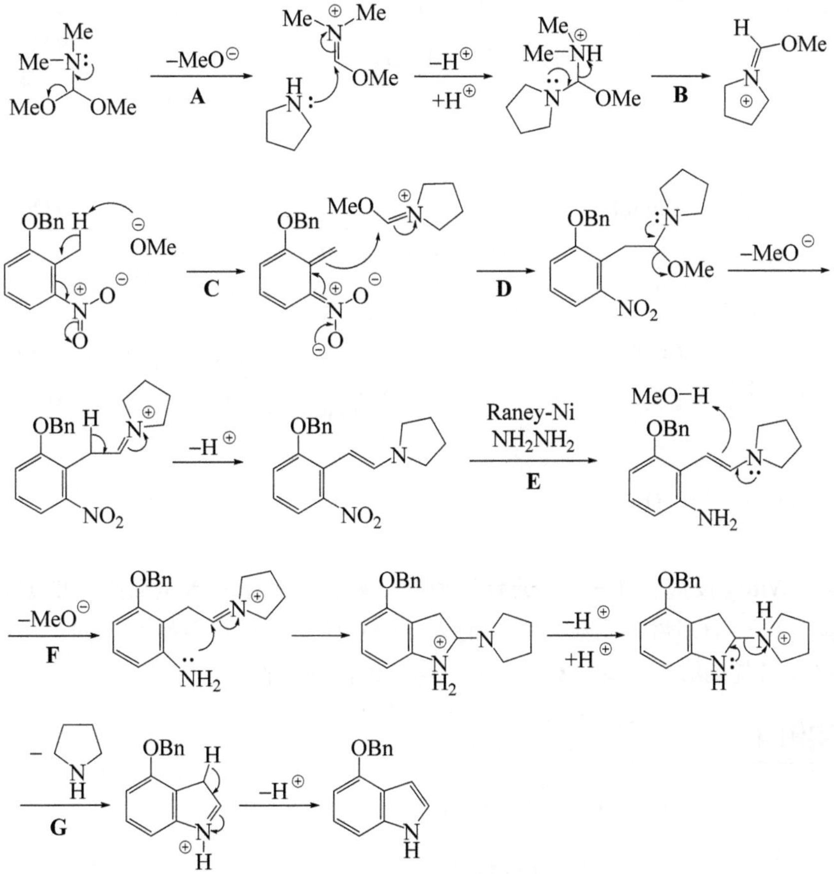

A—在加热条件下，脱去甲氧基负离子形成亚胺正离子；**B**—在四氢吡咯氮孤对电子的推动下，消去一分子二甲胺形成亚胺正离子；**C**—形成苄碳负离子，邻位的硝基能使苄碳负离子稳定化；**D**—形成烯胺；**E**—硝基被还原成氨基；**F**—烯胺质子化形成亚胺正离子；**G**—在氮原子孤对电子的推动下消去一分子四氢吡咯得到产物。

反应实例 3

CHO

NO_2

1) PPh_3=$CHCO_2Et$, 苯，回流

2) $(EtO)_3P$, 170 ℃

N H CO_2Et

Mali R S, Yadav V J. Synthesis, 1984: 862.

【反应说明】该反应是一种用邻硝基苯甲醛合成吲哚的方法。

【反应机理】

O H NO_2 $\oplus$ PPh_3 $\ominus$ CO_2Et —A→ $\ominus$ O $\oplus$ PPh_3 CO_2Et NO_2 → O PPh_3 CO_2Et NO_2 —$-POPh_3$, B→

CO_2Et NO_2 —$(EtO)_3P$→ CO_2Et $\oplus$ N O O $\ominus$: $P(OEt)_3$ —C→ CO_2Et N O O $P(OEt)_3$ —$-PO(OEt)_3$→

→ CO_2Et N O : $P(OEt)_3$ → CO_2Et $\ominus$ N O $\oplus$ $P(OEt)_3$ —$-PO(OEt)_3$, D→ CO_2Et H N:

—E→ N H CO_2Et

A—Wittig 反应；B—经四元环过渡态，脱去一分子三苯基氧膦，形成 α,β-不饱和酯；C—[4+2]螯合反应，然后消去一分子磷酸酯形成亚硝基中间体；D—亚硝基化合物脱氧形成氮烯；E—分子内电环化得到产物。

反应实例 4

MeO NH_2

1) $NaNO_2$, HCl(aq), 0 ℃

2) Me(C=O)CH(Et)CO_2Et, KOH, EtOH-H_2O, 0 ℃

3) HCl(aq), EtOH, 65 ℃

MeO Me N H CO_2Et

Zhao S, Liao X, Wang T, et al. J Org Chem, 2003, 68: 6279.

【反应说明】该反应分两步，第一步为 Japp-Klingemann 反应合成腙，第二步为 Fischer 反应合成吲哚。

【反应机理】

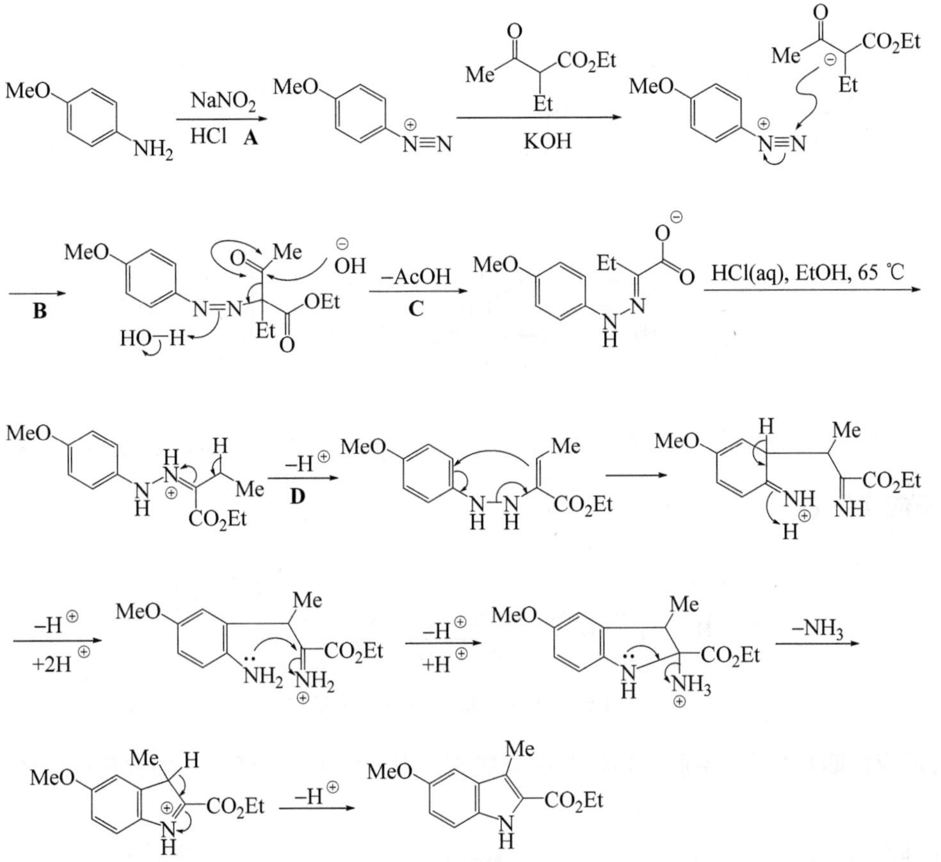

A—形成重氮盐；B—烯醇盐加成到重氮盐上；C—酮裂解形成腙；D—Fischer 吲哚合成法得到产物。

反应实例 5

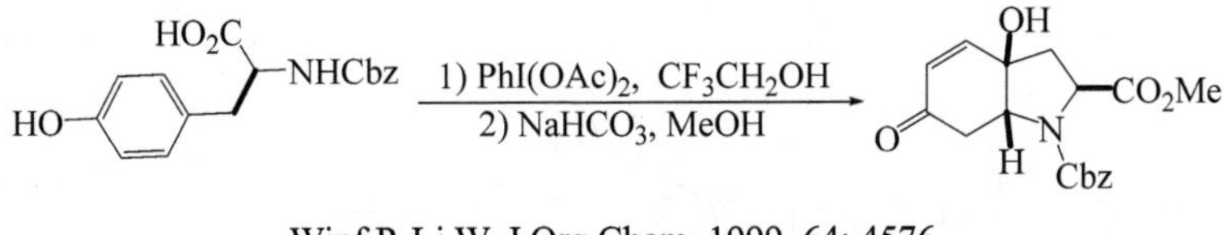

Wipf P, Li W. J Org Chem, 1999, 64: 4576.

【反应说明】酚被 $PhI(OAc)_2$ 氧化成 α, β-不饱和环酮，同时分子内环化形成含氮五元杂环化合物。

【反应机理】

AcO I OAc Ph ÖH O OH NHCbz

−AcOH

OAc O I Ph O ÖH NHCbz

−AcOH, −PhI

A

O O CbzHN H O

$NaHCO_3$

MeOH

O O CbzHN H O MeO⊖

$-H^{\oplus}$

$+H^{\oplus}$

O OH CbzN⊖ H O OMe

$+H^{\oplus}$

B

OH O CO_2Me N H Cbz

A—*N*-Cbz 酪氨酸分子内环化形成内酯；**B**—分子内 Michael 加成得到产物。

反应实例 6

HO N H +

$NaOCl(aq), Et_3N$

CH_2Cl_2, 0 ℃

N O

Lee G A. Synthesis, 1982: 508.

【反应说明】该反应是肟与烯烃在次氯酸的作用下发生 1,3-偶极环加成反应生成异噁唑。

【反应机理】

Cl−O⊖ H−OH ⇌ Cl−OH

N−O−H :NEt_3 H

A

N=O Cl H

H :NEt_3 O N Cl

B

:N O⊖ Cl

C

⊕N O⊖

D

N O

A—肟发生氯代反应；**B**—形成肟负离子，便于脱去一个氯负离子；**C**—脱去一个氯负离子形成氧化腈；**D**—1,3-偶极环加成反应得到产物。

反应实例 7

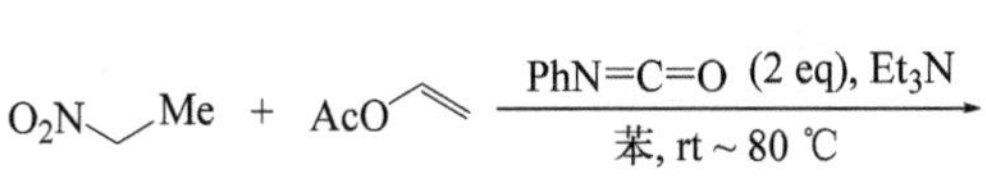

Mukaiyama T, Hoshino T. J Am Chem Soc, 1960, 82: 5339.

【反应说明】 该反应是硝基化合物与烯烃在异氰酸酯的作用下反应生成异噁唑。

【反应机理】

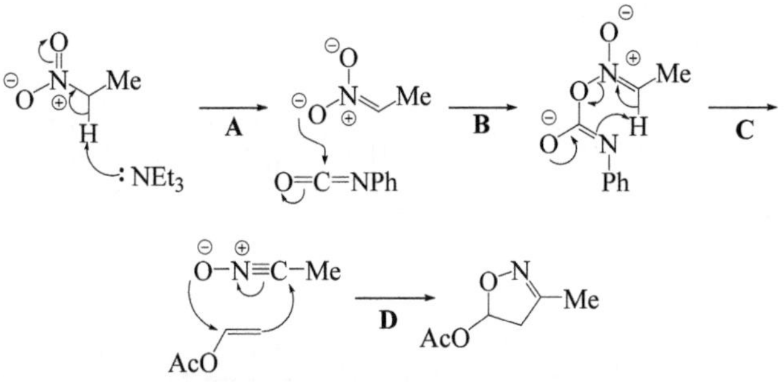

A—硝基化合物的 α-氢被夺去形成氮酸盐［pK_a($CH_3CH_2NO_2$) = 10.2，pK_a($HNEt_3^+$) = 10.7］；**B**—氮酸盐与异氰酸酯发生加成反应；**C**—可能通过顺式消去一个氨基甲酸负离子形成了氧化腈；**D**—1,3-偶极环加成生成了产物异噁唑。

反应实例 8

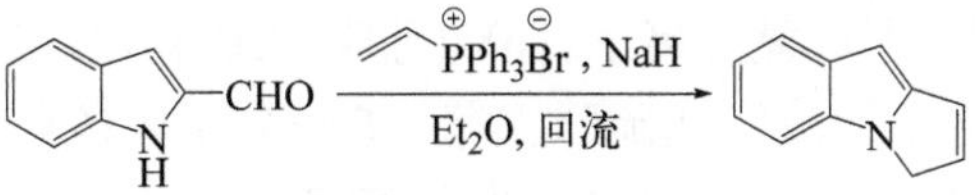

Schweizer E E, Light K K. J Org Chem, 1966, 31: 870.

【反应说明】 该反应是 Wittig 反应的衍生反应，首先由吲哚在碱性条件下与磷叶立德加成，然后进行分子内 Wittig 反应生成含氮五元环的反应。

【反应机理】

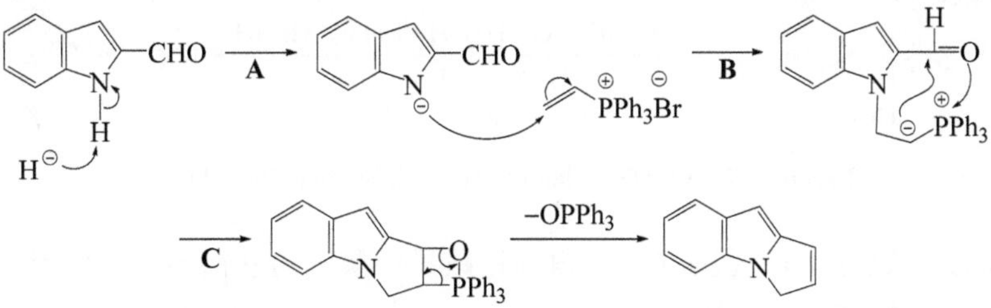

A—吲哚的氢被夺去形成吲哚负离子［pK_a(吲哚 NH) = 17，pK_a(H_2) = 35］；**B**—吲哚负离子在乙烯磷酸盐上加成形成磷叶立德；**C**—分子内 Wittig 反应得到产物。

反应实例 9

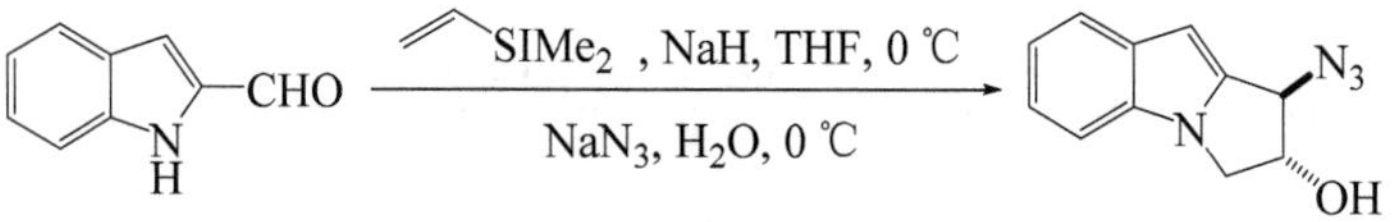

Wang Y, Zhang W, Colandrea V J, et al. Tetrahedron, 1999, 55: 10659.

【反应说明】 该反应是吲哚醛先与乙烯基硫盐反应形成硫叶立德，再进行分子内 Wittig 反应生成含氮五元环的反应。

【反应机理】

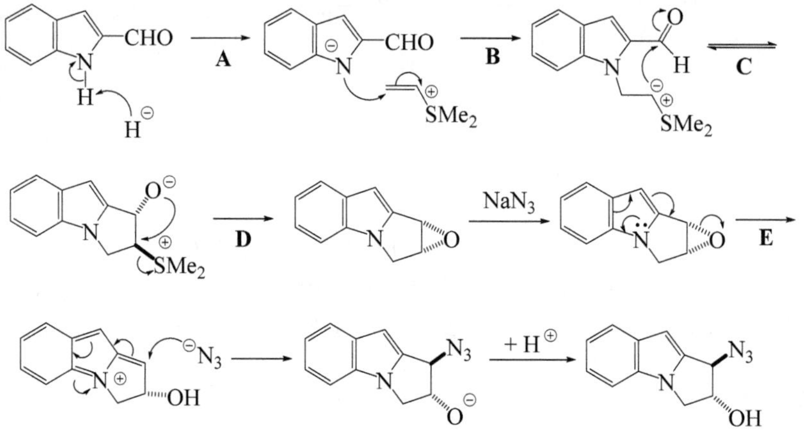

A—在强碱作用下形成氮负离子［pK_a(吲哚 NH) = 17, pK_a(H_2) = 35］；**B**—氮负离子在乙烯基硫盐上加成形成硫叶立德；**C**—分子内硫叶立德在醛基上加成；**D**—分子内 S_N2 反应形成环氧乙烷；**E**—在氮原子孤对电子的推动下环氧乙烷开环，然后叠氮负离子加成再经质子化得到产物。

反应实例 10

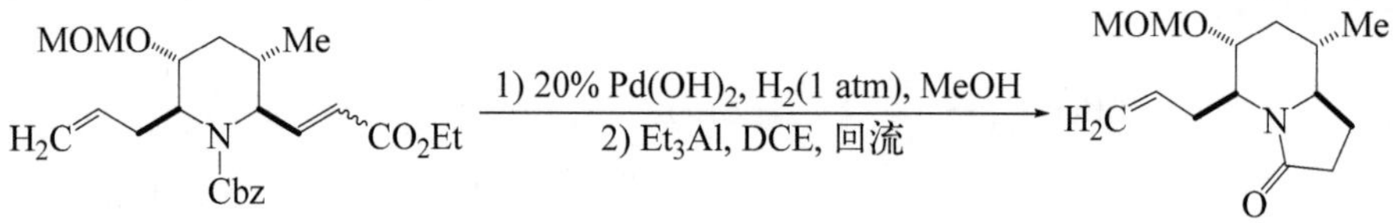

Toyooka N, Zhou D J, Nemoto H, et al. Synlett, 2008(1): 61.

【反应说明】 该反应首先脱去 Cbz，再通过路易斯酸三乙基铝的催化作用，分子内进行 Weinreb 酰胺化关环反应。

【反应机理】

MOMO Me H_2C N Cbz CO_2Et $\xrightarrow[A]{Pd(0),\ H_2}$ MOMO Me N H OEt O: Al(Et)$_3$ ⟶

MOMO Me N H OEt O Al(Et)$_3$ $\xrightarrow{B}$ MOMO Me H−N EtO OAl(Et)$_3$ $\xrightarrow[+H^{\oplus}]{-H^{\oplus}}$ MOMO Me N H EtO OAl(Et)$_3$

$\xrightarrow{-EtOH}$ MOMO Me N (Et)$_3$AlO $\xrightarrow{后处理}$ MOMO Me N (Et)$_3$Al−O ⟶ MOMO Me H_2C N O

A—Cbz 被催化剂氢氧化钯还原消去形成胺；B—胺加成到被三乙基铝活化了的羰基上形成一个四面体的中间体。

反应实例 11

O H_2C NHCbz Me $\xrightarrow[H_2Cl_2,\ -78\ ℃\sim rt]{Ph_3SiH,\ BF_3\cdot Et_2O}$ Me N Cbz CH_2

Toyooka N, Zhou D J, Nemoto H. J Org Chem, 2008, 73: 4575.

【反应说明】在路易斯酸三氟化硼存在下胺与酮反应形成一个五元环亚胺离子中间体，然后被选择性还原得到产物（主副产物比为 20：1）。

【反应机理】

BF_3 O: H_2C NHCbz Me $\xrightarrow{A}$ F BF_2 O R R′ :NHCbz $\xrightarrow{B}$ $F^{\ominus}$ Ph_3Si-H ⟶ $Ph_3SiF + H^{\ominus}$

R″ N H Cbz O−BF_2 R $\xrightarrow{-H^{\oplus}}$ R″ N Cbz O BF_2 R $\xrightarrow{-O=BF_2^{\ominus}}$

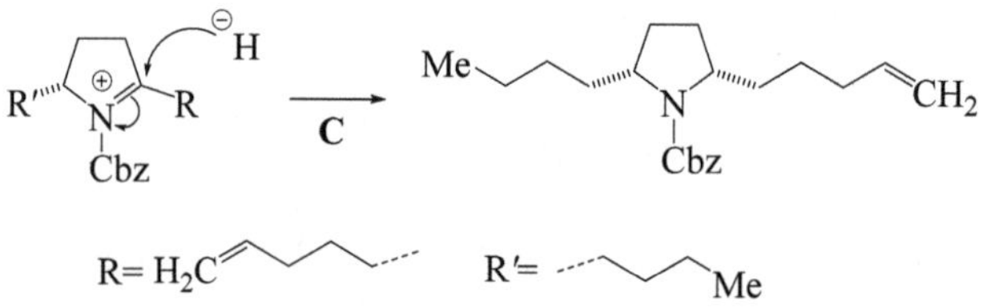

R'''' N⊕ R, Cbz, ⊖H —C→ Me (pyrrolidine) N Cbz CH$_2$

R= H_2C=CH(CH$_2$)$_3$-- R'= --(CH$_2$)$_3$Me

A—羰基被路易斯酸三氟化硼活化；**B**—胺加成到活化了的羰基上形成一个四面体的中间体；**C**—氢负离子从位阻较小的一侧优先靠近加成得到产物。

反应实例 12

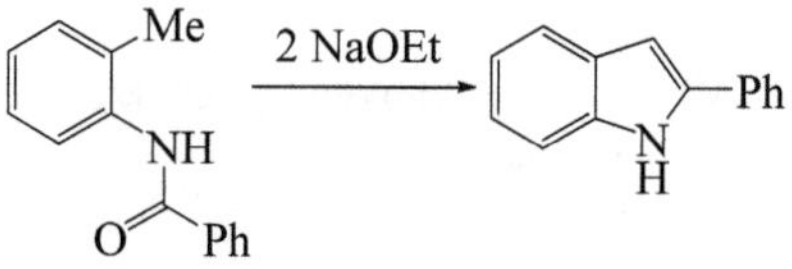

2 NaOEt

Madelung W. Ber, 1912, 45: 1128.

【反应说明】该反应是 Madelung 吲哚合成法。

【反应机理】

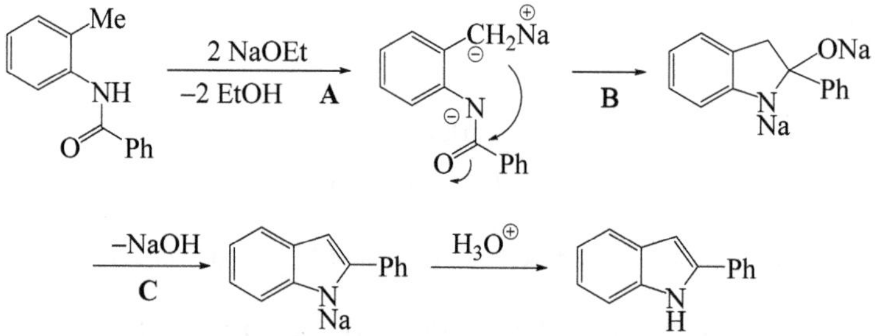

2 NaOEt, −2 EtOH **A**; **B**; −NaOH **C**; $H_3O^{\oplus}$

A—甲基氢被乙醇钠夺去形成苄基负离子［pK_a($RCONH_2$) = 17，pK_a(EtOH) = 16］；**B**—苄基负离子进攻酰胺羰基发生加成反应；**C**—芳构化脱去一分子 NaOH 后，酸化得到吲哚。

4.1.3 合成五元碳环

反应实例

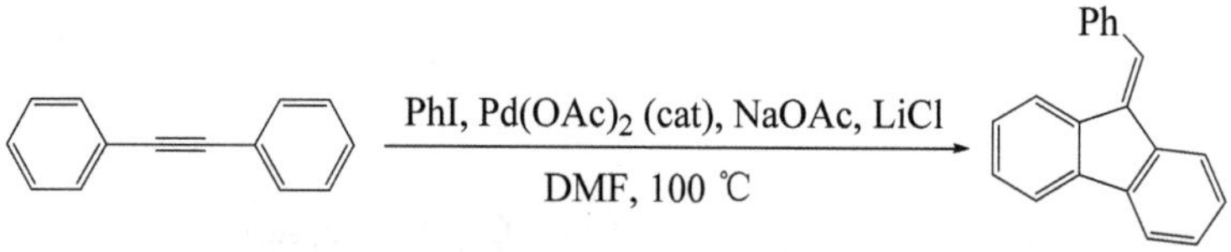

PhI, Pd(OAc)$_2$ (cat), NaOAc, LiCl; DMF, 100 ℃

Laroxk R C, Tian Q. J Org Chem, 2001, 66: 7372.

【反应说明】该反应是碘苯与二苯乙炔在催化剂钯的作用下发生加成反应，然后继续催化偶联形成五元环。

【反应机理】

I Pd(0) A I Pd Ph Ph Ph Ph Pd—I H B Ph Ph Pd—I H C

H Ph H Pd I D H I—Pd Ph −HI L_nPd Ph E Ph

A—碘苯和钯氧化加成，然后钯再和炔进行加成反应形成烯；**B**—芳香碳氢键进行氧化加成；**C**—还原消去；**D**—另一个碳氢键进行氧化加成；**E**—还原消去形成碳碳键。

4.2 合成六元环化合物

4.2.1 合成环己酮

反应实例1

MeO Cl O $\xrightarrow[CH_2Cl_2,\ -78\ ℃\sim rt]{H_2C{=}CH_2\ ,\ AlCl_3}$ MeO O

Sims J J, Selman L H, Cadogan M. Org Synth, 1988, Coll Vol 6: 744.

【反应说明】该反应是一个分子内傅-克酰基化反应。

【反应机理】

MeO O: Cl┈┈$AlCl_3$ $-AlCl_4^{\ominus}$ A MeO $H_2C{=}CH_2$ $O^{\oplus}$ B MeO $H_2C^{\oplus}$ O

C MeO ⊕ H O $-H^{\oplus}$ MeO O

或

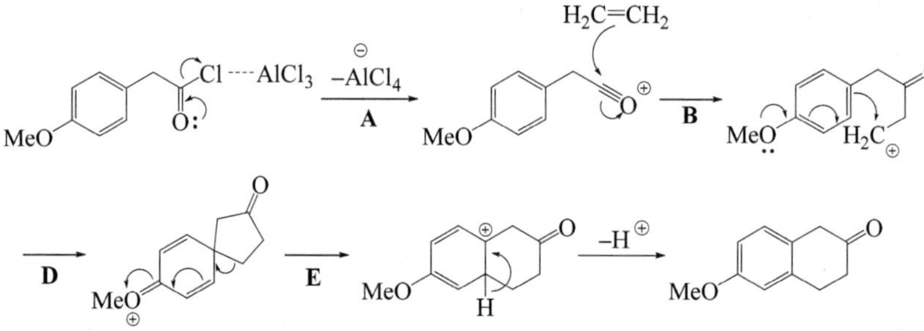

A—酰氯在三氯化铝的作用下形成酰基阳离子；B—乙烯加成到酰基阳离子上；C—芳香环进攻前面形成的碳正离子，然后再脱去一个质子得到产物；D—在对位甲氧基的推动下，芳香环进攻碳正离子；E—1,2-烷基迁移，然后再脱去一个质子得到产物。

反应实例 2

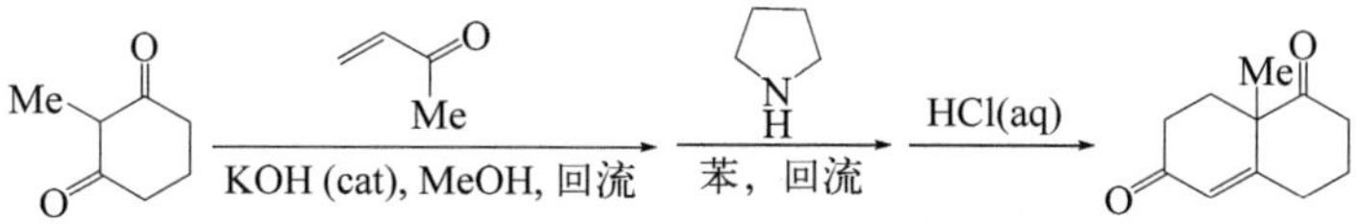

Ramachandran S, Newman M S. Org Synth, 1973, Coll Vol 5: 486.

【反应说明】该反应为 Robinson 环化反应。环己酮与甲基乙烯基酮发生 Michael 加成反应，然后再进行分子内羟醛缩合反应生成六元环 α,β-不饱和酮。

【反应机理】

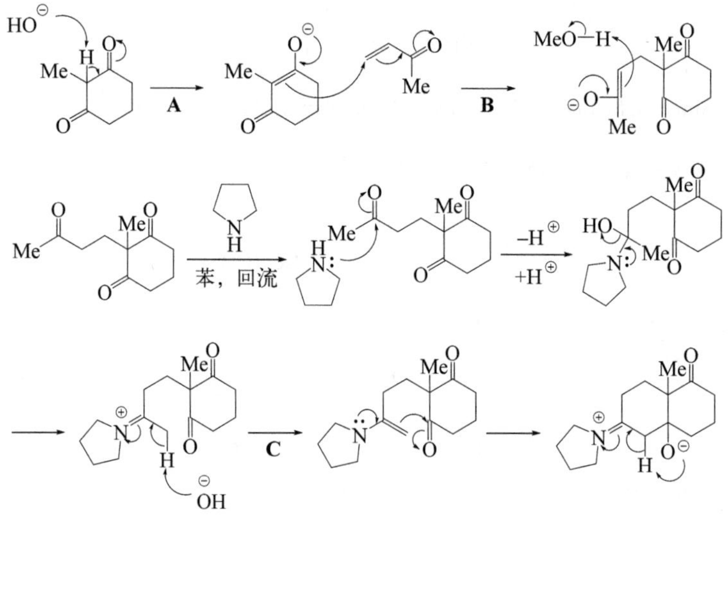

Me O; N; OH → HO⊖ H; Me O; N⊕ → Me O; N

HCl(aq) → H⊕; Me O; N → H_2O:; Me O; N⊕ → −(H₂N⊕ pyrrolidinium) D → Me O; O

A—酮的 α-氢被夺去形成烯醇盐［$pK_a(RCOCH_2COR) = 9$，$pK_a(H_2O) = 15.7$］；B—烯醇盐与甲基乙烯基酮发生 Michael 加成反应；C—形成烯胺后与酮发生分子内羟醛缩合反应形成六元环；D—酸化后处理脱去四氢吡咯盐酸盐，得到产物。

反应实例 3

CO_2Et; TBSO —— $Ti(O^iPr)_4$, ^iPrMGCl (2eq), Et_2O → 1) $FeCl_3$, 吡啶, DMF 2) NaOAc, MeOH → O; TBSO

Hanazawa T, Okamoto S, Sato F. Tetrahedron Lett, 2001, 42: 5455.

【反应说明】该反应是碳碳双键与锑形成络合物，然后和羰基发生加成反应生成环烯酮的反应。

【反应机理】

^iPrO, ^iPrO $Ti(O^iPr)_2$ —— $+2^iPrMgCl$, $-2^iPrOMgCl$ → Me; H $Ti(O^iPr)_2$; Me Me → Me; H−$Ti(O^iPr)_2$; Me Me → −Me H Me, A →

Me; $Ti(O^iPr)_2$ ≡ Me; Ti; $(O^iPr)_2$ —— CO_2Et, TBSO, B → OEt; TBSO; O; $Ti(O^iPr)_2$ → C

OEt; TBSO; O; $Ti(O^iPr)_2$ → TBSO; O⊕; $Ti(O^iPr)_2$; ⊖OEt → TBSO; O; $Ti(OR)_3$

→ D TBSO; $OTi(OR)_3$ —— 后处理, +H⊕ → TBSO; OH —— $FeCl_3$ → TBSO; O−$FeCl_2$

A—形成丙烯-铑络合物或铑环丙烷；B—烯烃交换；C—分子内羰基插入铑络合物中；D—形成环丙烷；E—环丙烷被氧化裂解。

反应实例 4

1) CH_3CHO, Et_2O, 0 ℃
2) Cl_2CHOCH_3, ^tBuOLi, Et_2O, 0 ℃ ~ rt
3) H_2O_2(aq), NaOAc, H_2O, 回流

Brown H C, Mahindroo V K, Dhokte U P. J Org Chem, 1996, 61: 1906.

【反应说明】该反应是用 1,4-二烯来合成环己酮的反应。

【反应机理】

A—连续两次硼氢化反应形成三取代硼烷；**B**—通过六元环过渡态发生氢迁移（参考 Meerwein-Ponndorf-Verley 还原反应）。

4.2.2 合成六元杂环

反应实例 1

1) 2-碘苯甲醛, $MgSO_4$, CH_2Cl_2, rt
2) CH_3CO_2H, 苯，回流

Whaley W M, Govindachari T R. Org React, 1951, 6: 151.

【反应说明】 该反应为 Pictet-Spengler 反应，是用苯乙胺来合成四氢异喹啉的反应。

【反应机理】

A—二甲氧基苯乙胺与醛反应生成亚胺；**B**—脱去一分子水形成亚胺；**C**—富电子的芳香环进攻亚胺离子，然后再芳香化重排得到产物。

反应实例 2

$POCl_3$
$C_6H_5CH_3$, 回流

Brossi A, Dolan L A, Teitel S. Org Synth, 1988, Coll Vol 6: 1.

【反应说明】 该反应为 Bischler-Napieralski 反应，是一种合成 3,4-二氢异喹啉的方法。

【反应机理】

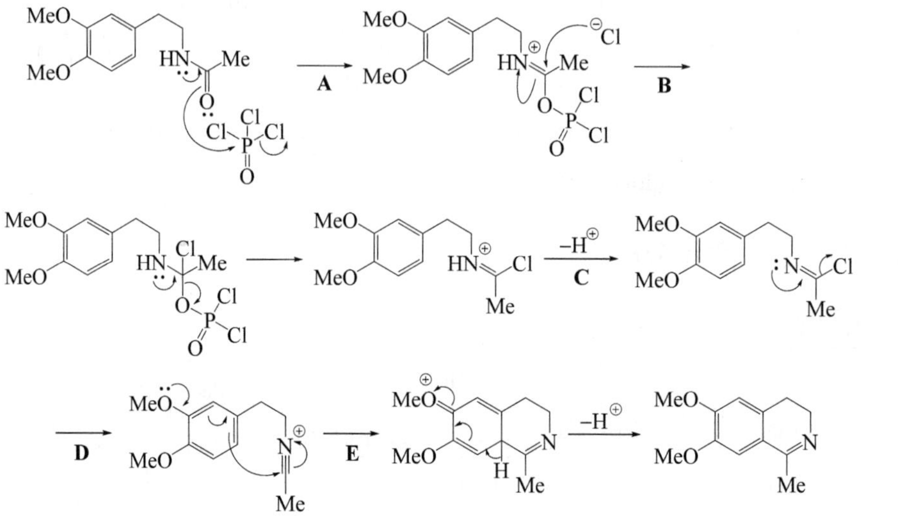

A—酰胺氧的孤对电子进攻三氯氧磷形成亚胺离子；B—氯离子进攻亚胺离子，然后再消去二氯磷酸负离子；C—脱去一个质子形成亚胺；D—脱去一个氯离子形成腈鎓离子；E—富电子的芳香环进攻腈鎓离子，进行亲电取代反应形成3,4-二氢异喹啉环。

反应实例3

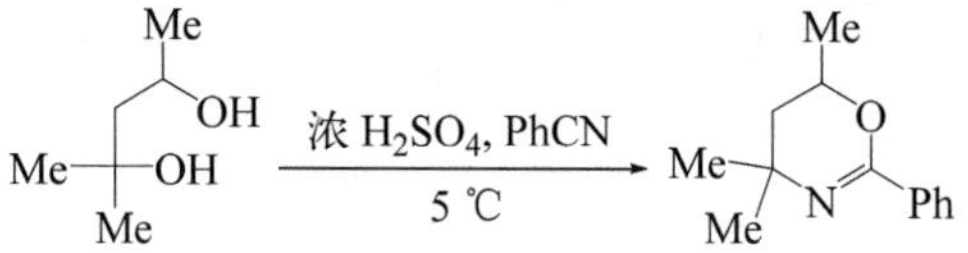

浓 H_2SO_4, PhCN，5 ℃

Tillmanns E J, Ritter J J. J Org Chem, 1957, 22: 839.

【反应说明】该反应为 Ritter 反应，是叔醇在酸性条件下脱去羟基形成碳正离子，然后与腈反应形成腈鎓离子，最后与醇发生加成反应生成六元杂环的反应。

【反应机理】

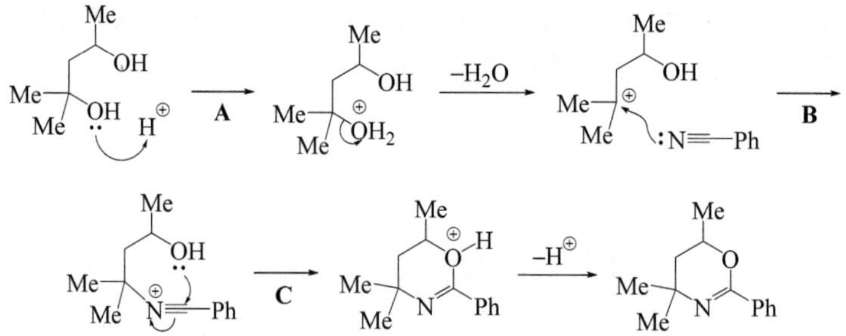

A—叔醇质子化，然后消去一分子水形成较稳定的叔碳正离子；B—苯腈进攻叔碳正离子形成腈鎓正离子；C—分子内羟基加成到腈鎓正离子上，最后脱氢生成产物。

反应实例 4

NH　N　NCS, Et_2O　$h\nu$　N　N

Caló V, Lopez L, Mincuzzi A, et al. Synthesis, 1976: 200.

【反应说明】 该反应为 Hofmann-Löffler-Freytag 反应，是通过自由基反应来合成二氮杂六元环的反应。

【反应机理】

O　N—H　O　NH　N　O　N—Cl　O　A　N　Cl　N　$h\nu$　N　Cl　N　B　N　H　N

C　NH　N　N　Cl　N　D　NH　N　Cl　E　NH　N　$\oplus$　$-H^{\oplus}$　N　N

A—胺与 *N*-氯代丁二酰亚胺（NCS）反应形成氯代胺；**B**—光照活化使氮氯键发生均裂形成氮自由基；**C**—分子内氢迁移形成较稳定的碳自由基；**D**—碳自由基从另一分子氯代胺上得到一个氯原子使反应能够继续进行；**E**—脱去一个氯负离子形成亚胺离子，然后分子内环化得到产物。

反应实例 5

HO　HO　CO_2Me　$NH_2 \cdot HCl$　+　MeO　MeO　O　CO_2Na　AcOH　MeOH, H_2O, 35 ℃　HO　HO　CO_2Me　NH　OMe　OMe

Konda M, Shioiri T, Yamada S. Chem Pharm Bull, 1975, 23: 1025.

【反应说明】该反应分两步，第一步 *α*,*β*-环氧丙烷羧酸在酸性条件下脱羧形成醛；第二步醛与胺反应形成亚胺离子，然后再发生 Pictet-Spengler 反应生成产物。

【反应机理】

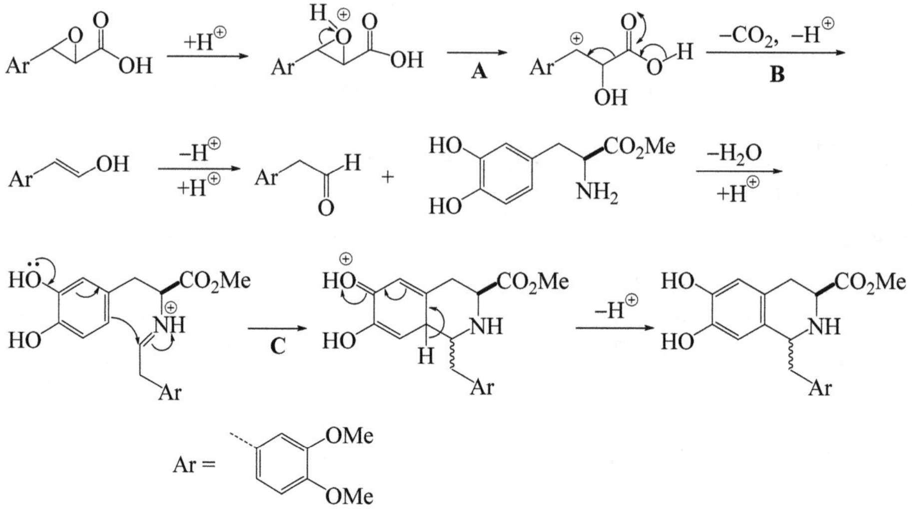

A—在酸性条件下形成较稳定的苄基碳正离子；B—脱羧形成烯醇，然后重排生成醛；C—Pictet-Spengler 反应得到产物。

反应实例 6

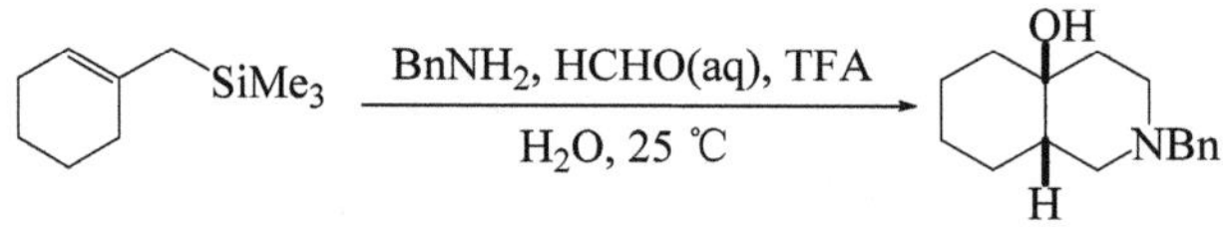

Larsen S D, Grieco P A, Fobare W F. J Am Chem Soc, 1986, 108: 3512.

【反应说明】该反应提供了一种从烯烃合成含氮六元杂环的方法。

【反应机理】

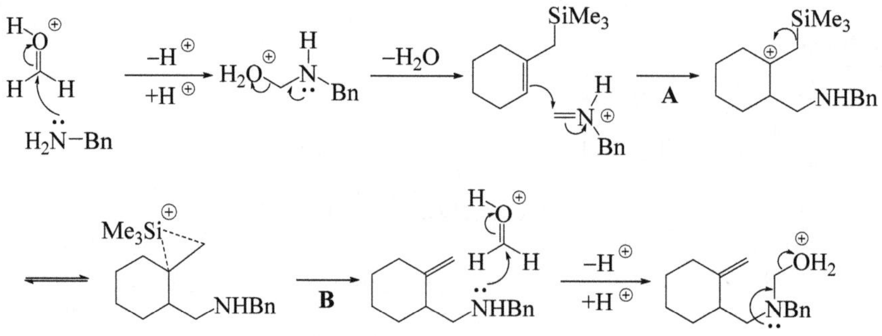

$-H_2O$ 　C　$-H^{\oplus}$　OH　NBn　H

A—烯丙基硅加成到亚胺正离子上（硅基能够使 *β*-碳正离子稳定化）；**B**—脱去三甲基硅形成烯；**C**—分子内环化形成稳定的叔碳正离子。

反应实例 7

OBoc　OBoc　H　O　+　OEt　PhMgBr　Et_2O, −78 ℃ ~ rt　OBoc　O　Ph　OEt

Jones R M, Selenski C, Pettus T R R. J Org Chem, 2002, 67: 6911.

【反应说明】该反应是通过杂原子 Diels-Alder 反应来合成六元杂环，在天然化合物合成中有很重要的应用价值。

【反应机理】

OBoc　OBoc　O　H　Ph　A　O^{t}Bu　B　C　OEt

A—分子内酰基迁移；**B**—形成邻醌甲烷；**C**—通过 hetero-Diels-Alder 反应形成 *endo* 加成产物。

反应实例 8

1) $H_2C{=}CHCN$, MeOH
2) $H_2C{=}CHCH_2Br$, NaH, THF
3) *m*-CPBA, CH_2Cl_2
4) MeOH, △
5) H_2, Pd/C, MeOH

O'Neil I A, Cleator E, Ramos V E, et al. Tetrahedron Lett, 2004, 45: 3655.

【反应说明】该反应是 Cope 消除反应。

【反应机理】

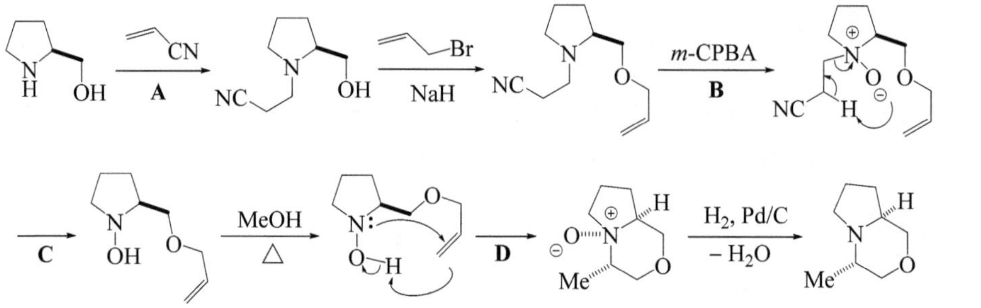

A—四氢吡咯氮原子与丙烯腈进行 1,4-共轭加成；B—过氧化合物氧化吡咯氮原子；C—氮原子发生 Cope 消除反应；D—逆 Cope 消除反应。

反应实例 9

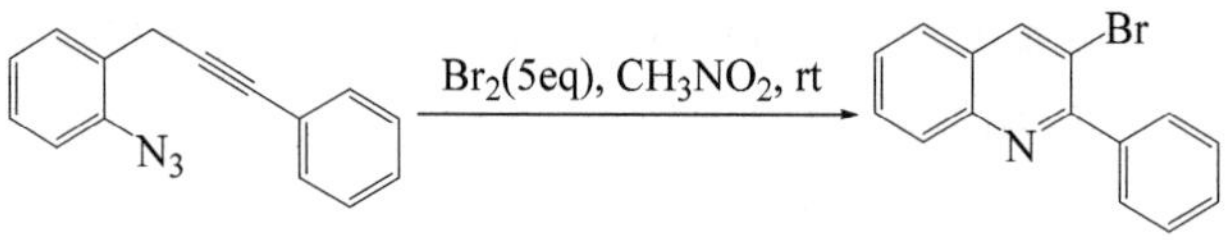

Huo Z, Gridnev I D, Yamamoto Y. J Org Chem, 2010, 75: 1266.

【反应说明】拥有喹啉环的生物碱在天然化合物和药物中广泛存在，另外用喹啉的衍生物和金属络合还可以制成金属催化剂。该反应是经叠氮与炔关环合成喹啉的方法。

【反应机理】

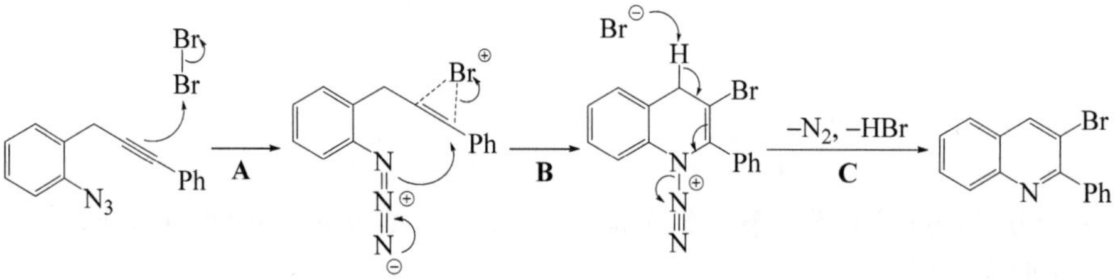

A—富电子的炔进攻溴分子形成烯溴正离子；B—叠氮进攻亲电烯溴过渡态形成六元环；C—脱去一分子氮气和一分子溴化氢并进行芳构化得到产物喹啉。

反应实例 10

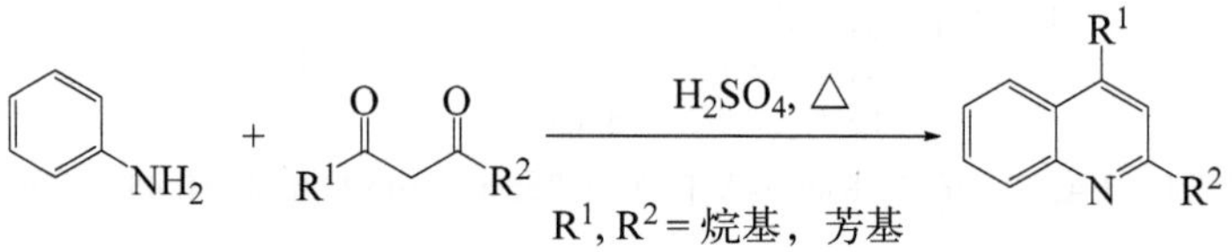

R^1, R^2 = 烷基，芳基

Combes A. Bull Soc Chim France, 1883, 49: 89.

【反应说明】该反应是 Combes 喹啉合成法，苯胺与 1,3-二酮在酸性条件下缩合得到喹啉。

【反应机理】

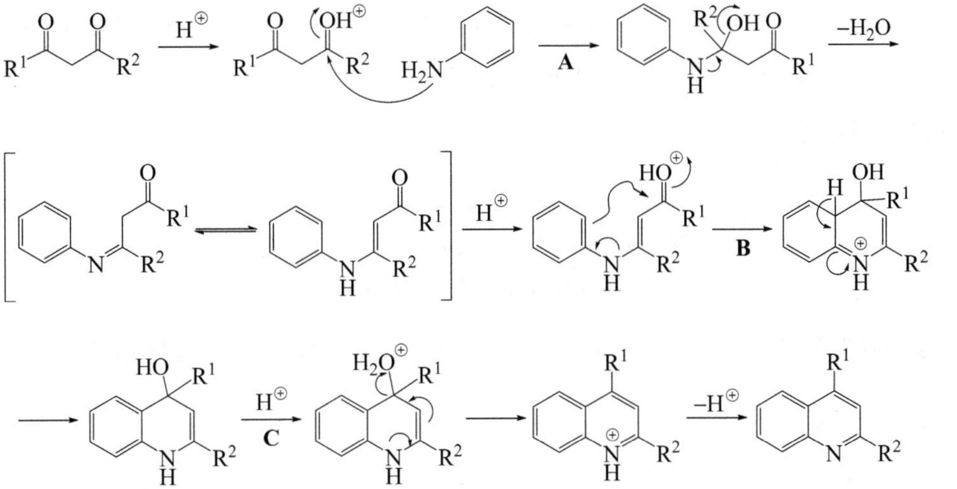

A—二酮羰基在酸性条件下被活化，苯胺与羰基加成脱水后形成烯胺中间体；B—分子内亲电加成；C—酸催化下脱水芳构化。

反应实例 11

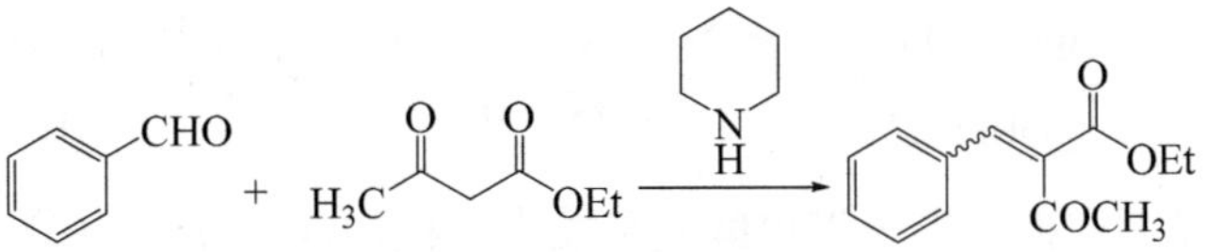

Knoevenagel E. Ber, 1896, 29: 172.

【反应说明】该反应是 Knoevenagel 缩合反应。

【反应机理】

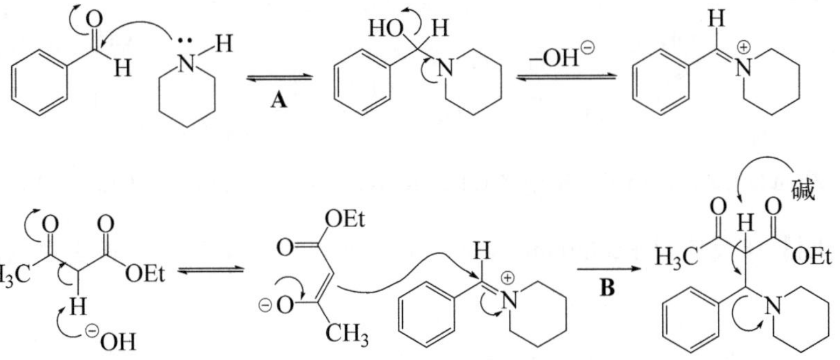

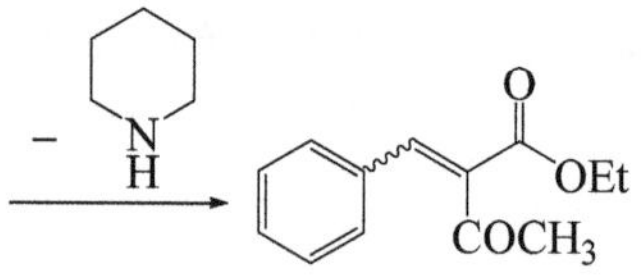

A—哌啶与醛亲核加成，脱去氢氧负离子后得到亚胺正离子；**B**—烯醇负离子与亚胺负离子亲核加成，脱去哌啶得到产物。

反应实例 12

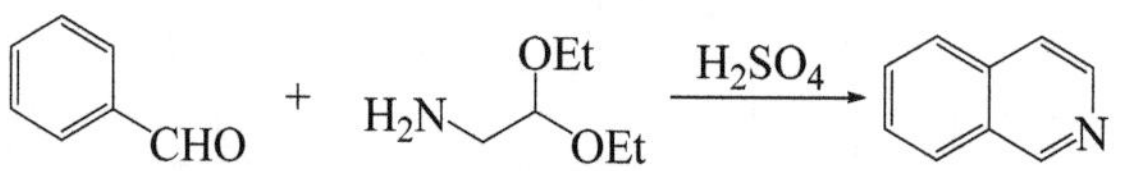

Fritsch P. Ber, 1893, 26: 419.

【反应说明】该反应是 Pomeranz-Fritsch 反应，是苯甲醛与氨基缩醛合成异喹啉的反应。

【反应机理】

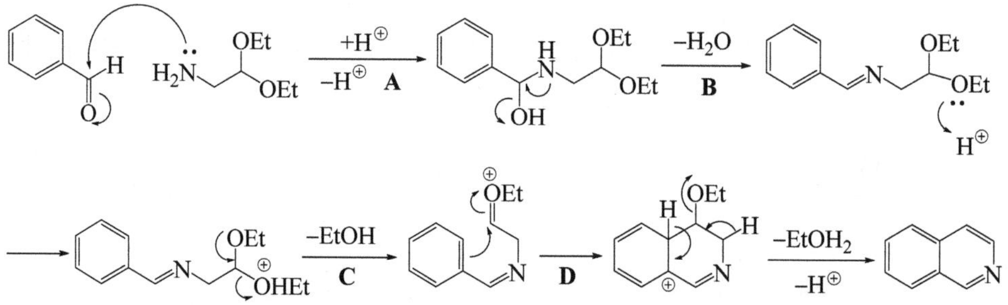

A—氨基氮上的孤对电子进攻醛羰基发生亲核加成反应；**B**—分子内脱水形成亚胺；**C**—酸催化下，缩醛脱去一分子乙醇形成氧鎓离子；**D**—分子内亲电取代，关环脱去一分子乙醇和一个质子生成异喹啉。

反应实例 13

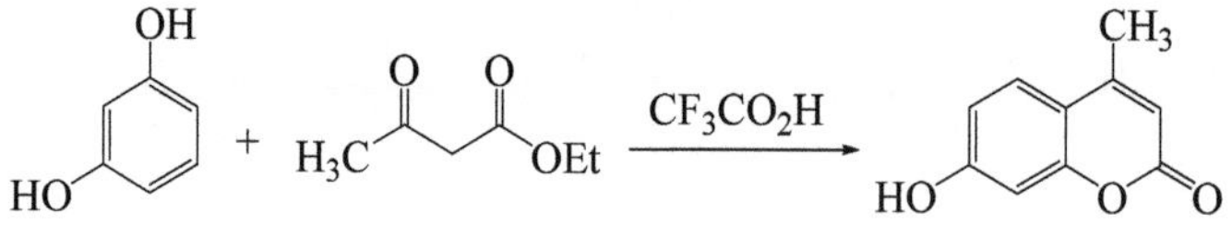

Zhou D J, Zhuang Y C, Sheng Z T. Heterocyclic Communications, 2022, 28: 181.

【反应说明】该反应是 Pechmann 反应，是酚与乙酸乙酯缩合制备香豆素的反应。

【反应机理】

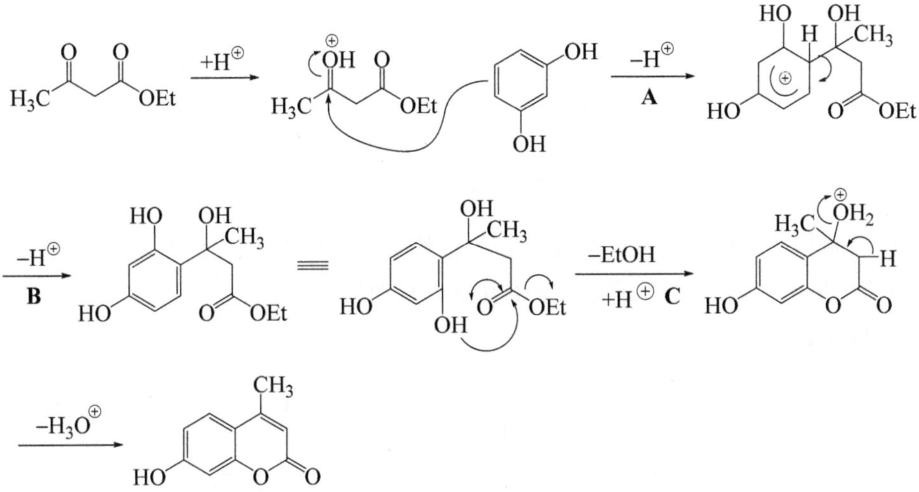

A—乙酸乙酯羰基质子化后，与苯环发生亲电取代反应；B—失去质子芳构化；C—酚羟基与酯交换，脱去一分子乙醇，酸化脱水芳构化得到产物。

4.2.3　合成六元碳环

反应实例 1

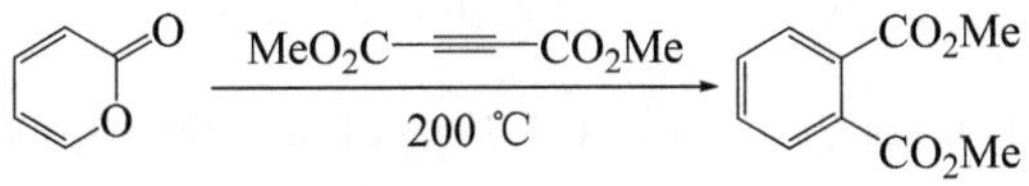

MeO_2C—≡—CO_2Me，200 ℃

Ziegler T, Layh M, Effenberger F. Chem Ber, 1987, 120: 1374.

【反应说明】该反应是 Diels-Alder 反应，也称[2+4]环加成反应。

【反应机理】

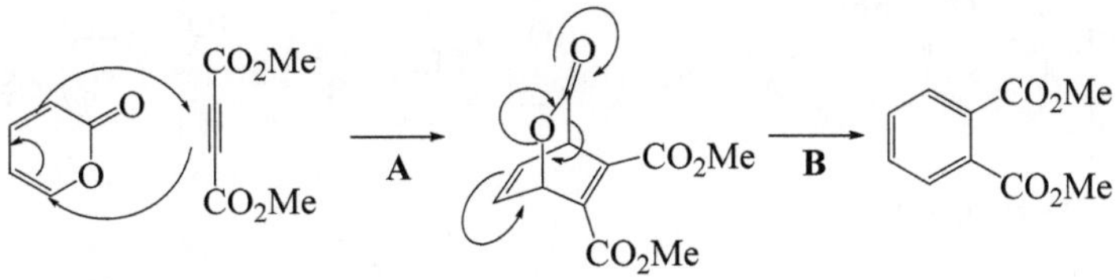

A—首先二烯烃与炔烃发生 Diels-Alder 反应；B—再进行逆 Diels-Alder 反应形成邻二甲酸甲酯。

反应实例 2

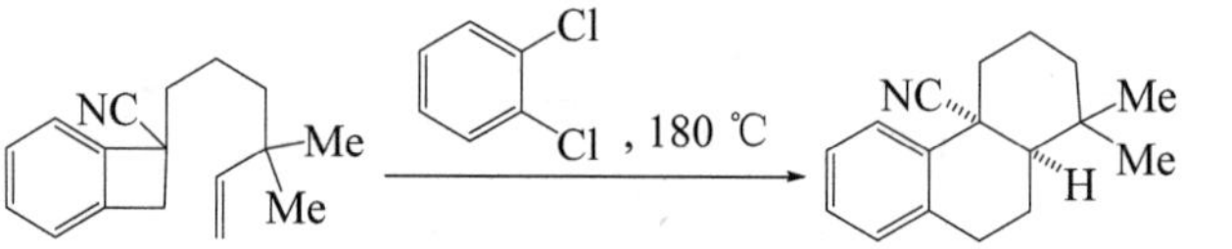

Kametani T, Kondoh H, Tsubuki M, Honda T. J Chem Soc, Perkin Trans 1, 1990: 5.

【反应说明】 该反应为电环化反应，是共轭体系两个尾端碳原子之间的 π 电子通过旋转环化反应形成 σ 单键的单分子反应或其逆反应。

【反应机理】

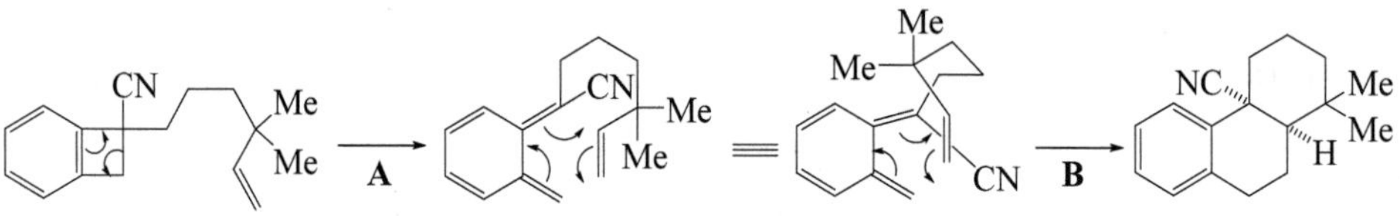

A—4 电子顺旋电环化开环反应；**B**—分子内 Diels-Alder 反应。

反应实例 3

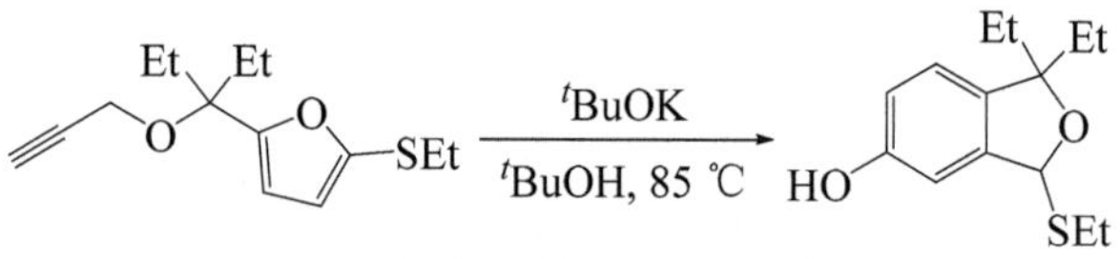

Wu H J, Yen C H, Chuang C T. J Org Chem, 1998, 63: 5064.

【反应说明】 该反应为 Diels-Alder 衍生反应。

【反应机理】

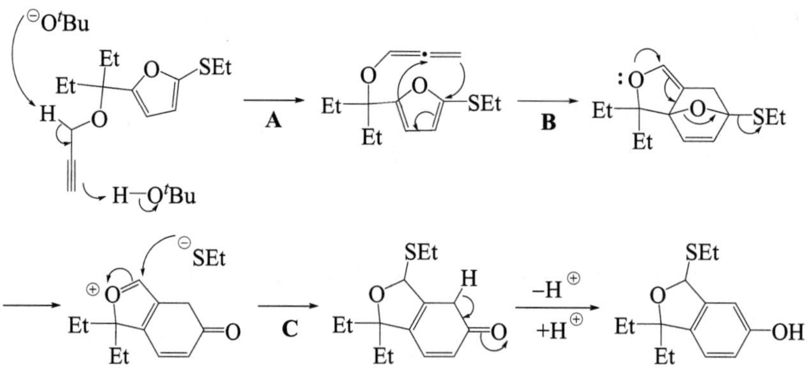

A—异构化形成丙二烯；**B**—分子内 Diels-Alder 反应；**C**—芳香化异构。

反应实例 4

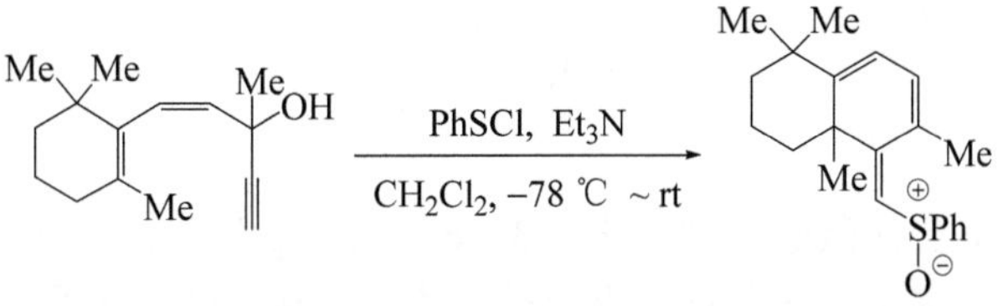

PhSCl, Et_3N

CH_2Cl_2, −78 ℃ ~ rt

Okamura W H, Peter R, Reischl W. J Am Chem Soc, 1985, 107: 1034.

【反应说明】该反应为电环化反应。

【反应机理】

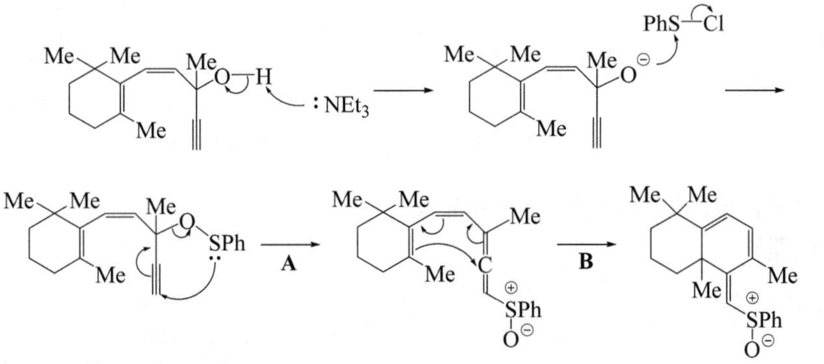

A—[2,3]炔丙基亚磺酸酯 σ 重排；B—6 电子对旋电环化反应。

反应实例 5

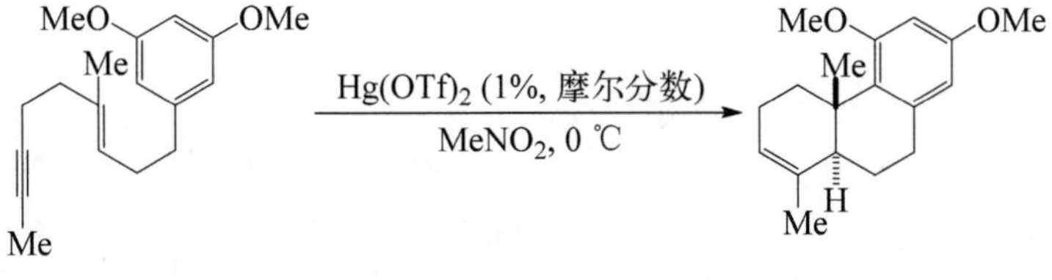

$Hg(OTf)_2$ (1%, 摩尔分数)

$MeNO_2$, 0 ℃

Imagawa H, Iyenaga T, Nishizawa M. Org Lett, 2005, 7: 451.

【反应说明】该反应为二价汞催化的烯炔关环反应。

【反应机理】

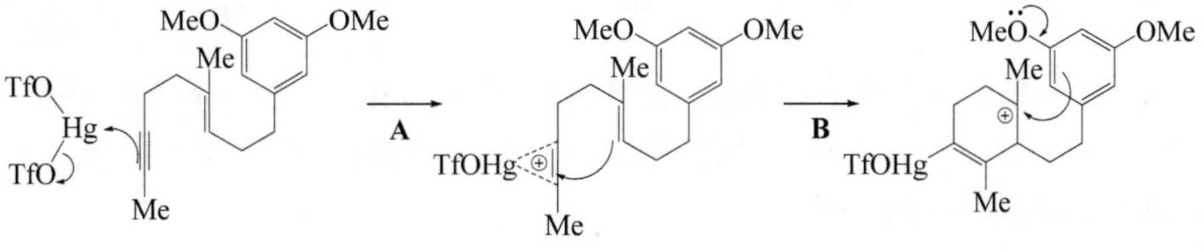

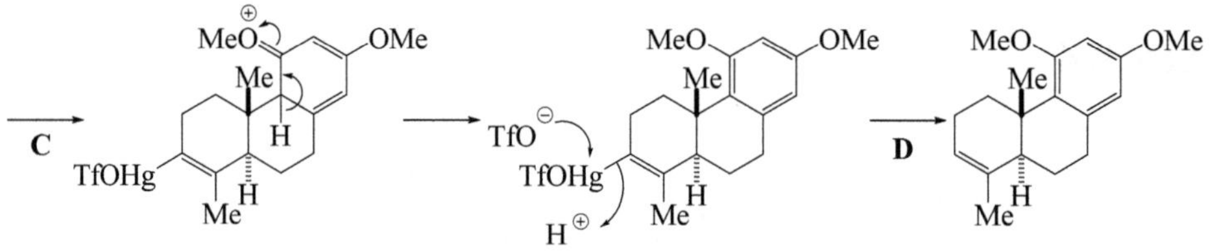

A—炔与汞络合使碳碳三键活化；B—6-*endo*-dig 碳正离子环化形成较稳定的叔碳正离子；C—富电子的芳香环进攻碳正离子；D—碳汞键质子分解得到产物，同时伴随着催化剂再生。

反应实例 6

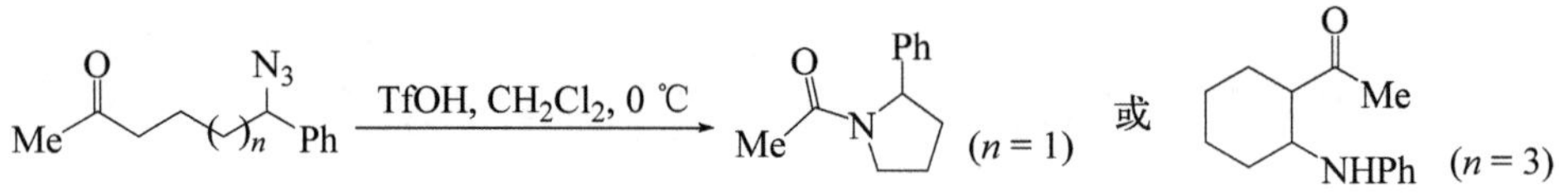

TfOH, CH_2Cl_2, 0 ℃ ($n = 1$) 或 ($n = 3$)

Wrobleski A, Aubé J. J Org Chem, 2001, 66: 886.

【反应说明】 该反应为分子内 Schmidt 反应。

【反应机理】

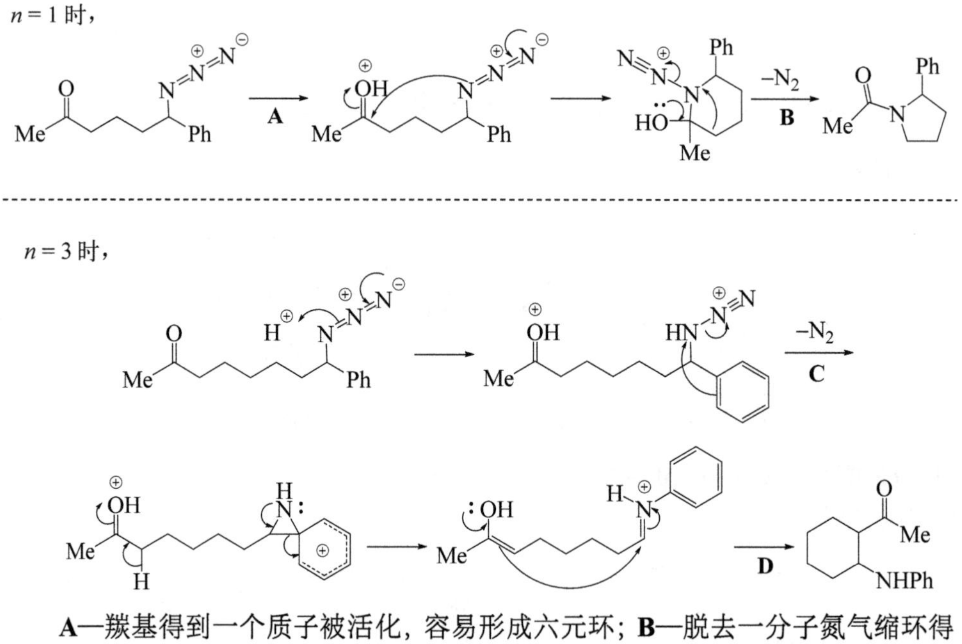

$n = 1$ 时，

$n = 3$ 时，

A—羰基得到一个质子被活化，容易形成六元环；B—脱去一分子氮气缩环得到产物；C—脱去一分子氮气形成环氮乙烷，容易形成八元环；D—发生分子内 Mannich 加成反应得到产物。

反应实例 7

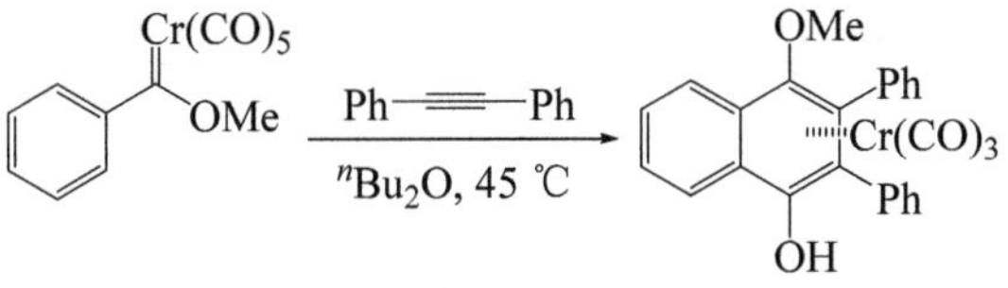

Ph—≡—Ph
$^{n}Bu_2O$, 45 ℃

Dötz K H. Angew Chem Int Ed, 1975, 14: 644.

【反应说明】 该反应为 Dötz 反应。

【反应机理】

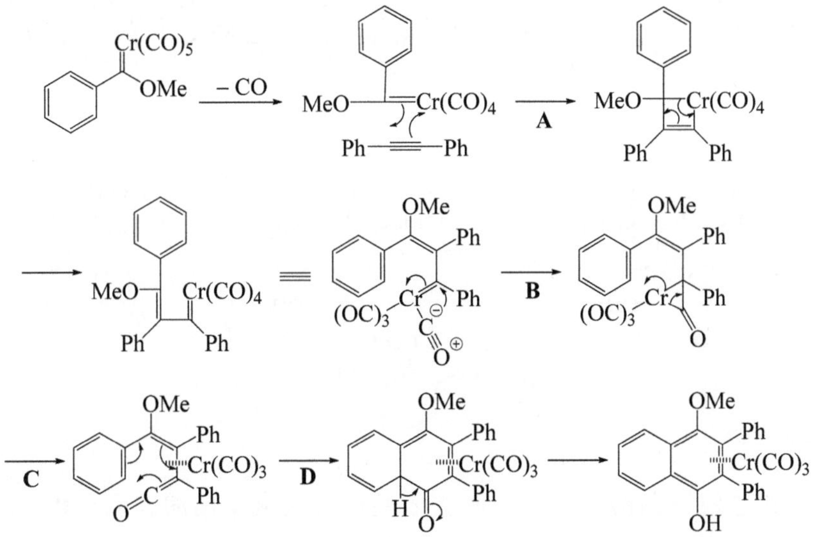

A—铬卡宾与炔进行复分解反应；**B**—插入一分子一氧化碳；**C**—还原消去铬形成乙烯酮；**D**—6 电子环化芳香化复原得到产物。

反应实例 8

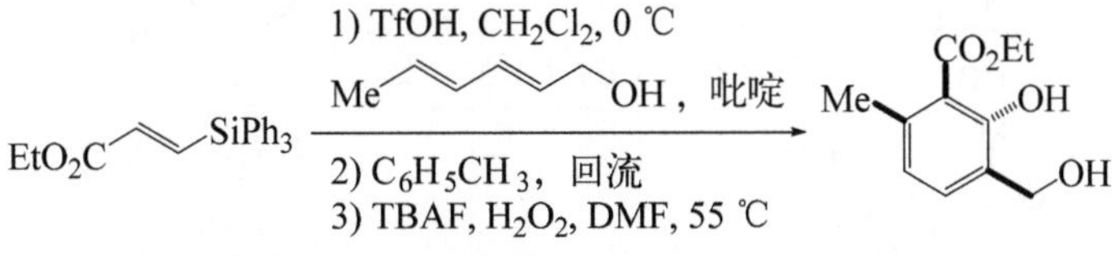

1) TfOH, CH_2Cl_2, 0 ℃
Me⁀⁀⁀OH，吡啶
2) $C_6H_5CH_3$，回流
3) TBAF, H_2O_2, DMF, 55 ℃

Sieburth S M, Lang J. J Org Chem, 1999, 64: 1780.

【反应说明】 该反应为 Tamao-Fleming 氧化的衍生反应。

【反应机理】

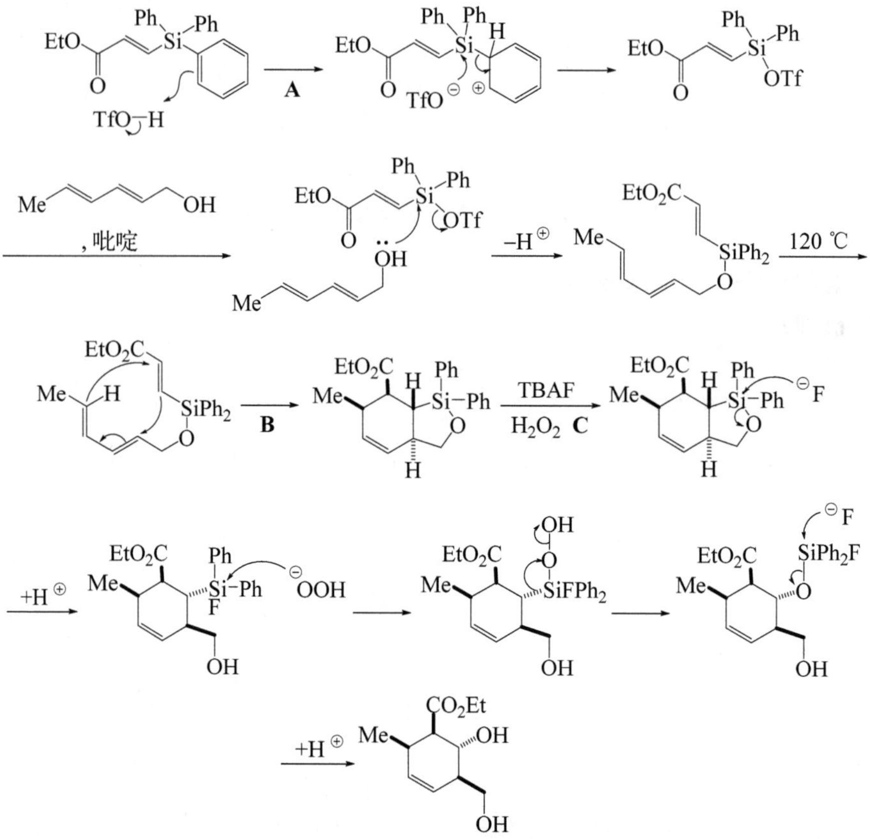

A—在三氟甲磺酸催化下，脱去苯基形成三氟甲磺酸硅酯；B—分子内 Diels-Alder 反应；C—Tamao-Fleming 氧化反应。

反应实例 9

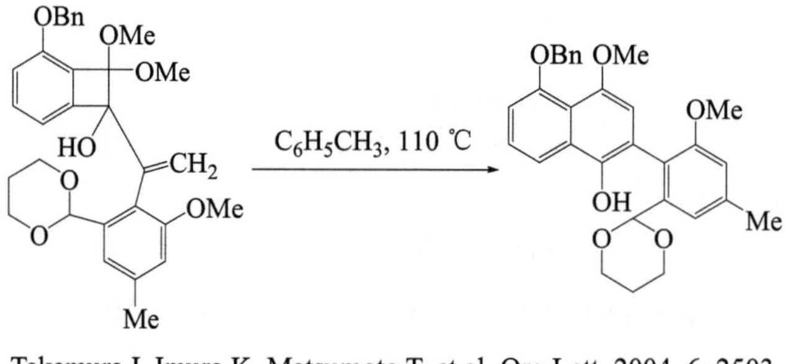

$C_6H_5CH_3$, 110 ℃

Takemura I, Imura K, Matsumoto T, et al. Org Lett, 2004, 6: 2503.

【反应说明】该反应是电环化反应。

【反应机理】

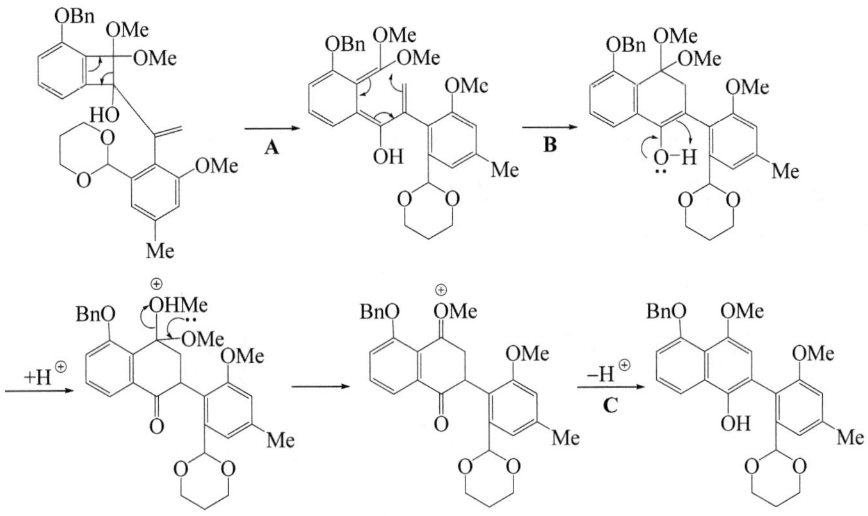

A—4 电子开环反应；B—6 电子电环化反应；C—芳香化异构。

反应实例 10

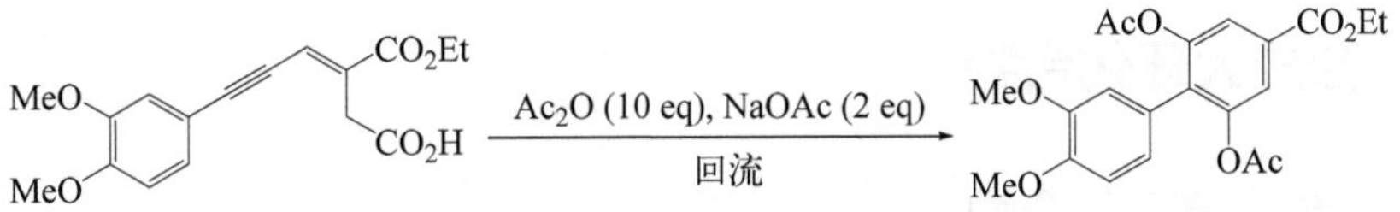

$\xrightarrow[\text{回流}]{Ac_2O\ (10\ eq),\ NaOAc\ (2\ eq)}$

Serra S, Fuganti C. Synltett, 2002: 1661.

【反应说明】该反应是由炔烯合成苯环的反应。

【反应机理】

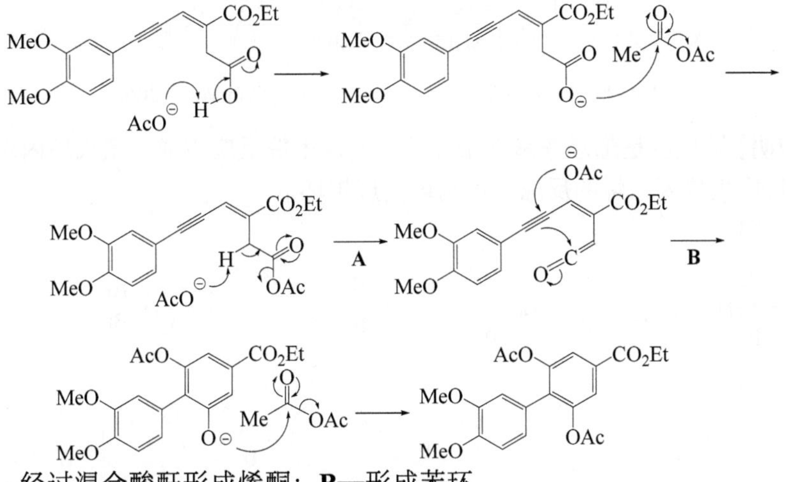

A—经过混合酸酐形成烯酮；B—形成苯环。

反应实例 11

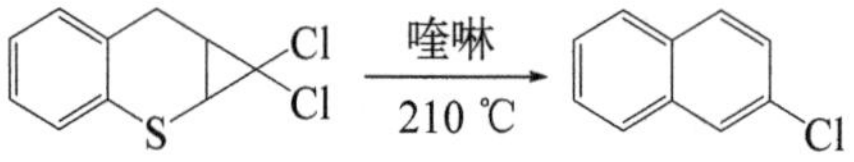

Parham W E, Koncos R. J Am Chem Soc, 1961, 83: 4034.

【反应说明】该反应是一种合成萘的方法。

【反应机理】

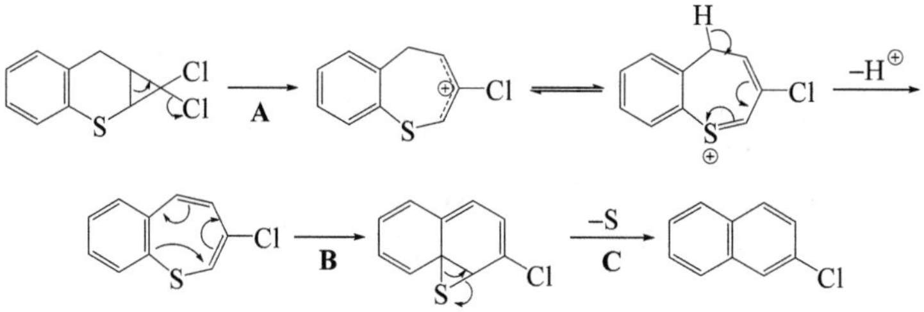

A—2 电子开环反应；**B**—6 电子对旋电环化反应；**C**—自发脱去一个硫原子得到产物萘。

4.3 合成大环化合物

4.3.1 合成碳环化合物

反应实例 1

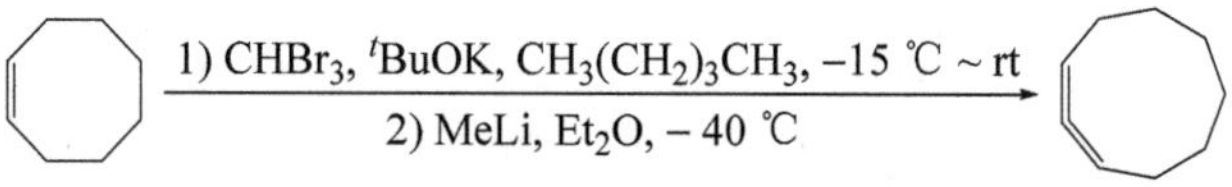

Skattebøl L, Solomon S. Org Synth, 1973, Coll Vol 5: 306.

【反应说明】该反应是烯烃在碱性条件下与三溴甲烷反应生成二溴代环丙烷，再与甲基锂反应生成丙二烯的反应。可用该反应扩环。

【反应机理】

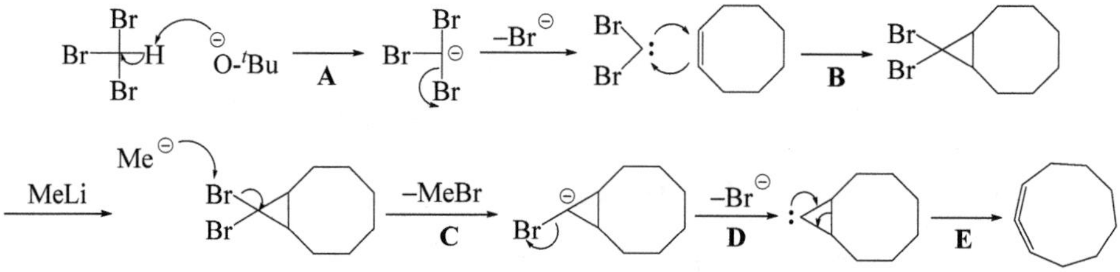

A—三溴甲烷在碱性条件下消去一分子溴化氢形成二溴卡宾；**B**—二溴卡宾与烯烃反应生成二溴代环丙烷；**C**—二溴代环丙烷与甲基锂反应，溴与锂交换形成碳负离子；**D**—脱去一分子溴化锂形成卡宾；**E**—卡宾插入碳碳键内形成丙二烯得到产物。

反应实例 2

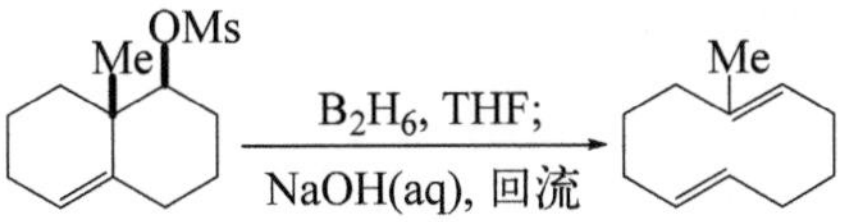
Me
OMs
B_2H_6, THF;
NaOH(aq), 回流
Me

Marshall J A, Bundy G L. J Am Chem Soc, 1966, 88: 4291.

【反应说明】 该反应为 Grob 裂解的衍生反应。

【反应机理】

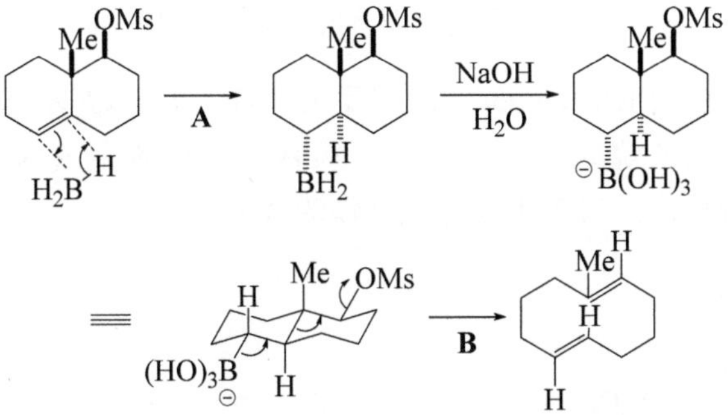
Me
OMs
H_2B
H
A
BH_2
NaOH
H_2O
$B(OH)_3$
(HO)$_3$B
B

A—在位阻较小的一侧进行硼氢化反应；**B**—Grob 裂解得到产物。

反应实例 3

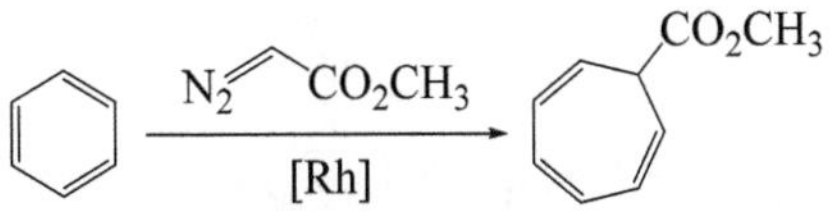
N_2
CO_2CH_3
[Rh]

Büchner E. Ber, 1920, 53B: 865.

【反应说明】 该反应是 Büchner 扩环反应。

【反应机理】

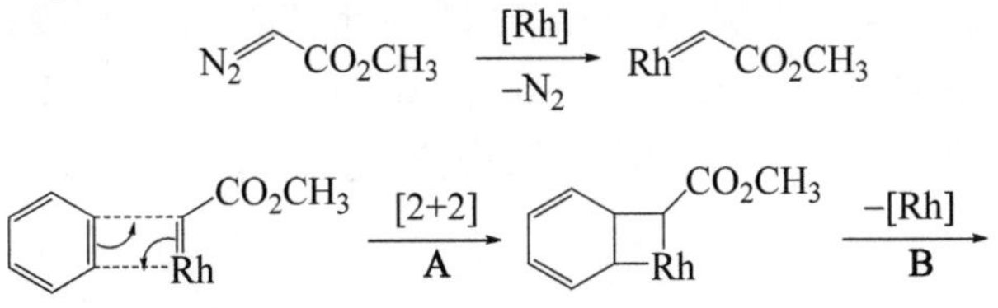
N_2
CO_2CH_3
[Rh]
$-N_2$
Rh
[2+2]
A
−[Rh]
B

A—重氮乙酸乙酯与铑催化剂反应生成铑烯后与苯环进行[2+2]环化反应；B—脱去铑催化剂形成苯并环丙烷；C—分子内电子转移扩环得到环庚三烯。

4.3.2 合成环酮化合物

反应实例 1

1) H_2O_2(aq), K_2CO_3, MeOH, 0 ℃ ~ rt
2) $ArSO_2NHNH_2$, CH_2Cl_2-AcOH, rt; K_2CO_3(aq)

Ar = 2,4,6-三异丙基苯基（^{i}Pr）

Reese C B, Sanders H P. Synthesis, 1981: 276.

【反应说明】 该反应为 Eschenmoser 裂解反应。第一步，*α*,*β*-不饱和酮被过氧化氢氧化生成 *α*,*β*-环氧乙烷酮；第二步，酮羰基与肼反应生成腙，然后加热发生 Eschenmoser 裂解反应。可用于大环化合物的合成。

【反应机理】

A—过氧化氢与 *α*,*β*-不饱和酮发生迈克尔（Michael）加成反应；B—脱去一个氢氧根形成 *α*,*β*-环氧乙烷酮；C—酮与肼反应形成腙；D—碳酸钾为碱夺取腙上的氢使环氧乙烷开环（pK_a：HCO_3^- = 10.3，$ArSO_2NH_2$ = 8.5）；E—脱去一分子氮气和一个亚硫酸负离子，碳桥裂解生成九元环化合物。

反应实例 2

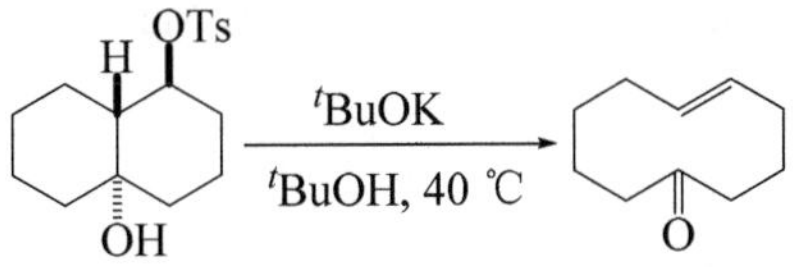

^{t}BuOK
^{t}BuOH, 40 ℃

Wharton P S, Hiegel G A. J Org Chem, 1965, 30: 3254.

【反应说明】该反应为 Grob 裂解反应。

【反应机理】

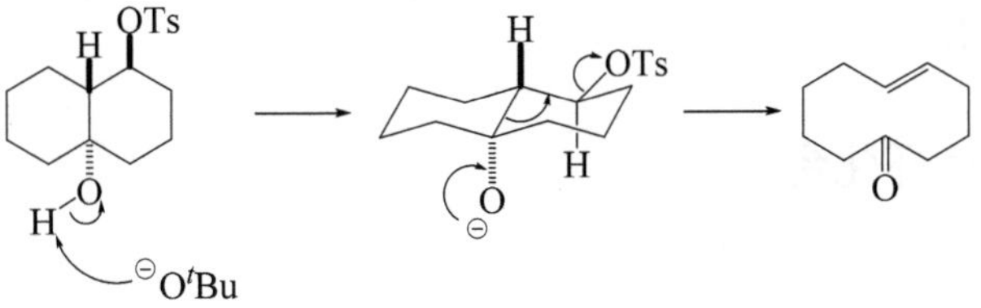

注：当将要断开的 C—C σ 键与 C—OTs σ*反键在一个平面内时就能够发生 Grob 裂解反应。

反应实例 3

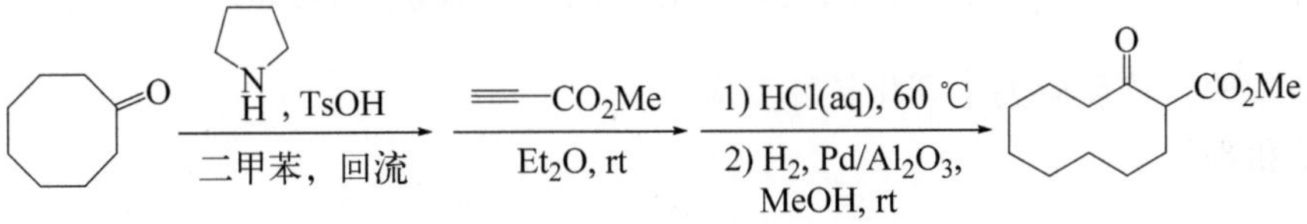

TsOH
二甲苯，回流

CO_2Me
Et_2O, rt

1) HCl(aq), 60 ℃
2) H_2, Pd/Al_2O_3, MeOH, rt

Burpitt R D, Thweatt J G. Org Synth, 1973, Coll Vol 5: 277.

【反应说明】该反应是环辛酮扩环生成环癸酮的反应。

【反应机理】

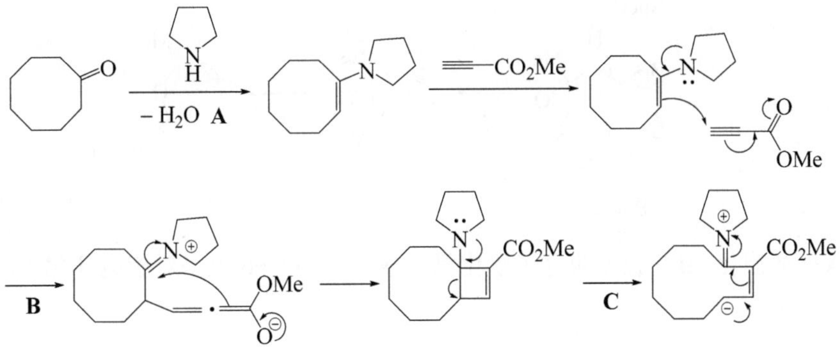

$-H_2O$ **A**

B

C

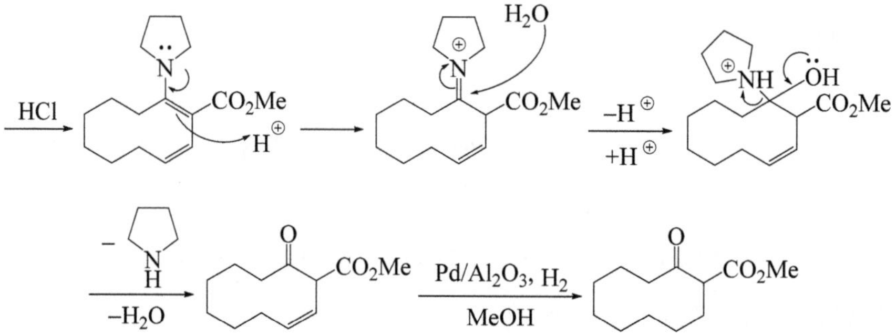

A—形成烯胺；B—Michael 加成，然后分子内加成形成四元环；C—四元环开环释放环张力。

4.3.3 合成杂环化合物

反应实例 1

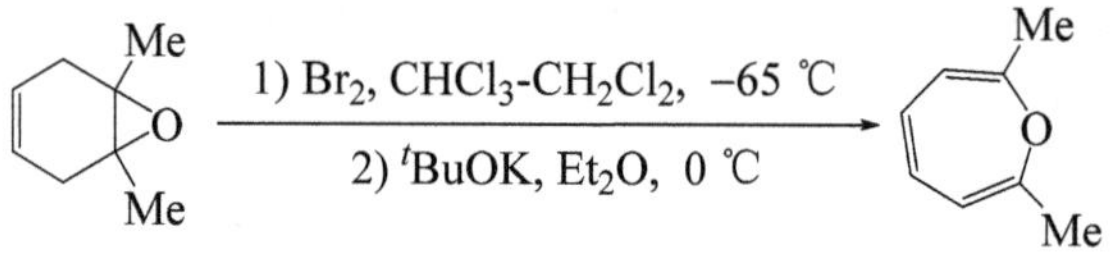

Paquette L A, Barrett J H. Org Synth, 1973, Coll Vol 5: 467.

【反应说明】该反应为电环化扩环反应。

【反应机理】

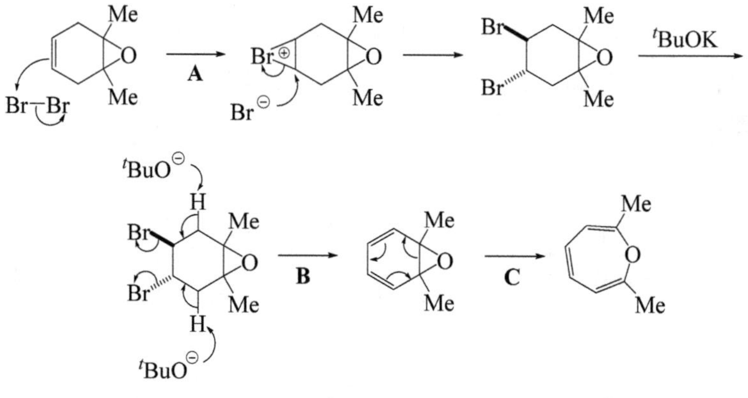

A—烯溴化；B—脱去两分子溴化氢形成二烯；C—6 电子对旋电环化反应（价键异构）。

反应实例 2

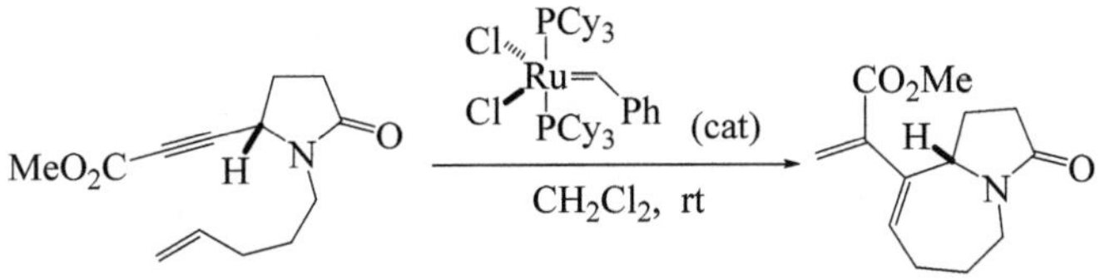

Kinoshita A, Mori M. J Org Chem, 1996, 61: 8356.

【反应说明】 该反应是烯炔复分解反应。

【反应机理】

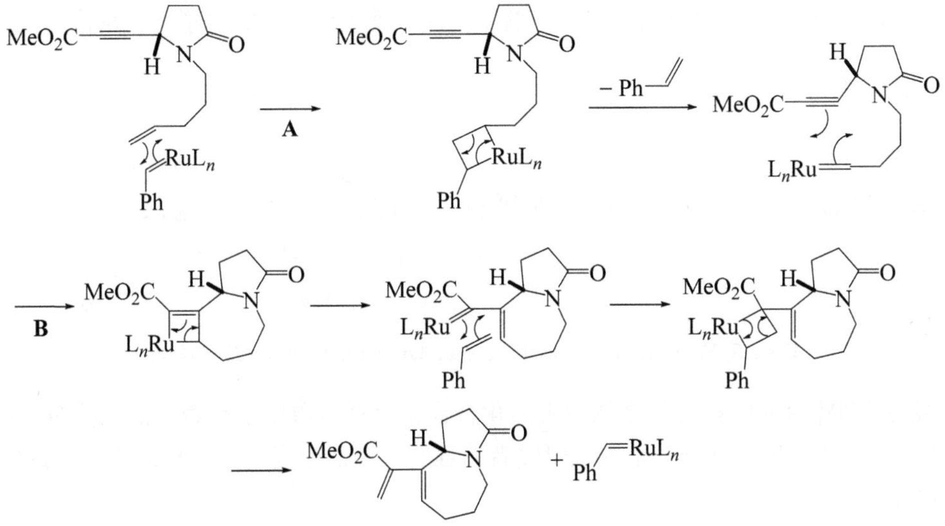

A—分子间烯烃复分解反应；**B**—分子内烯炔复分解反应。

反应实例 3

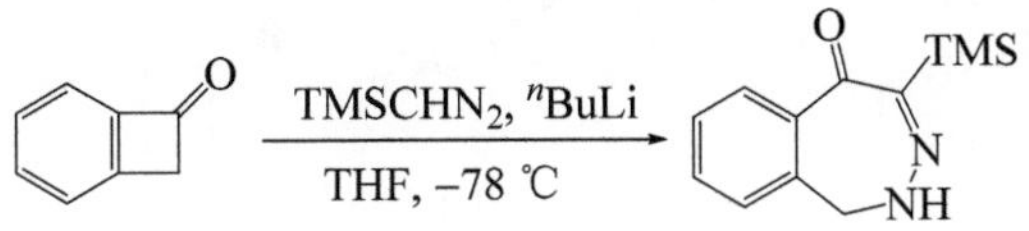

Matsuya Y, Ohsawa N, Nemoto H. J Am Chem Soc, 2006, 128: 13072.

【反应说明】 该反应是以苯并环丁酮为原料通过电环化反应生成七元杂环的新型反应。

【反应机理】

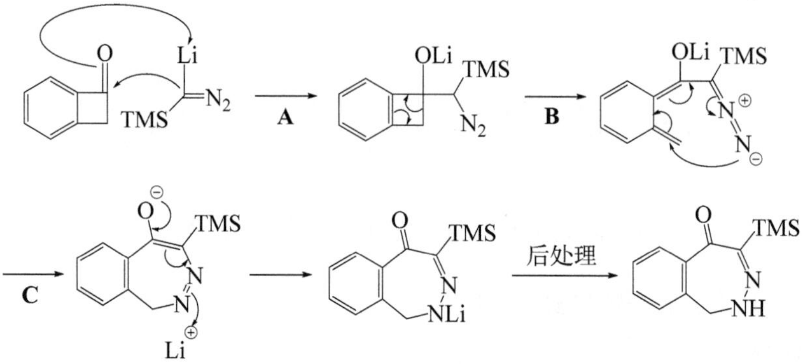

A—亲核加成形成醇锂盐；**B**—电环化开环反应；**C**—8π 电子环化反应。

反应实例 4

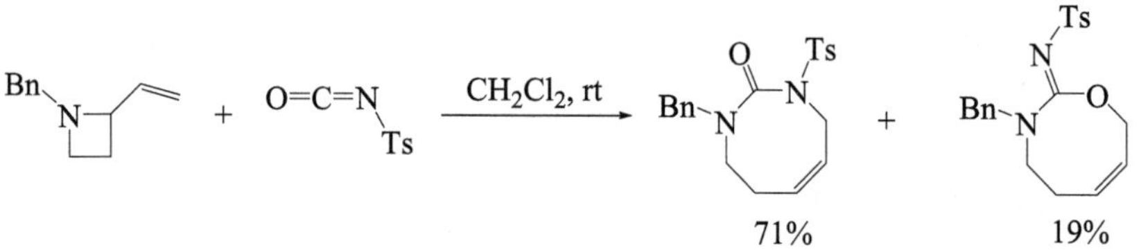

Koya S, Yamanoi K, Yamasaki R, et al. Org Lett, 2009, 11(23): 5438.

【反应说明】含氮的杂环化合物在天然化合物和生物蛋白质中有着广泛的分布，但合成这类杂环化合物一直是有机研究者的难题。该反应是一种合成八元杂环的新方法。

【反应机理】

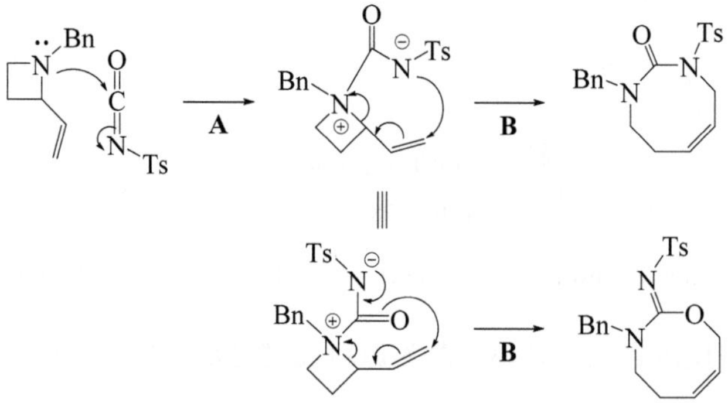

A—氮原子亲核加成到异氰酸酯的碳原子上；**B**—分子内 S_N2 反应形成八元环产物。

4.4 合成小环化合物

4.4.1 合成四元环

反应实例 1

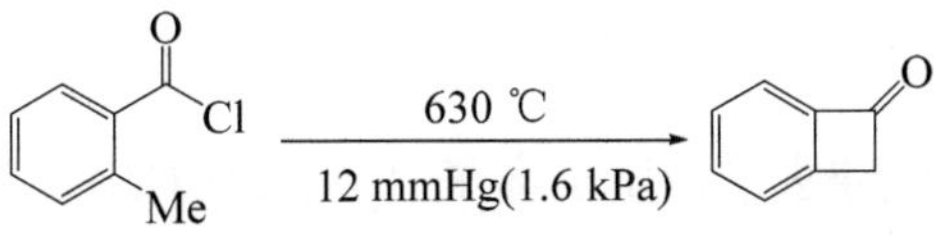

Cl, Me, 630 ℃, 12 mmHg(1.6 kPa), O

Schiess P, Barve P V, Dussy F E, Pfiffner A. Org Synth, 1998, Coll Vol 9: 28.

【反应说明】该反应是邻甲基苯甲酰氯在中压加热条件下异构化形成烯酮，然后再发生电环化反应生成环丁酮。

【反应机理】

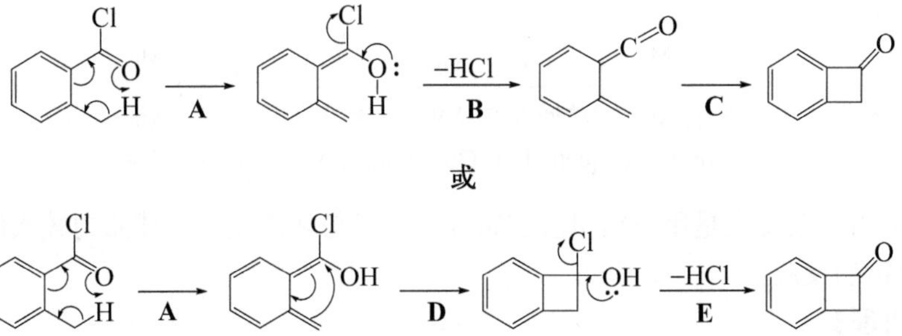

Cl, O, H, A, Cl, O:, H, –HCl, B, C=O, C, O

或

Cl, O, H, A, Cl, OH, D, Cl, OH, –HCl, E, O

A—邻甲基苯甲酰氯异构化形成氯代烯醇；**B**—消去一分子氯化氢得到烯酮；**C**—进行电环化反应得到环丁酮；**D**—氯代烯醇进行电环化反应生成环丁烷；**E**—消去一分子氯化氢得到产物环丁酮。

反应实例 2

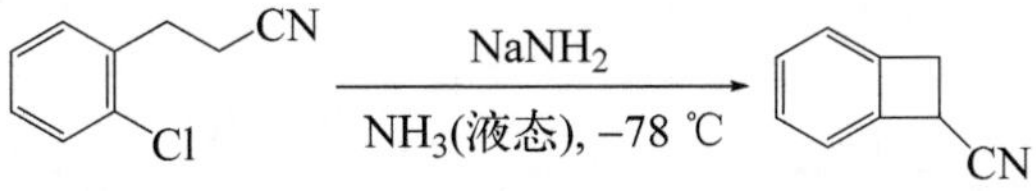

CN, Cl, $NaNH_2$, NH_3(液态), –78 ℃, CN

Skorcz J A, Kaminski F E. Org Synth, 1973, Coll Vol 5: 263.

【反应说明】该反应是芳卤在碱性条件下脱去一分子卤化氢形成关键中间体苯炔，然后苯炔和亲核试剂发生加成反应来延长碳链。用此方法可以在苯环上引入新的取代基。

【反应机理】

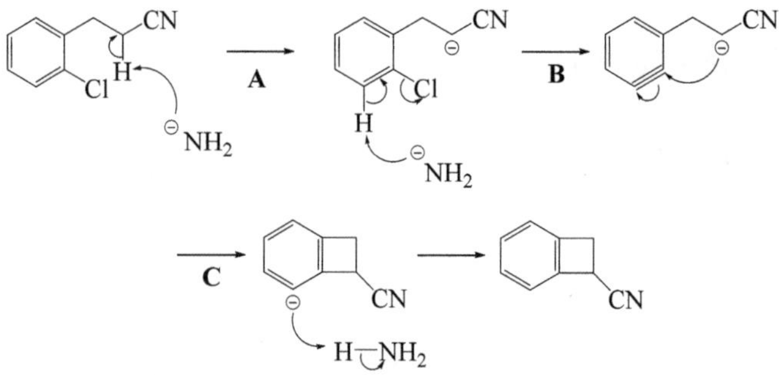

A—腈的 α-氢被碱夺去形成腈负离子 [pK_a(CH_3CN) = 25，pK_a(NH_3) = 35]；B—苯环上脱去一分子氯化氢形成关键中间体苯炔；C—发生分子内亲核加成反应得到产物。

4.4.2 合成三元环

反应实例 1

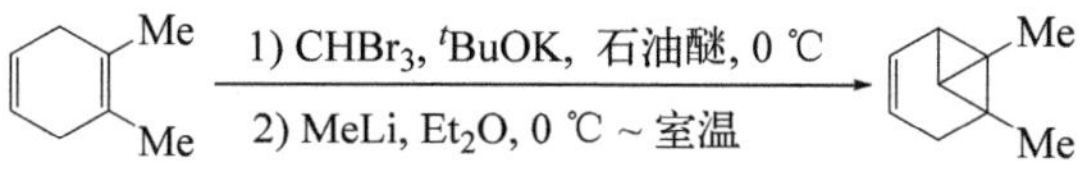

1) $CHBr_3$, ^tBuOK, 石油醚, 0 ℃
2) MeLi, Et_2O, 0 ℃ ~ 室温

Taylor R T, Paquette L A. Org Synth, 1990, Coll Vol 7: 200.

【反应说明】该反应是用三溴甲烷在碱性条件下与环烯反应生成张力较大的三元桥环化合物的反应。

【反应机理】

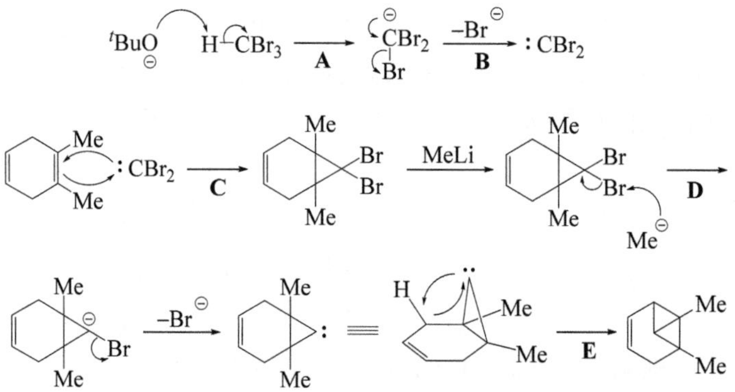

A—叔丁醇氧负离子夺取溴仿上的质子，溴仿和氯仿酸性相近 [pK_a($CHCl_3$) = 13.6]；B—消去一个溴负离子形成二溴卡宾；C—二溴卡宾与富电子的四取代双键发生环化反应形成环丙烷；D—溴与锂交换，然后消去一个溴负离子形成卡宾；E—卡宾插入 C—H 键中得到产物（由于张力作用没有形成丙二烯）。

反应实例 2

N_3, Ph, Ph, OH $\xrightarrow[C_6H_5CH_3,\ 回流]{Ph_3P}$ H, H, N–H, Ph, Ph

Pöchlauer P, Müller E P, Peringer P. Helv Chim Acta, 1984, 67: 1238.

【反应说明】该反应是 Staudinger 反应，是由邻羟基叠氮化合物与三苯基膦制备环氮乙烷的反应。

【反应机理】

N≡N⊕–N⊖–N, :PPh_3, Ph, Ph, OH $\xrightarrow{A}$ N=N, N–PPh_3, Ph, Ph, OH $\xrightarrow[B]{-N_2}$ N=PPh_3, Ph, Ph, OH

≡ HO, N=PPh_3, Ph, Ph $\underset{+H^{\oplus}\ C}{\overset{-H^{\oplus}}{\rightleftharpoons}}$ Ph_3P, O, NH, Ph, Ph, H–OR ⟶ Ph, H, :NH_2, H, Ph, $Ph_3P^{\oplus}$–O $\xrightarrow[D]{-Ph_3PO}$ H–N, Ph, Ph

A—螯键反应；**B**—分子内四元环开环，脱去一分子氮气形成膦亚胺；**C**—三苯基膦从氮原子上迁移到氧原子上；**D**—分子内 S_N2 反应，然后脱去一分子三苯基氧膦得到产物环氮乙烷。

反应实例 3

Me–C(=O)–OMe $\xrightarrow[Et_2O,\ rt]{Ti(O^iPr)_4\ (cat),\ EtMgBr\ (2\ eq)}$ Me, OH（环丙醇）

Kulinkovich O G, Sviridov S V, Vasilevski D A. Synthesis, 1991: 234.

【反应说明】该反应是 Kulinkovich 反应，是在钛催化剂作用下丙酮与格氏试剂反应合成环丙烷的反应。

【反应机理】

MgBr, Et, ^iPrO, $Ti(O^iPr)_2$, ^iPrO, Et, MgBr $\xrightarrow{A}$ H, $Ti(O^iPr)_2$ $\xrightarrow{B}$ H–$Ti(O^iPr)_2$, Et $\xrightarrow[C]{-EtH}$ ‖····$Ti(O^iPr)_2$ ≡ ▷$Ti(O^iPr)_2$

⟶ OMe, Me, O, ▷$Ti(O^iPr)_2$ $\xrightarrow{D}$ MeO, O, Me, $Ti(O^iPr)_2$ ⟶ Me, O⊕, $Ti(O^iPr)_2$, ⊖OMe ⟶

$$Me(C=O)\text{-}CH_2CH_2\text{-}Ti(OMe)(O^iPr)_2 \xrightarrow{E} MeO\text{-}Ti(O^iPr)_2\text{-}O\text{-}C(Me)(cyclopropyl) \xrightarrow[F]{EtMgBr} Me\text{-}C(OMgBr)(cyclopropyl) \xrightarrow[+H^{\oplus}]{后处理} Me\text{-}C(OH)(cyclopropyl)$$

A—格氏试剂与异丙氧基置换；**B**—β 消除反应；**C**—还原消去一分子乙烷形成钛-乙烯复合物（或钛杂环丙烷）；**D**—钛杂环丙烷与酯羰基加成；**E**—形成环丙烷；**F**—再与格氏试剂进行置换，酸化处理得到产物。

反应实例 4

$$\xrightarrow{CH_2I_2,\ Et_2Zn}$$

Taber D F, Nakajima K, Xu M. J Org Chem, 2002, 67: 4501.

【**反应说明**】该反应是 Simmons-Smith 反应，碳碳双键与二碘甲烷在锌铜偶联剂或者二烷基锌的作用下生成环丙烷的反应。

【**反应机理**】

$$Et_2Zn + CH_2I_2 \xrightarrow[A]{-EtI} EtZnCH_2I$$

$$\xrightarrow[B]{EtZnCH_2I} [\text{过渡态}] \xrightarrow{-EtZnI}$$

A—二碘甲烷与二乙基锌反应，脱去一分子碘乙烷形成碘甲烷锌偶联剂；**B**—碘甲烷锌偶联剂与碳碳双键环化，脱去一分子乙基碘化锌得到环丙烷。

反应实例 5

$$PhCH=CHCO_2Et \xrightarrow{\textbf{Cat},\ KHSO_5,\ Bu_4NHSO_4,\ NaHCO_3,\ MeCN,\ Na_2EDTA} \text{Ph-epoxide-}CO_2Et$$

Cat =

Wu X Y, She X G, Shi Y A. J Am Chem Soc, 2002, 124: 8792.

【反应说明】该反应是史一安不对称环氧化反应，反式二取代的烯烃或三取代的烯烃在果糖衍生的手性酮催化下利用过硫酸氢钾作为氧化剂进行不对称环氧化的反应。

【反应机理】

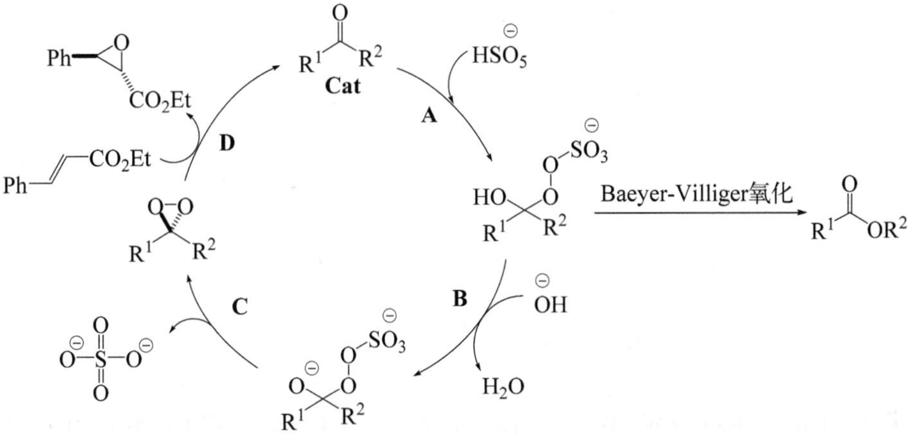

A—$KHSO_5$ 氧化催化剂酮生成过氧化物；B—碱性条件下，羟基转变成亲核性强的氧负离子；C—氧负离子亲核取代，过氧键断裂形成二氧环丙烷中间体；D—二氧杂环丙烷具有手性，碳碳双键可以被高立体选择性氧化得到手性环氧乙烷。

4.5　合成桥环化合物

4.5.1　合成不含杂原子的桥环化合物

反应实例 1

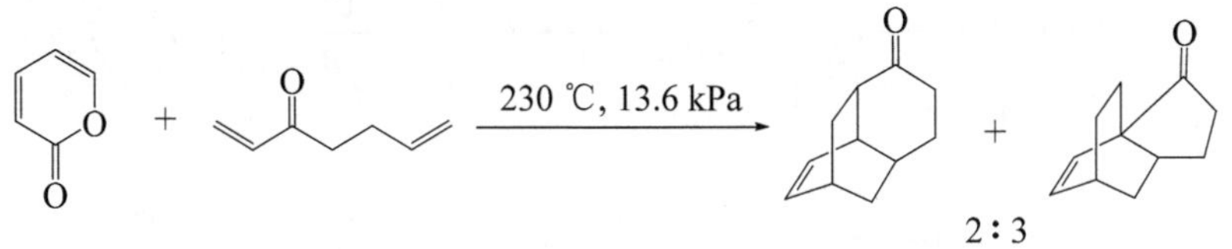

230 ℃, 13.6 kPa

2∶3

Krantz A, Lin C Y. Chem Commun, 1971: 1287.

【反应说明】该反应是 Diels-Alder 衍生反应。

【反应机理】

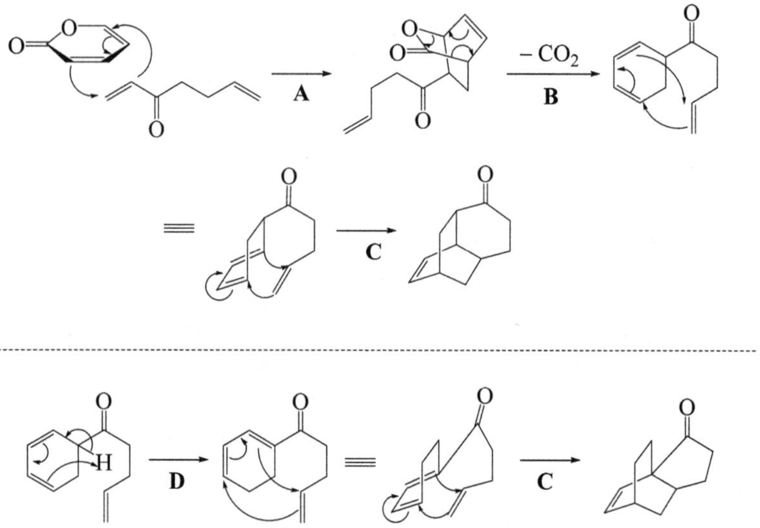

O O A O O O $-CO_2$ B O

≡ O C O

D ≡ C

A—Diels-Alder 反应；B—逆 Diels-Alder 反应；C—分子内 Diels-Alder 反应；D—热允许同侧[1,5]氢迁移。

反应实例 2

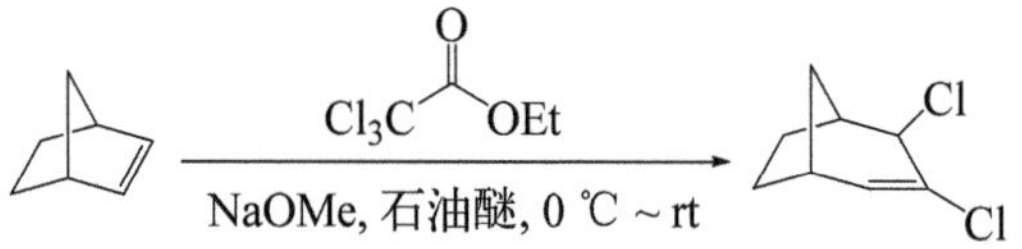

Cl_3C OEt (O)

NaOMe, 石油醚, 0 ℃ ~ rt

Cl Cl

Jefford C W, Gunsher J, Hill D T, et al. Org Synth, 1988, Coll Vol 6: 142.

【反应说明】该反应是将卡宾插入碳碳双键中，然后环丙烷开环的扩环反应。

【反应机理】

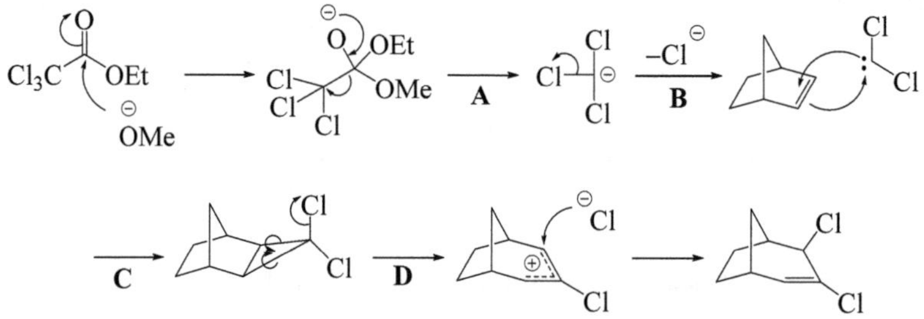

Cl_3C OEt O ⊖OMe → Cl Cl Cl O⊖ OEt OMe A → Cl Cl⊖ Cl Cl $-Cl^{\ominus}$ B → Cl Cl

C → Cl Cl D → ⊕ ⊖Cl Cl → Cl Cl

A—形成氯仿负离子［pK_a($CHCl_3$) = 13.6］；B—氯仿负离子脱去一个氯离子形成二氯卡宾；C—碳碳双键位阻小的一端与二氯卡宾环化形成环丙烷；D—2 电子对旋电环化开环形成烯丙基正离子。

反应实例 3

十氢化萘
290 ℃

Drouin J, Leyendecker F, Conia J M. Tetrahedron, 1980, 36: 1203.

【反应说明】该反应是分子内环化生成桥环化合物的反应。

【反应机理】

−H⊕ +H⊕ A B

−H⊕ +H⊕ A B

A—酮互变为烯醇；B—[4+2]电子环化反应。

反应实例 4

$\overset{\oplus}{P}Ph_3\overset{\ominus}{Br}$, $^{t}BuOK$
THF, rt

Dauben W G, Ipaktschi J. J Am Chem Soc, 1973, 95: 5088.

【反应说明】该反应是 Wittig 反应的衍生反应。

【反应机理】

$\overset{\oplus}{P}Ph_3\overset{\ominus}{Br}$ H $^{t}BuOK$ −KBr A PPh_3 B PPh_3 H

C PPh_3 D PPh_3

A—Wittig 试剂在碱性条件下形成磷叶立德；**B**—Michael 加成反应；**C**—分子内磷叶立德再生；**D**—分子内 Wittig 反应。

反应实例 5

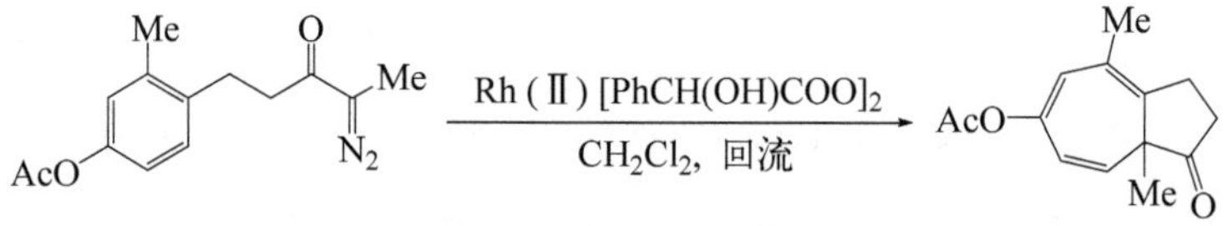

Rh（Ⅱ）$[PhCH(OH)COO]_2$

CH_2Cl_2，回流

Kennedy M, Mckervey M A. J Chem Soc, Perkin Trans 1, 1991: 2565.

【反应说明】该反应是在铑催化剂的作用下苯扩环形成七元环的反应。

【反应机理】

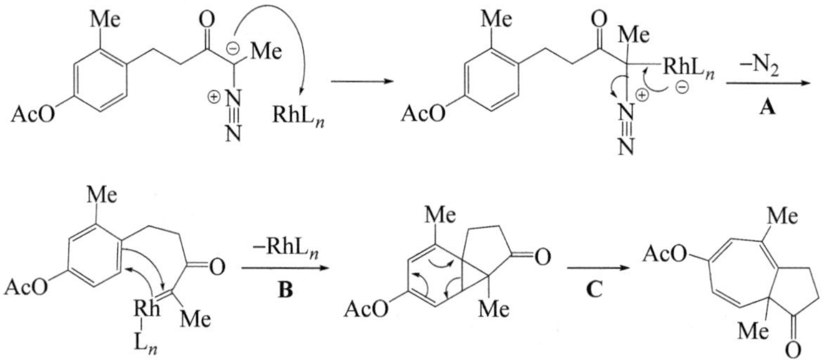

A—脱去一分子氮气形成铑碳烯；**B**—脱去铑催化剂，芳香环形成环丙烷；**C**—6 电子对旋电环化反应得到产物。

反应实例 6

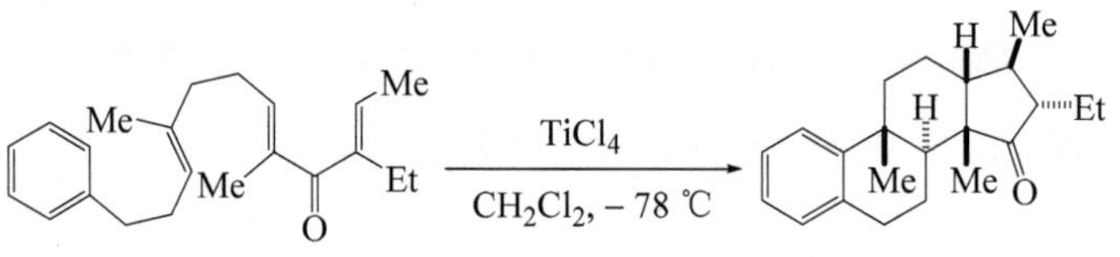

$TiCl_4$

CH_2Cl_2, – 78 ℃

Bender J A, Arif A M, West F G. J Am Chem Soc, 1999, 121: 7443.

【反应说明】该反应是 Nazarov 环化反应的衍生反应。

【反应机理】

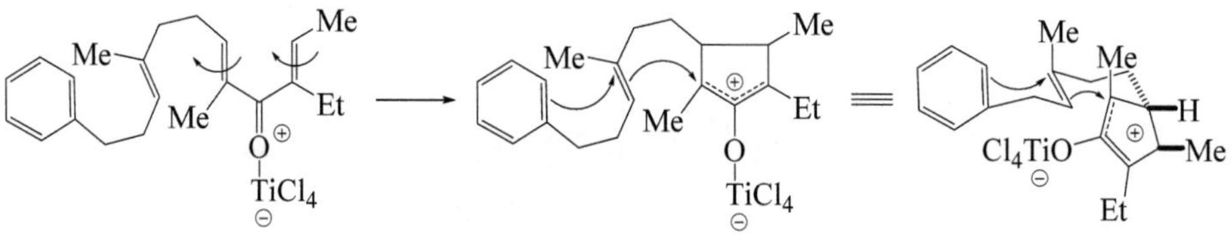

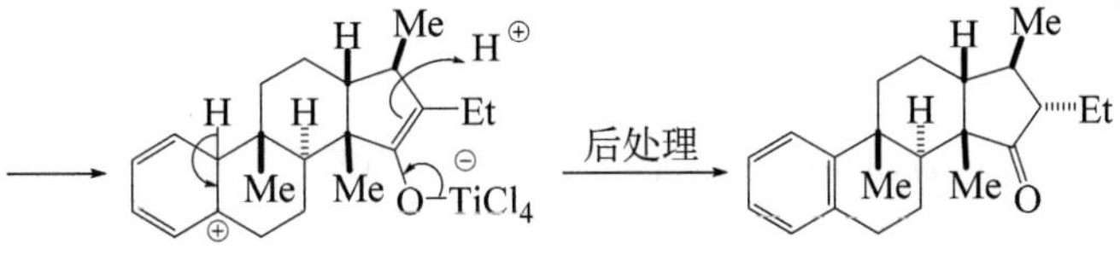

反应机理说明可参考第 4 章 4.1.1 反应实例 2。

反应实例 7

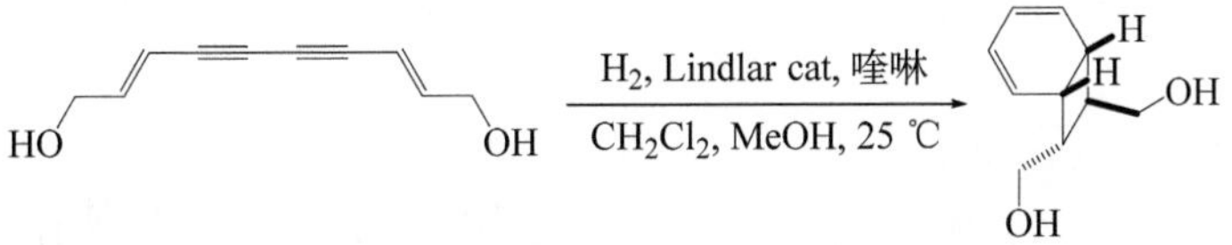

H_2, Lindlar cat, 喹啉
CH_2Cl_2, MeOH, 25 ℃

Nicolaou K C, Petasis N A, Zipkin R E, et al. J Am Chem Soc, 1982, 104: 5555.

【反应说明】该反应是运用 Lindlar 催化剂选择性还原的特点将炔还原为烯，再通过电环化反应关环生成六元四元并环化合物的反应。

【反应机理】

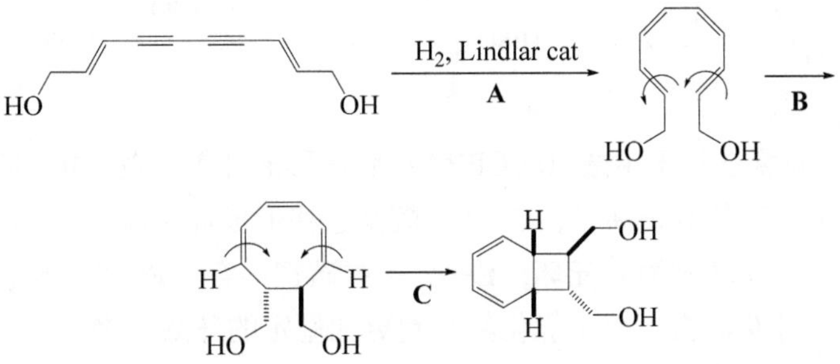

H_2, Lindlar cat
A
B
C

A—运用 Lindlar 催化剂选择性地将炔还原到烯，形成四烯；**B**—8 电子顺旋关环反应；**C**—6 电子对旋关环反应。

反应实例 8

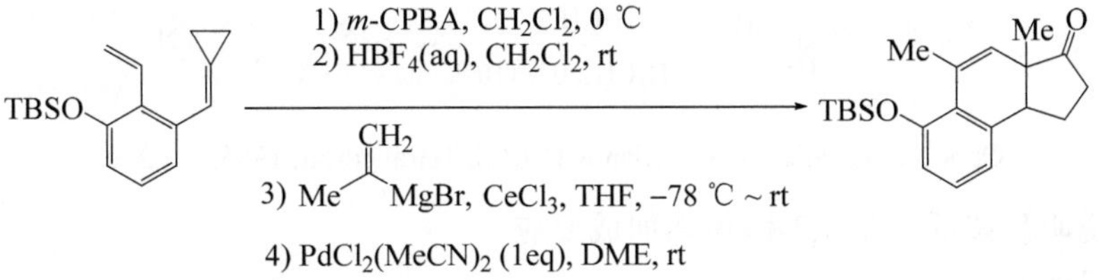

1) *m*-CPBA, CH_2Cl_2, 0 ℃
2) HBF_4(aq), CH_2Cl_2, rt
3) $CH_2=C(Me)MgBr$, $CeCl_3$, THF, −78 ℃ ~ rt
4) $PdCl_2(MeCN)_2$ (1eq), DME, rt

Nemoto H, Miyata J, Yoshida M, et al. J Org Chem, 1997, 62: 7850.

【反应说明】该反应提供了一种新的合成多环化合物的方法，这类反应在天然化合物的合成是非常重要的反应。

【反应机理】

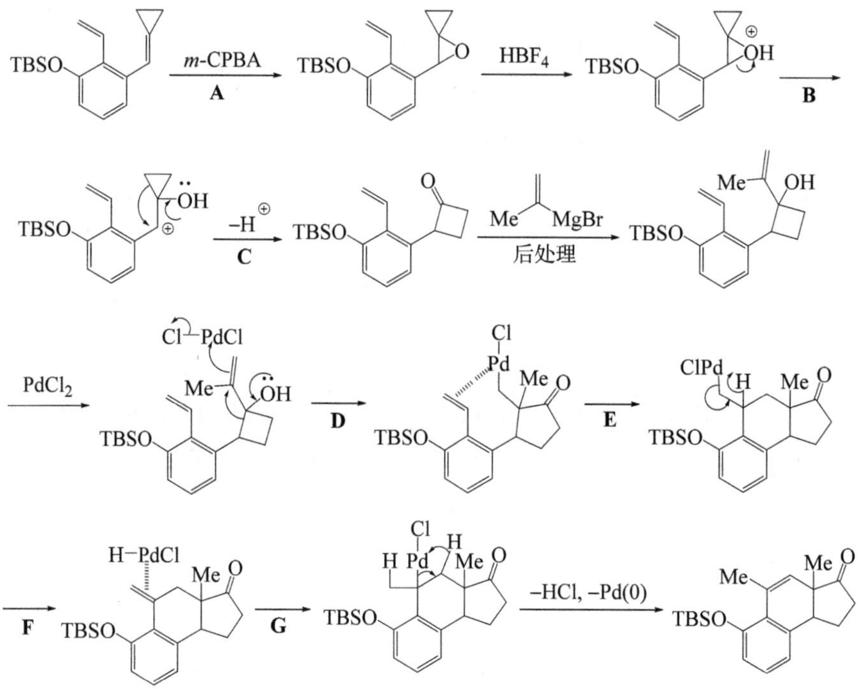

A—烯被间氯过氧苯甲酸（*m*-CPBA）氧化形成环氧乙烷；B—环氧乙烷开环形成一个稳定的苄基碳正离子；C—1,2-烷基迁移形成环丁酮；D—烯在二氯化钯氧化的引导下四元环扩为五元环；E—分子内碳钯结合；F—*β*-消除反应；G—催化剂复原，同时*β*-消去一分子氯化氢得到更加稳定的环烯产物。

4.5.2 合成含杂原子的桥环化合物

反应实例 1

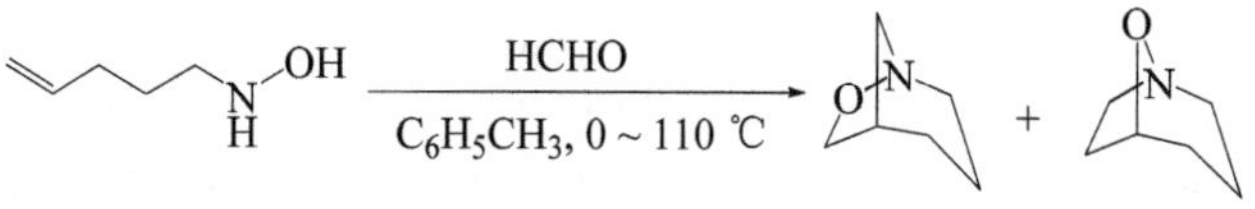

Oppolzer W, Siles S, Snowden R L, et al. Tetrahedron, 1985, 41: 3497.

【反应说明】该反应是 1,3-偶极环加成反应。

【反应机理】

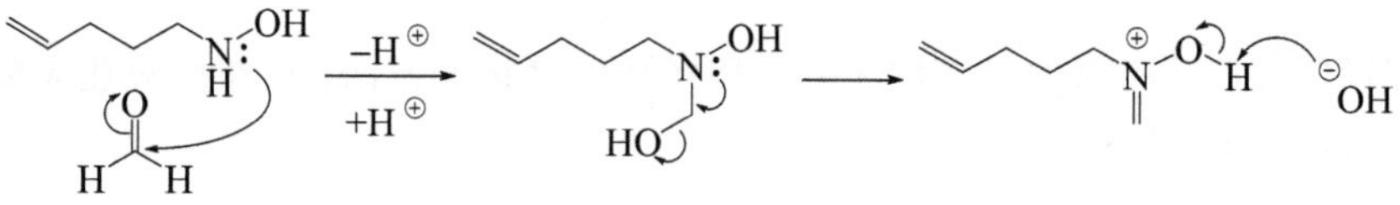

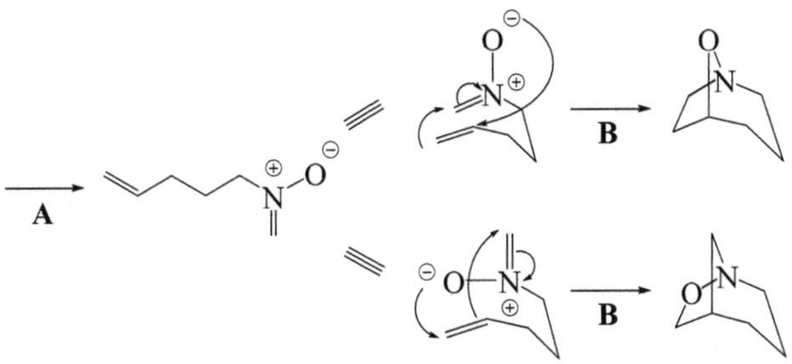
A
B
B

A—形成硝酮；B—分子内 1,3-偶极环加成反应。

反应实例 2

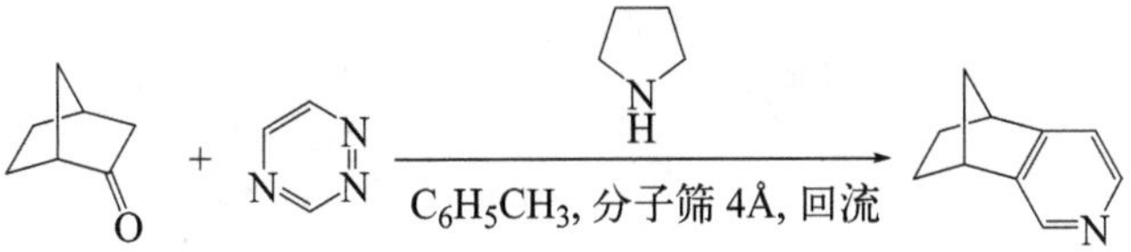
$C_6H_5CH_3$, 分子筛 4Å, 回流

Golka A, Keyte P J, Paddon-Row M N. Tetrahedron, 1992, 48: 7663.

【反应说明】该反应是 Diels-Alder 反应的衍生反应。

【反应机理】

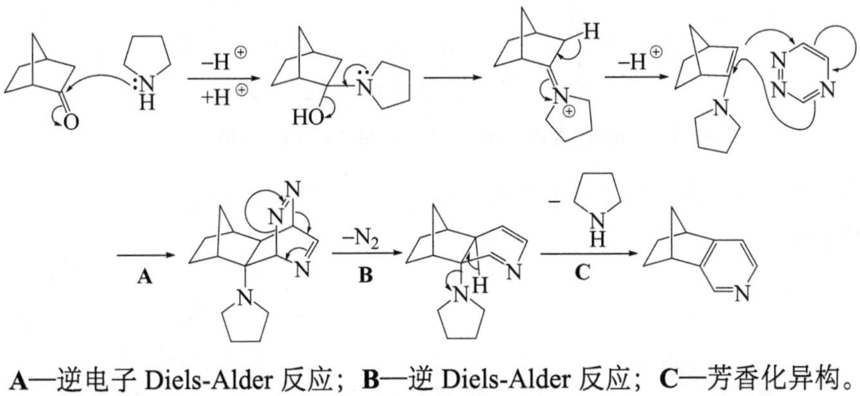
$-H^{\oplus}$
$+H^{\oplus}$
$-H^{\oplus}$
A
$-N_2$
B
C

A—逆电子 Diels-Alder 反应；B—逆 Diels-Alder 反应；C—芳香化异构。

反应实例 3

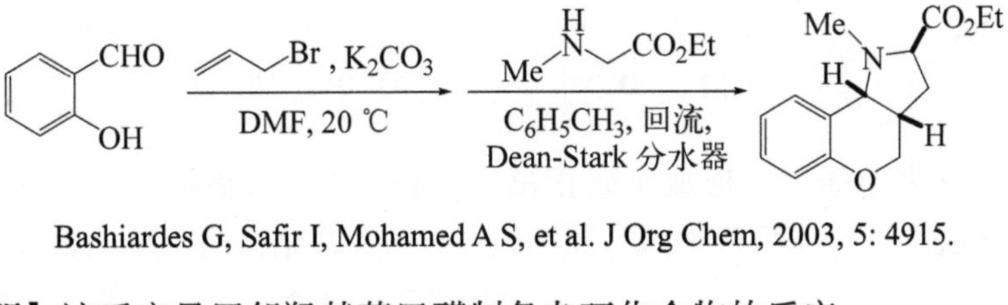
CHO
OH
Br, K_2CO_3
DMF, 20 ℃
CO_2Et
Me
$C_6H_5CH_3$, 回流,
Dean-Stark 分水器
Me
CO_2Et
H
H
O

Bashiardes G, Safir I, Mohamed A S, et al. J Org Chem, 2003, 5: 4915.

【反应说明】该反应是用邻羟基苯甲醛制备杂环化合物的反应。

【反应机理】

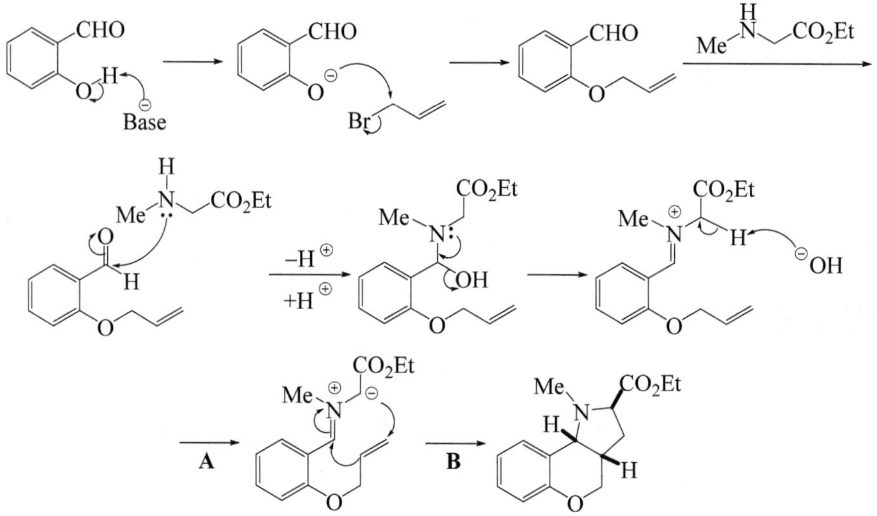

A—形成亚甲胺叶立德；B—分子内 1,3-偶极环加成得到产物。

反应实例 4

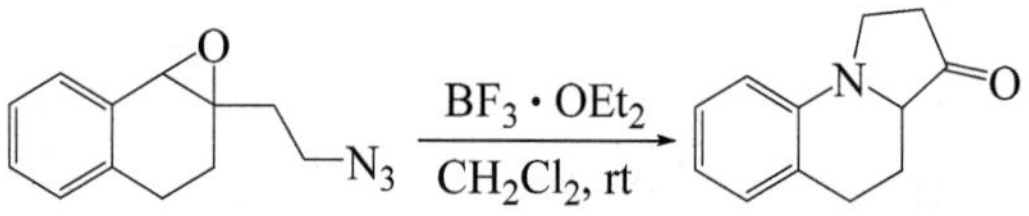

$$\xrightarrow[CH_2Cl_2,\ rt]{BF_3\cdot OEt_2}$$

Lang S, Kennedy A R, Murphy J A, et al. Org Lett, 2003, 5: 3655.

【反应说明】该反应是路易斯酸催化生成含氮杂环化合物的反应。

【反应机理】

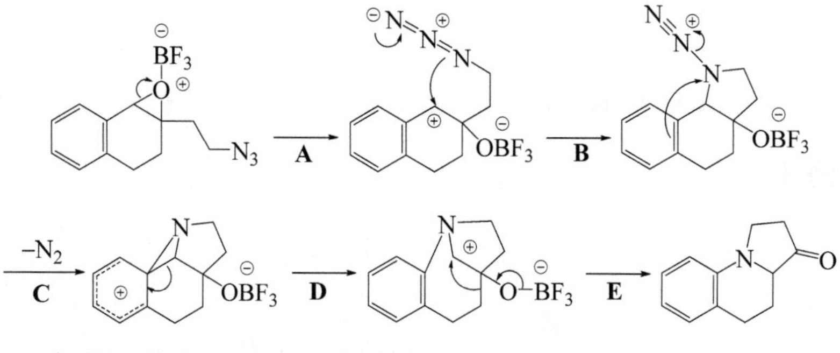

A—三氟化硼催化，形成苄碳正离子；B—分子内叠氮加成，形成一个五元环；C—脱去一分子氮气形成环氮乙烷；D—芳香化复原；E—1,2-烷基迁移得到产物。

反应实例 5

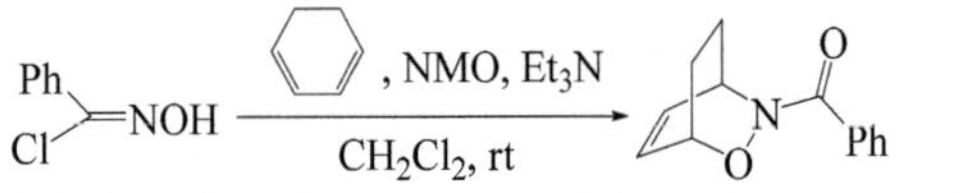

Quadrelli P, Mella M, Invernizzi A G, et al. Tetrahedron, 1999, 55: 10497.

【反应说明】该反应是杂环 Diels-Alder 反应。

【反应机理】

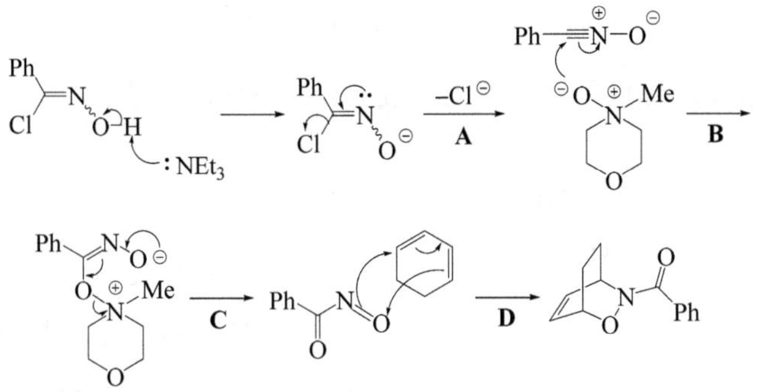

A—在肟负离子的推动下消去一个氯负离子；**B**—*N*-甲基吗啉-*N*-氧化物（NMO）加成到氧化腈上；**C**—形成酰亚硝基化合物；**D**—进行杂原子 Diels-Alder 反应得到产物。

反应实例 6

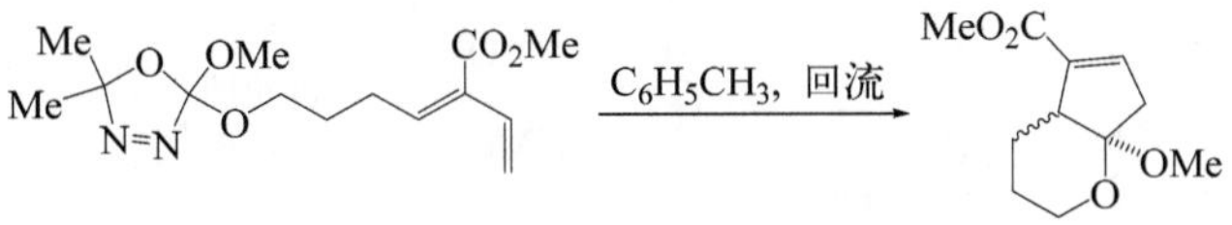

Spino C, Rezaei H, Dupont-Gaudet K, et al. J Am Chem Soc, 2004, 126: 9926.

【反应说明】该反应提供了一种合成五元六元并环化合物的方法。

【反应机理】

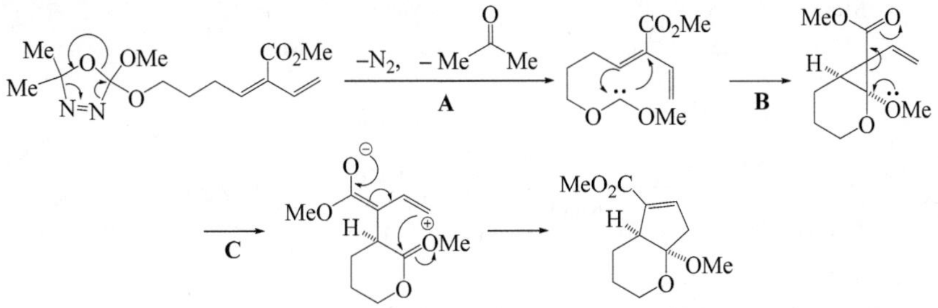

A—分解脱去一分子氮气和一分子丙酮形成二烷氧基卡宾；**B**—形成环丙烷；**C**—环丙烷裂解。

反应实例 7

MeN=(2,2-二甲基-1,3-二噁烷-5-亚基)胺, 2,6-二甲基吡啶；1) $MeAlCl_2$, $CHCl_3$, rt；2) $NaBH_4$, MeOH, 0 ℃；3) MsCl, Et_3N, CH_2Cl_2, −78 ℃；4) *t*-BuOK, THF, 回流, $C_6H_5CH_3$, rt

Fuchs J R, Funk R L. Org Lett, 2001, 3: 3923.

【反应说明】该反应提供了一种新的合成七元内酰胺的方法。

【反应机理】

$-Cl^{\ominus}$ A；:Base；$MeAlCl_2$；− MeC(O)Me B；C；后处理 $-H^{\oplus}$；$NaBH_4$；MsCl, Et_3N；^tBuOK；$^tBuO^{\ominus}$

A—亚胺酰化形成烯胺；**B**—逆环加成反应形成 *α*-丙烯醛酰胺；**C**—芳香环进攻 *α*-丙烯醛酰胺进行共轭加成反应。

第 5 章

延长碳链反应

5.1 格氏试剂亲核加成

5.1.1 格氏试剂与羧酸酯亲核加成

反应实例

$$\mathrm{MeCOOEt} \xrightarrow[0\ ^\circ C \sim rt;\ NH_4Cl(aq)]{PhMgBr\ (2eq),\ Et_2O} \mathrm{Ph_2C(OH)Me}$$

Allen C F H, Converse S. Org Synth, 1941, Coll Vol 1: 226.

【反应说明】该反应是格氏试剂与羧酸酯反应生成叔醇的反应。

【反应机理】

$$\mathrm{MeCOOEt} + Ph^{\ominus}\ {}^{\oplus}MgBr \xrightarrow{A} \mathrm{Me(Ph)C(O^{\ominus})OEt}\ \ {}^{\oplus}MgBr \xrightarrow{B} \mathrm{MeCOPh} + Ph^{\ominus}\ {}^{\oplus}MgBr \xrightarrow{C} \mathrm{MePh_2C{-}O^{\ominus}}\ {}^{\oplus}MgBr \xrightarrow{HN_4Cl(aq)} \mathrm{MePh_2C{-}OH}$$

A—一分子格氏试剂进攻酯羰基形成一个四面体的中间体; **B**—在氧负离子的推动下脱去一个乙氧基生成酮; **C**—另一分子的格氏试剂与羰基发生亲核加成反应生成氧负离子。

5.1.2　格氏试剂与氰基亲核加成

反应实例

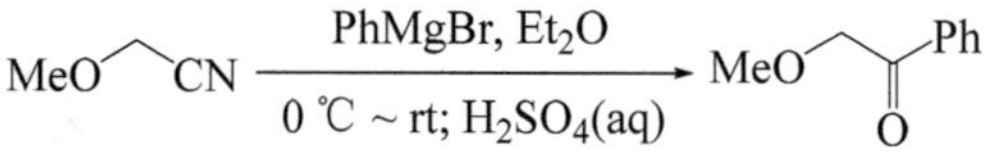

Moffett R B, Shriner R L. Org Synth, 1955, Coll Vol 3: 562.

【反应说明】 该反应是格氏试剂与腈反应生成酮的反应。

【反应机理】

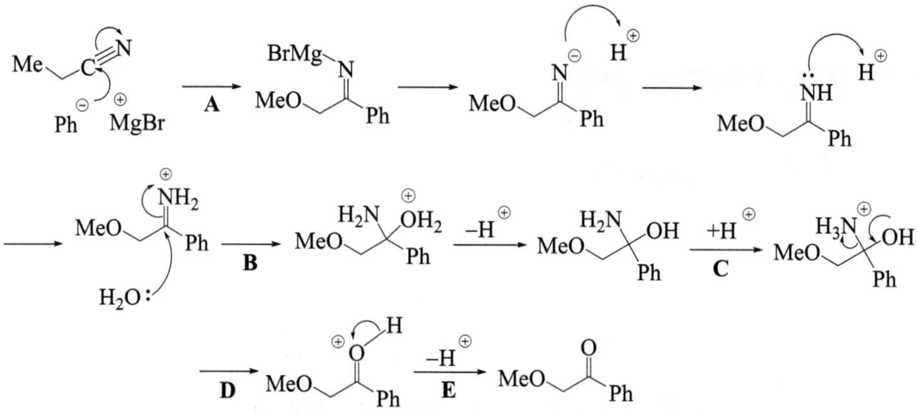

A—格氏试剂与氰基加成形成亚胺负离子；**B**—水分子与亚胺离子发生加成反应生成半酰胺；**C**—质子移动到碱性更强的氮原子上［$pK_a(H_3O^+) = -1.7$，$pK_a(EtNH_3^+) = 10.6$］；**D**—在氧原子的推动下脱去一分子氨；**E**—脱去一个质子得到产物酮。

5.1.3　格氏试剂与 DMF 亲核加成

反应实例

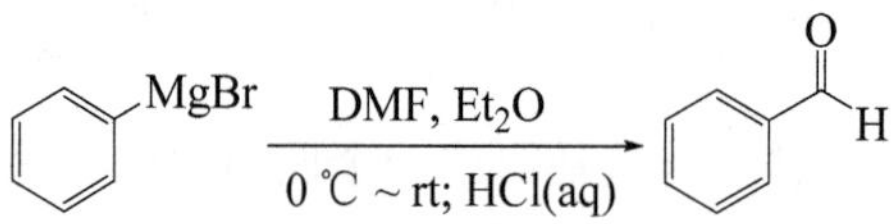

Olah G A, Surya Prakash G K, Arvanaghi M. Synthesis, 1984: 228.

【反应说明】 格氏试剂与 *N*,*N*-二甲基甲酰胺（DMF）反应生成醛的反应。

【反应机理】

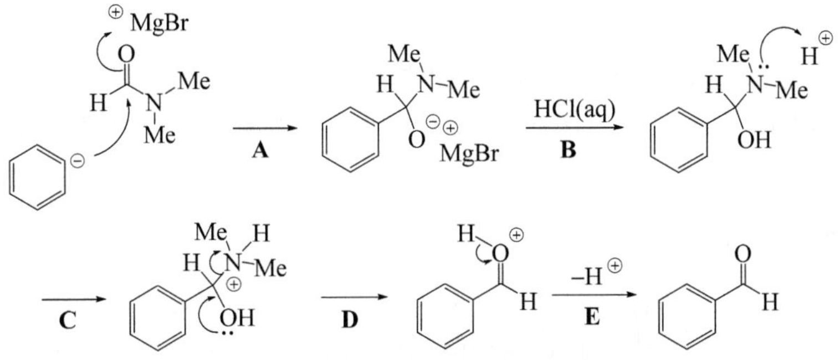

A—格氏试剂与 DMF 发生加成反应形成一个相对稳定的四面体中间体 [pK_a(^{i}PrOH) =1.7，pK_a(Et_2NH) = 36]；B—酸化处理；C—氮原子的碱性强于氧原子，所以优先得到一个质子；D—在羟基氧的孤对电子推动下脱去一分子二甲胺 [pK_a(H_3O^+) = −1.7，pK_a($EtNH_3^+$) = 10.6]；E—脱去一个质子得到产物醛。

5.1.4 格氏试剂与醛酮亲核加成

反应实例 1

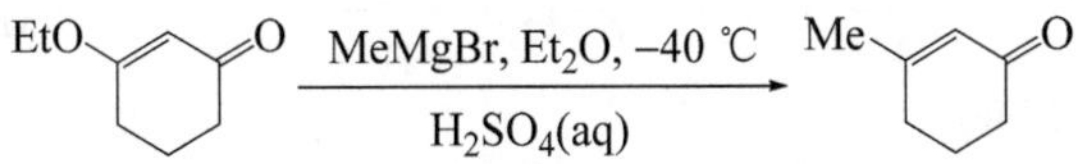

Wood s G F, Griswold P H Jr, Armbrecht B H, et al. J AM Chem Sco, 1949, 71: 2028.

【反应说明】该反应是运用格氏试剂来延长碳链的反应，实例中的甲基可以用其他烷基来代替。反应中格氏试剂进行的是 1,2 加成反应而不是 1,4 加成反应。

【反应机理】

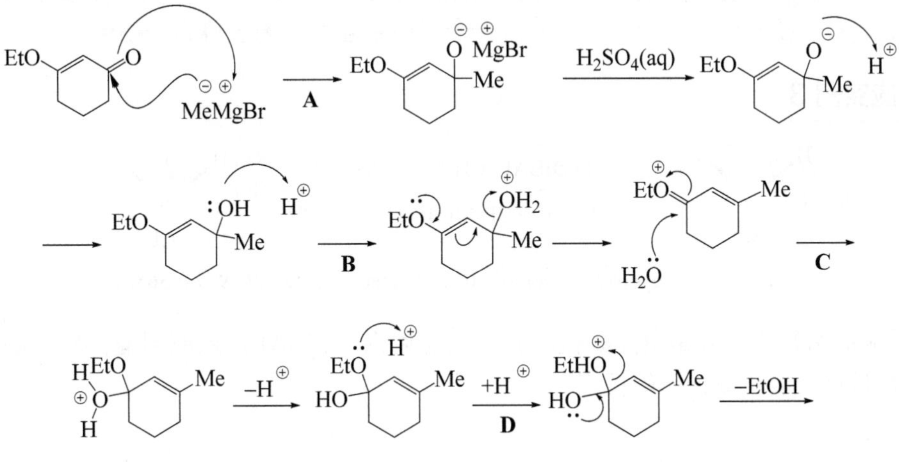

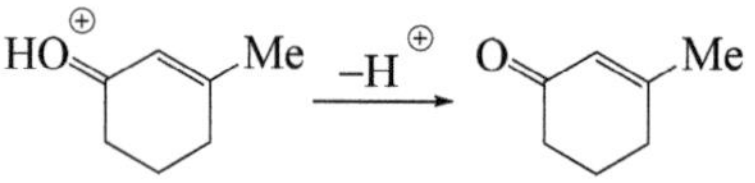

A—甲基格氏试剂在羰基上进行 1,2-加成反应；B—得到一个质子后，在乙氧基孤对电子的推动下消去一分子的水；C—一分子水加成；D—得到一个质子，然后消去一分子的乙醇。

反应实例 2

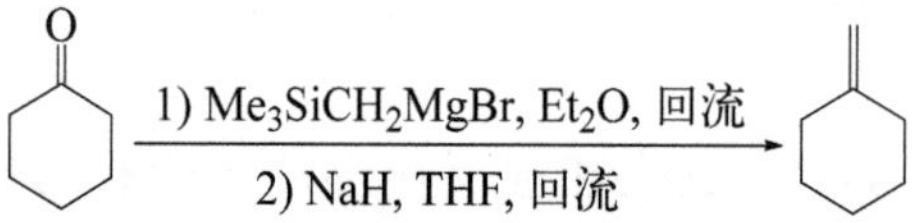

1) Me_3SiCH_2MgBr, Et_2O, 回流
2) NaH, THF, 回流

Ager D J. Org React, 1990, 38: 1.

【反应说明】该反应是 Peterson 反应，与 Wittig 反应类似，也是将醛酮转变为烯的反应。

【反应机理】

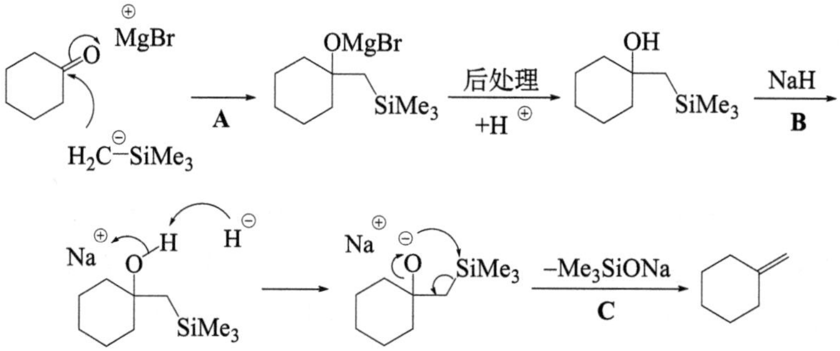

A—格氏试剂在酮羰基上加成，然后后处理得到醇；B—醇脱去一个质子形成醇盐；C—经过一个四元环交换消去一个三甲基硅醇负离子得到产物烯。

反应实例 3

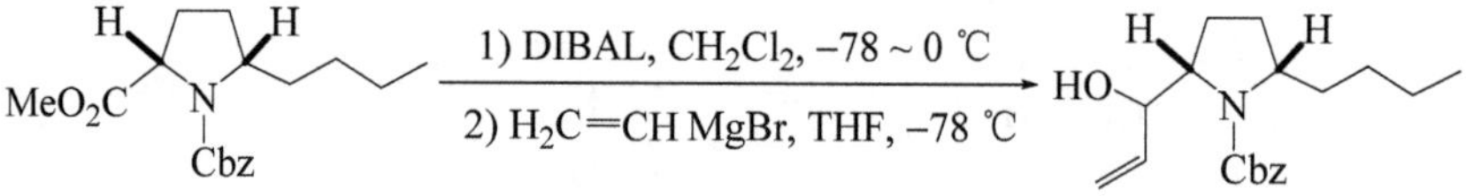

1) DIBAL, CH_2Cl_2, −78 ~ 0 ℃
2) $H_2C{=}CH\,MgBr$, THF, −78 ℃

Zhou D J, Toyooka N, Nemoto H, et al. Heterocycles, 2009, 79: 565.

【反应说明】该反应是首先酯被二异丁基氢化铝（DIBAL）还原到醛，然后醛与格氏试剂反应生成仲醇的反应。

【反应机理】

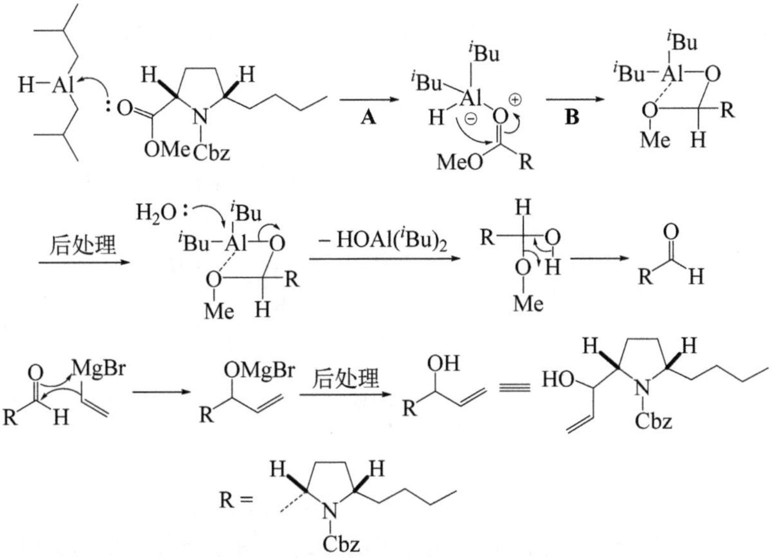

A—酯羰基的孤对电子进攻二异丁基氢化铝；B—1,3-质子迁移，然后用水处理得到醛。

5.2 亲核试剂与亚胺正离子加成

5.2.1 氰化钠与亚胺正离子加成

反应实例

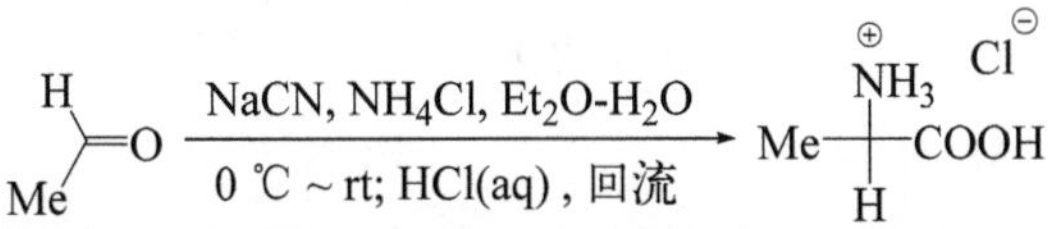

$$\mathrm{MeCHO} \xrightarrow[0\ ℃\sim \mathrm{rt;\ HCl(aq),\ 回流}]{\mathrm{NaCN,\ NH_4Cl,\ Et_2O\text{-}H_2O}} \mathrm{Me{-}CH(\overset{\oplus}{N}H_3)COOH\ Cl^{\ominus}}$$

Kendall E C, McKnzie B F. Org Synth, 1941, Coll Vol 1: 21.

【反应说明】该反应是 Strecker 反应，是用醛、氯化铵和氰化钠反应生成 α-氨基酸的反应。在酸性条件下 NaCN 会生成 HCN 气体，是一种剧毒，所以操作时要小心。

【反应机理】

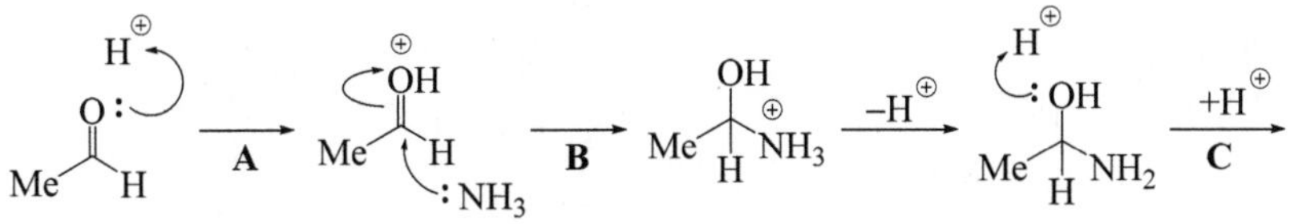

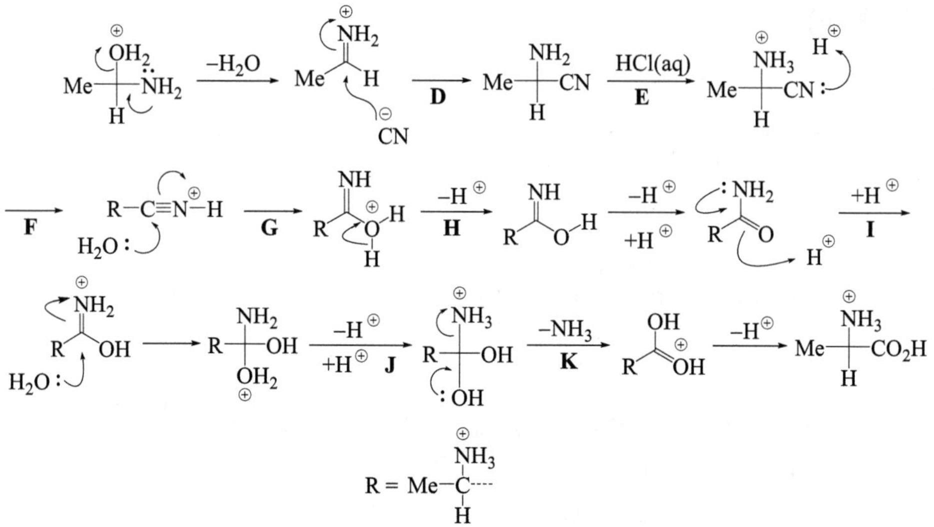

A—醛羰基质子化；B—氨分子与活化了的醛基加成，然后脱去一个质子生成半酰胺；C—羟基氧质子化，然后在氮原子的帮助下消去一分子水形成亚胺离子；D—氰负离子与亚胺离子加成形成 α-氨基腈；E—酸化处理，首先氨基得到一个质子；F—氰基也得到一个质子活化；G—一分子水在活化了的氰基上加成；H—脱去一个质子后互变异构；I—酰胺也质子化，然后一分子水加成；J—质子交换；K—消去一分子氨，再脱去一个质子得到 α-氨基酸。

5.2.2　苯环与亚胺正离子加成

反应实例

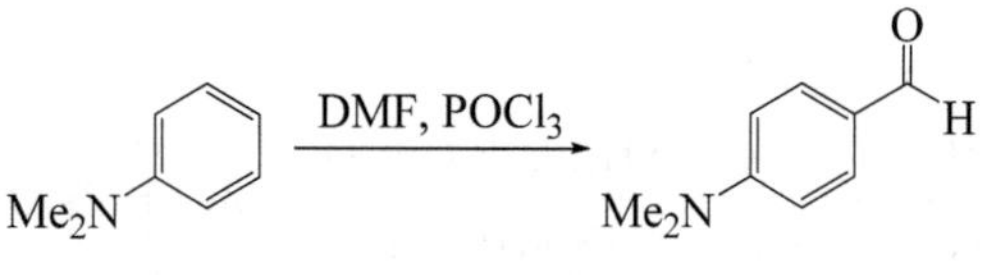

DMF, $POCl_3$

Campaigene E, Archer W L. Org Synth, 1963, Coll Vol 4: 331.

【反应说明】该反应是 Vilsmeier 反应，是一个在带有供电子基团的苯环上甲酰化的反应，故也称 Vilsmeier-Haack 甲酰化反应。

【反应机理】

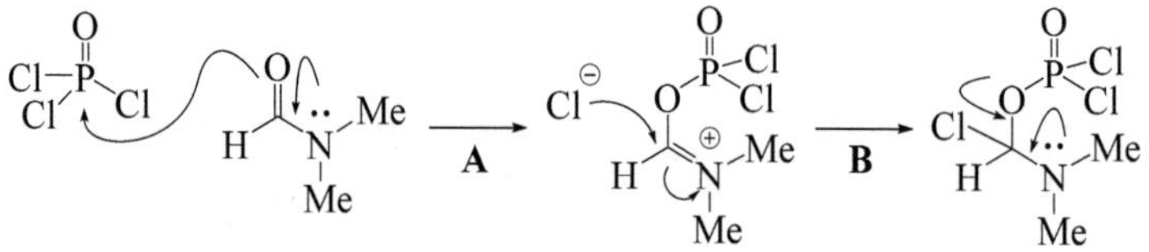

Me N Me Cl H N Me Me C Me N Me Me N Me H Cl $-H^{\oplus}$ Me N Me Cl N Me Me D

R N Me Me H_2O H_2O: R N Me Me E H O H R N Me Me $-H^{\oplus}$ F O H R N Me Me $H^{\oplus}$

O H R N Me H Me H O R H $-H^{\oplus}$ Me N Me O H R = Me N Me

A—DMF 的氧原子进攻亲电试剂 $POCl_3$，脱去一个氯离子；B—氯离子加成，然后在氮原子的孤对电子推动下消去一个二氯磷酸盐离子，形成了 Vilsmeier 试剂；C—富电子的芳香环在 Vilsmeier 试剂上加成，然后芳香化重排；D—在氮原子的孤对电子推动下脱去一个氯离子，生成了亚胺离子；E—一分子水在亚胺离子上加成；F—质子移动，然后消去一个二甲胺得到了产物。

5.2.3 烯醇与亚胺正离子加成

反应实例 1

O Me $(CH_2O)_n$, Me_2NH-HCl EtOH, 回流 O NMe_2

Maxwell C E. Org Synth, 1955, Coll Vol 3: 305.

【反应说明】该反应是 Mannich 反应，是在酮羰基或酯羰基的 α 碳上延长碳链生成 β-氨基取代的酮或酯的反应。

【反应机理】

$H^{\oplus}$ O H H A Me NH Me H O H H Me_2N H OH H H $-H^{\oplus}$ B $H^{\oplus}$ Me_2N OH H H

$+H^{\oplus}$ Me_2N OH_2 H H $-H_2O$ Me N Me H H

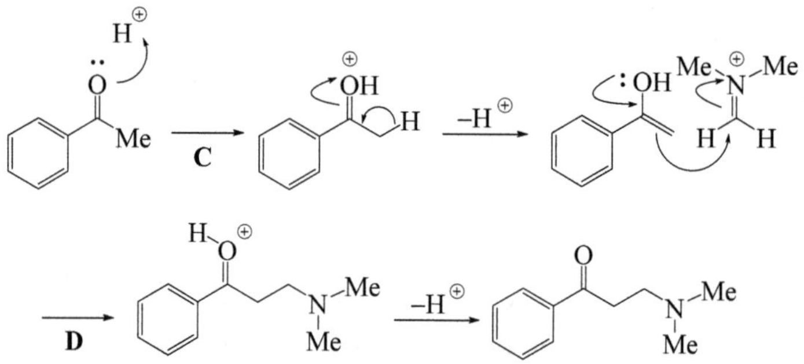

A—甲醛得到一个质子活化，然后二甲胺加成到活化了的甲醛上；**B**—质子移动交换，然后消去一分子水形成亚胺离子；**C**—酮互变异构成烯醇式；**D**—烯醇进攻亚胺离子，然后脱去一个质子得到了产物。

反应实例 2

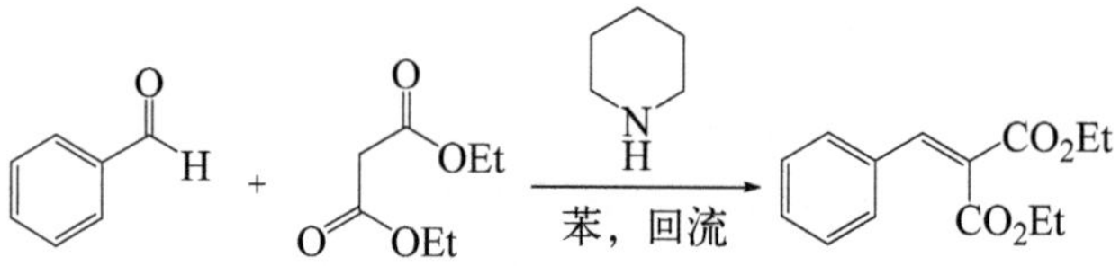

Allen C F H, Spangler F W. Org Synth, 1955, Coll Vol 3: 377.

【反应说明】该反应为 Knoevenagel 缩合反应，是丙二酸二乙酯与醛酮在碱性条件下反应生成 α,β-不饱和羧酸酯的反应。

【反应机理】

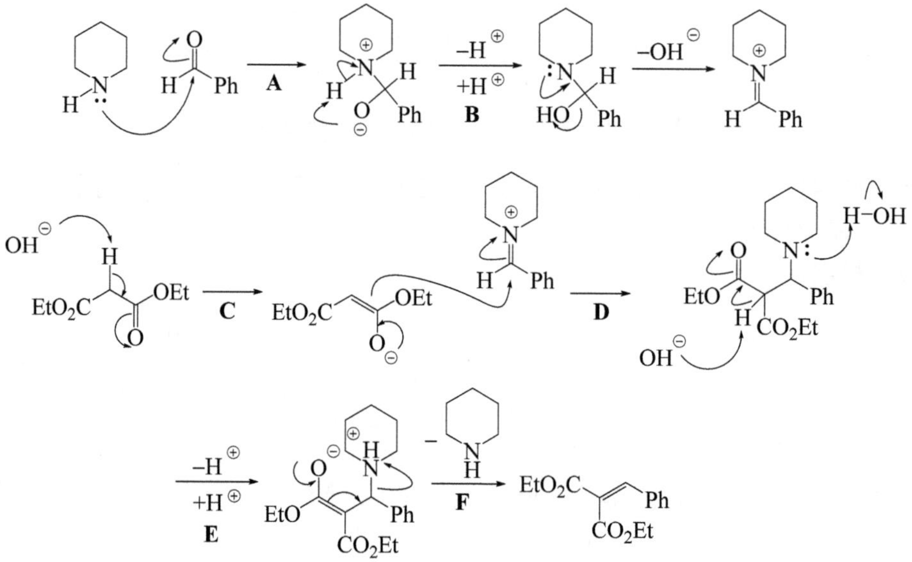

A—哌啶在醛羰基上加成；**B**—质子移动，然后消去一个氢氧根负离子形成了亚胺离子；**C**—丙二酸二乙酯被氢氧根夺去一个质子形成了烯醇负离子[pK_a($RO_2CCH_2CO_2R$) = 13，pK_a(H_2O) = 15.7]；**D**—富电子的烯醇负离子进攻亚胺离子；**E**—质子移动；**F**—脱去一分子哌啶生成了产物。

5.3 烯醇式作为亲核试剂

5.3.1 烯醇与醛加成

反应实例 1

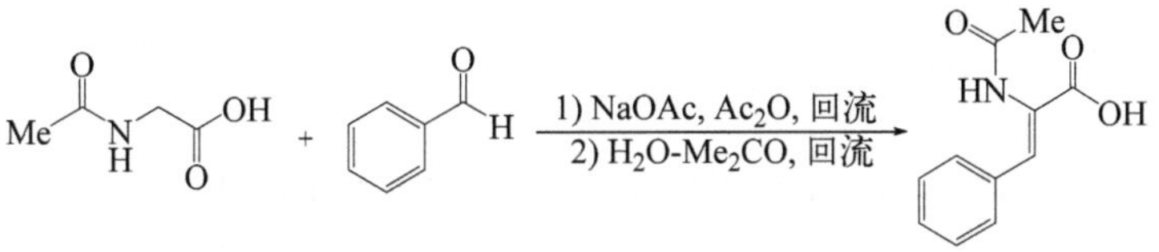

1) NaOAc, Ac_2O, 回流
2) H_2O-Me_2CO, 回流

Herbst R M, Shemin D. Org Synth, 1943, Coll Vol 2: 1.

【反应说明】该反应也是一种在醛基上延长碳链的反应。反应机理是通过一个五元环消去一个乙酸负离子形成顺式优先的烯。

【反应机理】

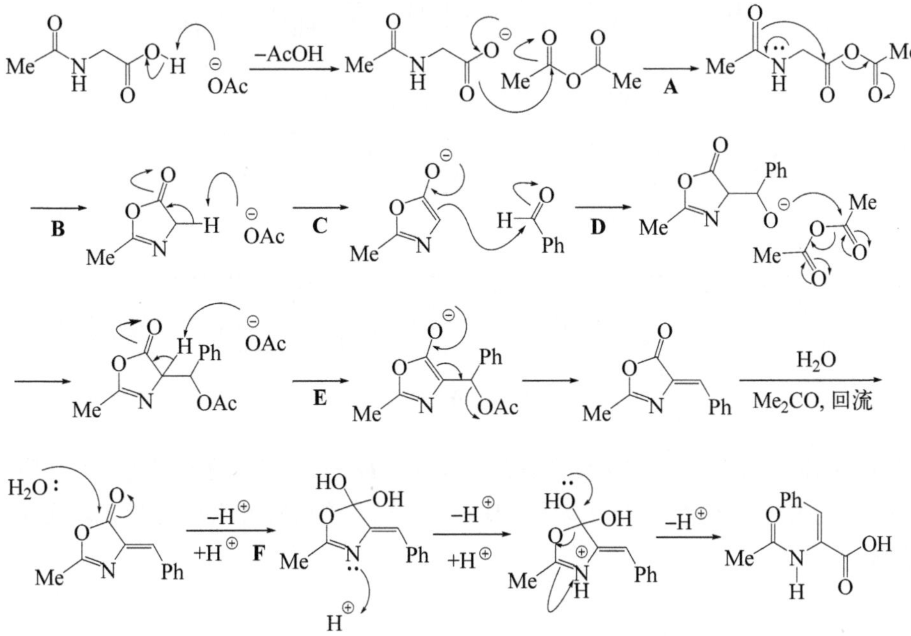

−AcOH　A　B　C　D　E

H_2O / Me_2CO, 回流

$-H^{\oplus}$ / $+H^{\oplus}$　F　$-H^{\oplus}$ / $+H^{\oplus}$　$-H^{\oplus}$

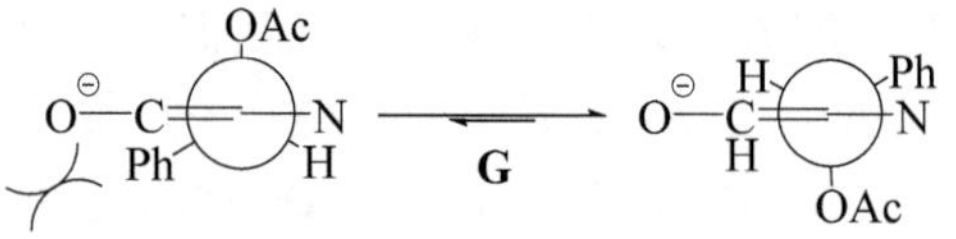

A—在碱性条件下，羧酸负离子与乙酸酐反应生成了混合酸酐；**B**—分子内酰胺氧进攻酸酐形成了噁唑酮；**C**—脱去一个质子芳香化；**D**—烯醇负离子进攻醛，然后再乙酰化；**E**—脱去一个质子，然后消去一个乙酸负离子；**F**—噁唑酮加水分解；**G**—烯醇化时，由于顺式构象的氧负离子与苯基形成位阻大，所以反式构象较稳定。

反应实例 2

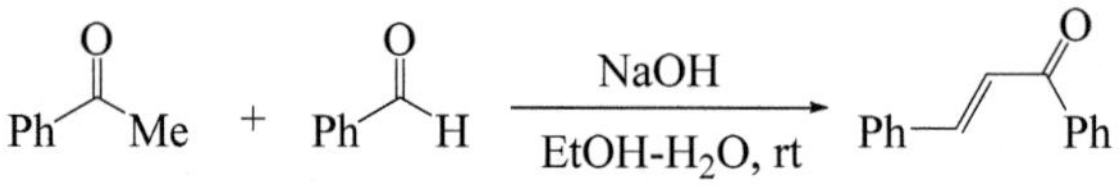

NaOH, $EtOH\text{-}H_2O$, rt

Kohler E P, Chadwell H M. Org Synth, 1941, Coll Vol 1: 78.

【反应说明】该反应是羟醛缩合反应，是在碱性条件下，酮互变异构为烯醇，然后与醛反应生成 *α*,*β*-不饱和酮的反应。

【反应机理】

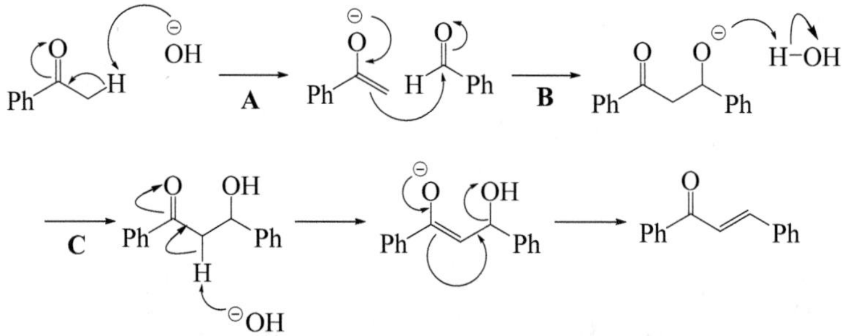

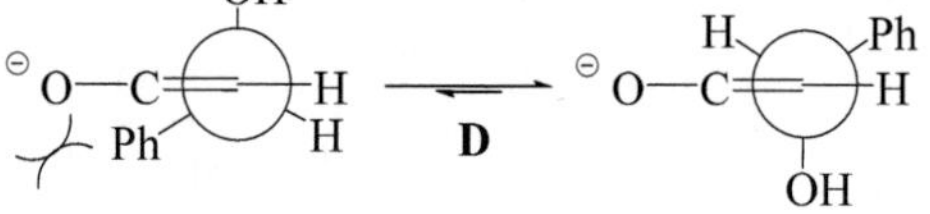

A—酮被碱夺去一个质子变为烯醇负离子；**B**—烯醇负离子进攻醛；**C**—质子转移，然后脱去一个氢氧根负离子；**D**—通过纽曼式可解释生成的双键以反式构象为主。

反应实例 3

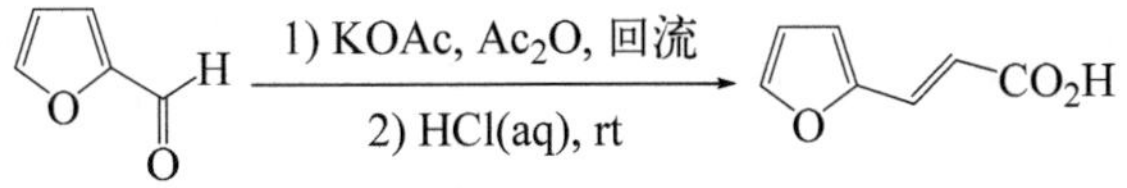

Rajagopalan S, Raman P V A. Org Synth, 1955, Coll Vol 3: 425.

【反应说明】该反应是 Perkin 反应，是乙酸酐与醛反应生成 α,β-不饱和羧酸的反应。

【反应机理】

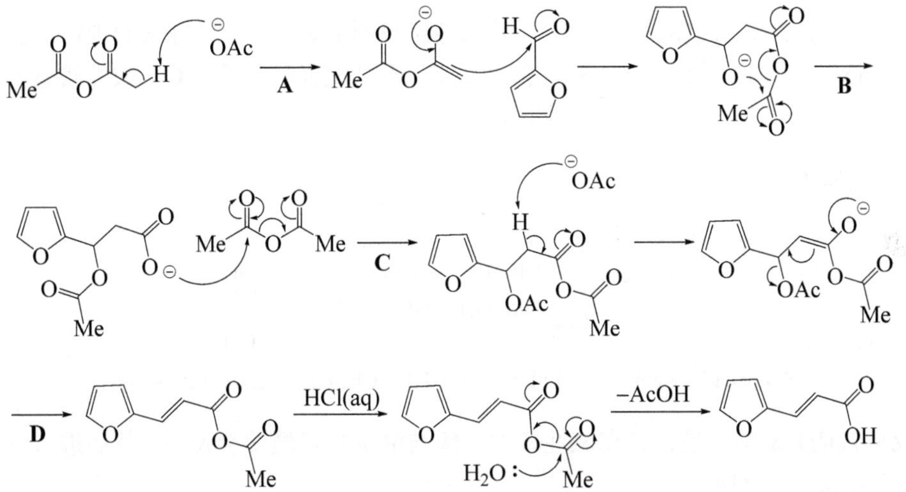

A—形成少量的乙酸酐负离子 [$pK_a(CH_3CO)_2 = 13.5$，$pK_a(AcOH) = 4.8$]；**B**—分子内乙酰基迁移；**C**—形成酸酐；**D**—脱去一个乙酸负离子形成 α,β-不饱和酸酐，最后酸处理得到产物。

反应实例 4

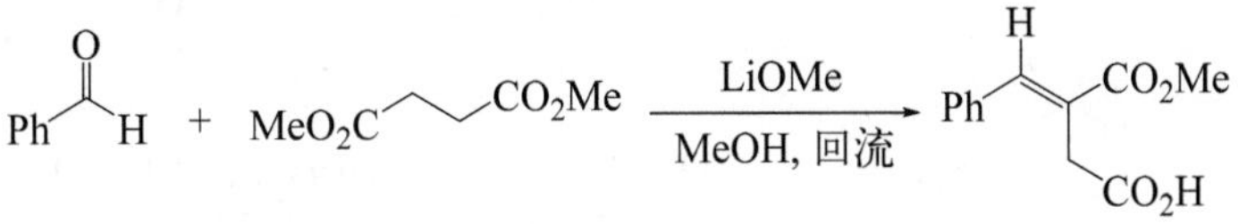

Johnson W S, Daub G H. Org React, 1951, 6: 1.

【反应说明】该反应是 Stobbe 缩合反应，是丁二酸二甲酯与醛酮在碱性条件下缩合生成 α,β-不饱和羧酸酯的反应。

【反应机理】

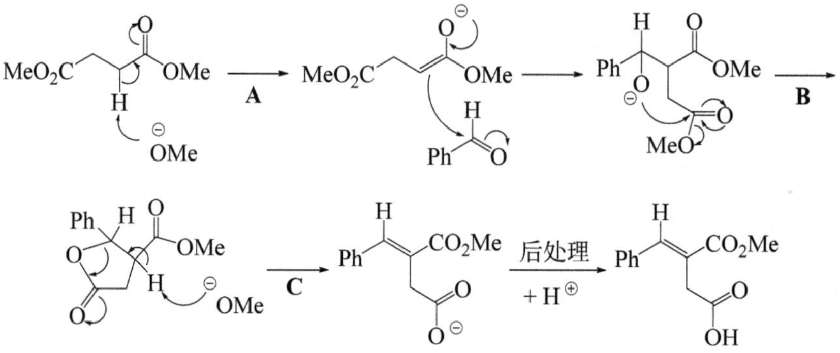

A—丁二酸二甲酯被碱夺去一个 α-氢形成烯醇盐［$pK_a(CH_3CO_2R) = 24$，$pK_a(MeOH) = 15.5$］；**B**—分子内取代反应，形成五元环内酯；**C**—酸性较强的一个 α-氢被碱夺去，开环形成空间位阻较小的反式烯。

反应实例 5

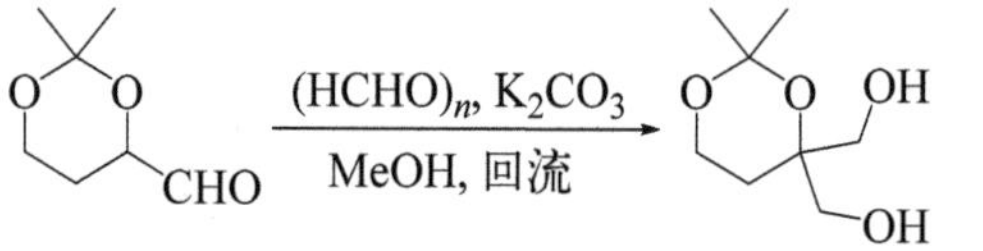

Shimada K, Kaburagi Y, Fukuyama T. J Am Chem Soc, 2003, 125: 4048.

【反应说明】该反应是首先在碱性条件下醇与醛发生羟醛缩合反应，然后进行分子内 Cannizzaro 反应。

【反应机理】

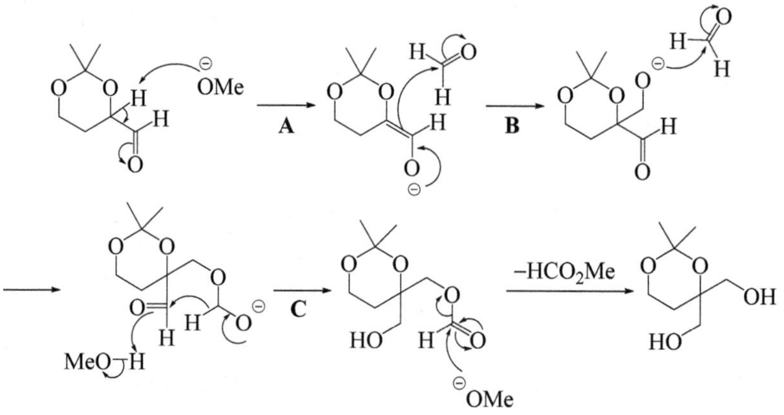

A—碱性条件下，醛烯醇化［$pK_a(MeOH) = 15.5$，$pK_a(CH_3CHO) = 16.7$］；**B**—羟醛缩合；**C**—分子内氢迁移（Cannizzaro 反应）。

反应实例 6

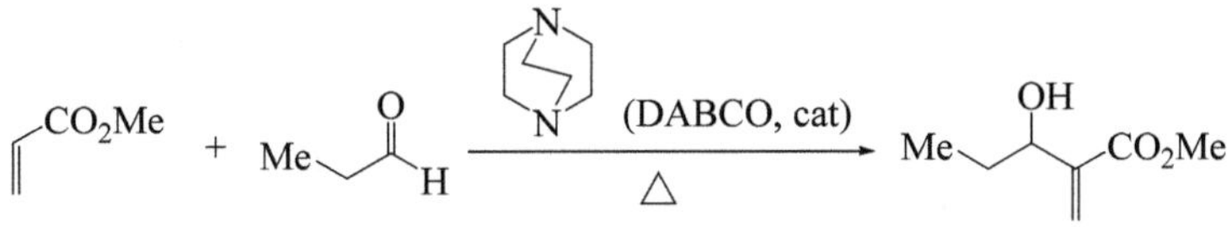

Brown J M, Evans P L, James A P. Org Synth, 1993, 8: 420.

【反应说明】该反应是 Morita-Baylis-Hillman 反应，也被称为 Rauhut-Currier 反应。

【反应机理】

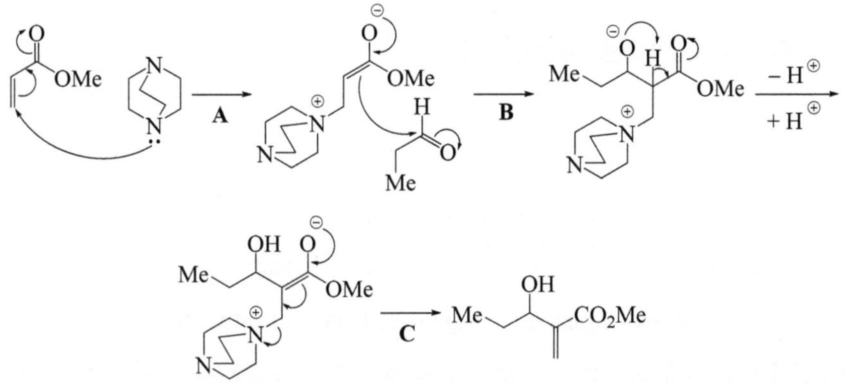

A—1,4-二氮杂二环[2.2.2]辛烷（DABCO）催化加成反应；**B**—羟醛缩合反应；**C**—消去一分子 DABCO（催化剂还原）。

反应实例 7

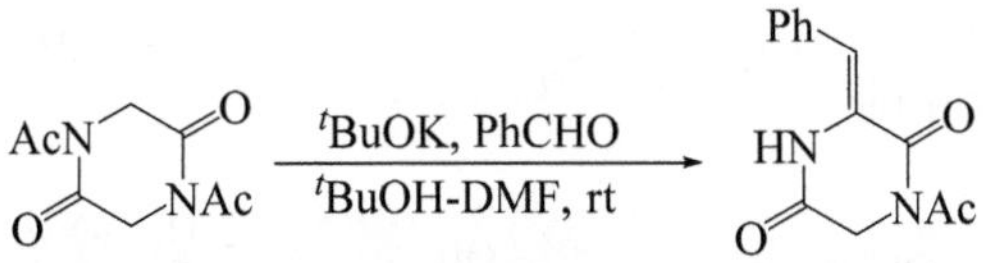

Gallina C, Liberatori A. Tetrahedron Lett, 1973: 1135.

【反应说明】该反应是在羰基的 α-碳上延长碳链的反应。

【反应机理】

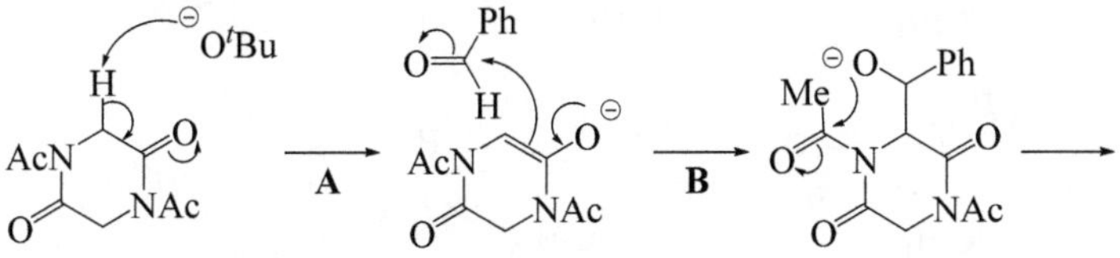

A—酰胺被碱夺去一个 α-氢形成烯醇盐；B—羟醛缩合，然后经过一个五元环分子内乙酰基转移；C—消去一个乙酰氧基得到产物。

5.3.2 烯醇与卤代烃的取代反应

反应实例

1) Br(CH₂)₆Me (1.02 eq), ^{n}BuONa (1.0 eq), ^{n}BuOH, 回流; KOH(aq), 回流; HCl(aq)
2) 180 ℃

$EtO_2C\frown CO_2Et \rightarrow HO_2C(CH_2)_7Me$

Reid E E, Ruhoff J R. Org Synth, 1943, Coll Vol 2: 474.

【反应说明】该反应是丙二酸二乙酯在碱性条件下形成烯醇盐，然后与卤代烃发生亲核取代反应延长碳链。

【反应机理】

A—丙二酸二乙酯脱去一个质子形成烯醇盐［pK_a(ROH) = 16，pK_a($RO_2CCH_2CO_2R$) = 13］；**B**—烯醇负离子进攻卤代烃进行烷基化反应；**C**—强碱条件下，酯水解形成羧酸盐；**D**—六元电子转移并脱去一分子二氧化碳；**E**—构型互变为羧酸。

5.3.3 烯胺与酸酐反应

反应实例

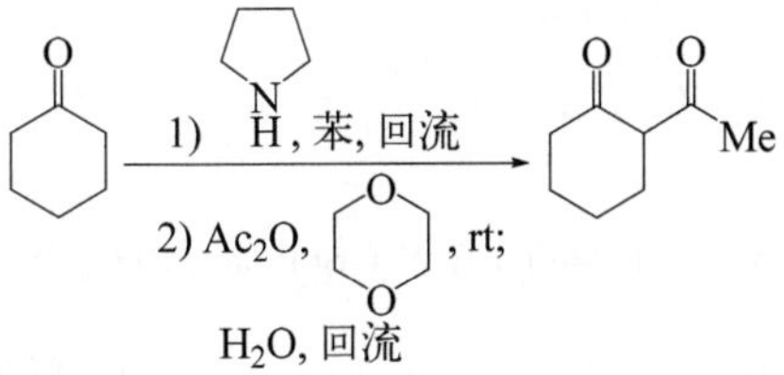

1) 吡咯烷, 苯, 回流
2) Ac_2O, 二噁烷, rt; H_2O, 回流

Stork G, Brizzolara A, Landesman H, et al. J Am Chem Soc, 1963, 85: 207.

【反应说明】该反应为 Stork 烯胺反应，是醛或酮与胺反应形成烯胺，然后与亲电试剂反应生成 β-二酮的反应。

【反应机理】

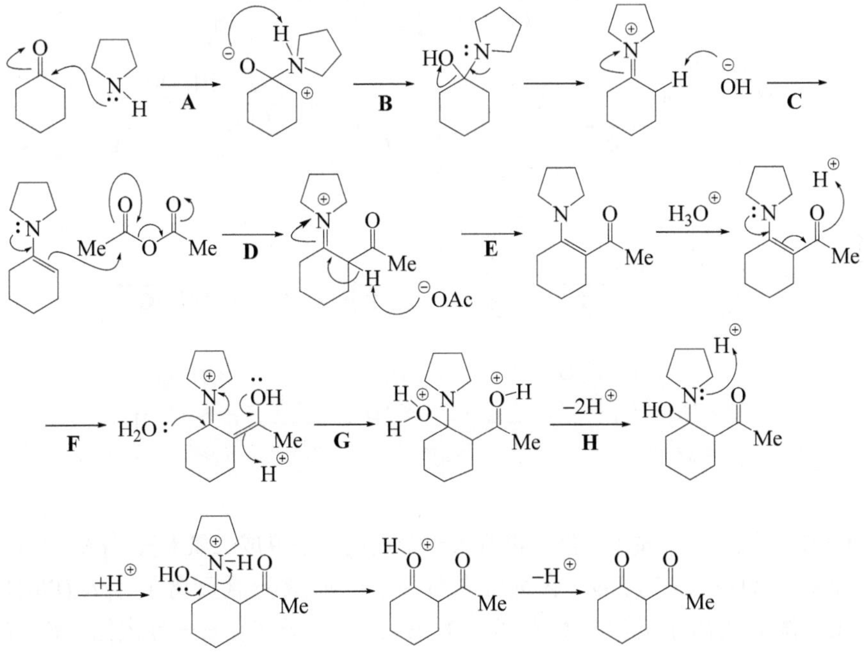

A—吡咯烷的孤对电子进攻酮羰基；**B**—质子移动，然后消去一个氢氧根负离子；**C**—脱去一个质子形成烯胺；**D**—烯胺进攻乙酸酐脱去一个乙酸负离子；**E**—脱

去一个质子形成烯胺；**F**—酸处理，羰基氧质子化；**G**——分子水加成到亚胺离子上；**H**—质子转移，然后脱去一个吡咯烷。

5.3.4　烯醇与卡宾反应

反应实例

OH
NaOH(aq)
$CHCl_3$, 60 ℃
OH CHO + OH CHO

Wynberg H, Meijer E W. Org React, 1982, 28: 1.

【反应说明】该反应为 Reimer-Tiemann 反应。酚在碱性条件下与氯仿反应可以在羟基对位或邻位上引入一个醛基。该反应也是一种在苯环上增加碳链的反应。

【反应机理】

HO⊖ H—C(Cl)(Cl)Cl —A→ ⊖C(Cl)(Cl)Cl → :C(Cl)Cl

O—H ⊖OH —B→ O⊖ :C(Cl)Cl —C→ O CCl₂⊖ H—OH —D→

O H CHCl₂ ⊖OH —E→ O⊖ Cl Cl —F→ O Cl ⊖OH —G→

O⊖ Cl O—H ⊖OH —H→ O⊖ O H —后处理, +H⊕→ OH O H

A—氯仿脱去一个质子，然后再脱去一个氯负离子形成二氯卡宾［pK_a($CHCl_3$) = 13.6，pK_a(H_2O) = 15.7］；**B**—在碱性条件下，酚形成酚氧负离子［pK_a(PhOH) = 10］；**C**—酚氧负离子进攻二氯卡宾；**D**—得到一个质子；**E**—芳构化；**F**—在氧负离子的推动下脱去一个氯负离子；**G**—氢氧负离子共轭加成；**H**—消去一个氯离子。

5.3.5　烯醇与邻氟硝基苯反应

反应实例

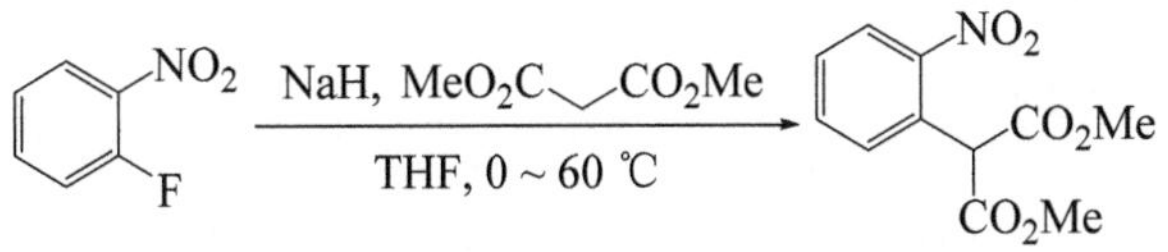

$NaH, MeO_2CCH_2CO_2Me$

THF, 0 ~ 60 ℃

Selvakumar N, Reddy B Y, Azhagan A M, et al. Tetrahedron Lett, 2003, 44: 7065.

【反应说明】该反应是芳香核取代反应（S_NAr）及邻位或对位卤代硝基苯与亲核试剂反应延长碳链。

【反应机理】

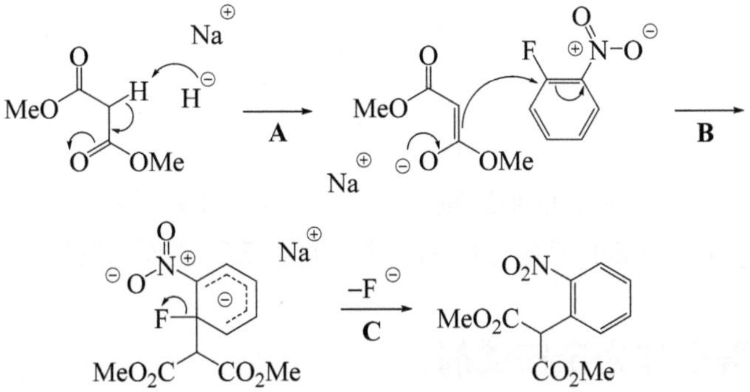

A—丙二酸二甲酯被碱夺去一个氢形成烯醇盐［$pK_a(RO_2CCH_2CO_2R) = 13$，$H_2 = 35$］；**B**—烯醇盐亲核加成到缺电子的芳香环上；**C**—脱去一个氟离子生成产物。

5.3.6　烯醇与亚胺正离子加成

反应实例

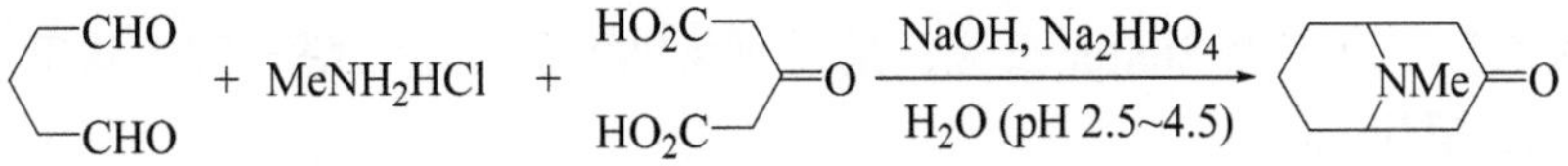

$NaOH, Na_2HPO_4$

H_2O (pH 2.5~4.5)

Cope A C, Dryden H L, Howell C F. Org Synth, 1963, Coll Vol 4: 816.

【反应说明】该反应为 Robinson-Schöpf 反应，是将二醛、甲胺和丙酮二羧酸缩合到一起的反应。反应机理参照 Mannich 反应。

【反应机理】

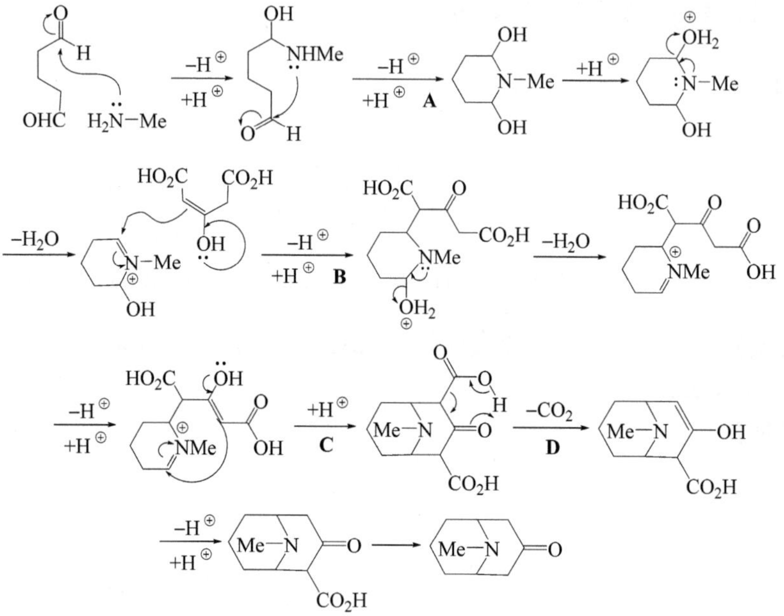

A—甲胺与二醛反应形成半酰胺；**B**—烯酮与亚胺离子发生加成（Mannich 反应）；**C**—分子内 Mannich 反应；**D**—经过一个六元环过渡态脱羧。

5.4 碳负离子作为亲核试剂

5.4.1 碳负离子与 *α,β*-不饱和腈加成

反应实例

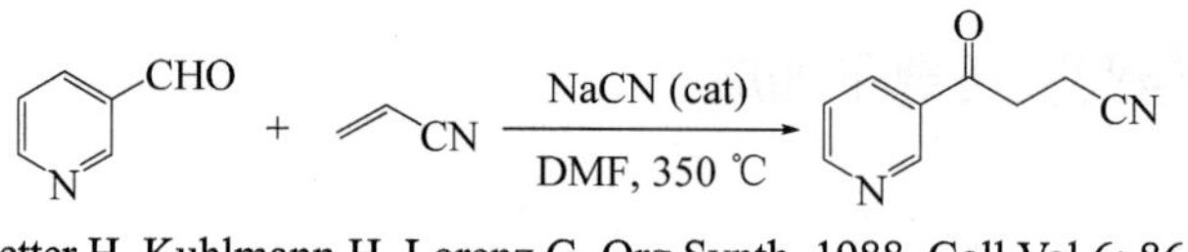

NaCN (cat)

DMF, 350 ℃

Stetter H, Kuhlmann H, Lorenz G. Org Synth, 1988, Coll Vol 6: 866.

【反应说明】该反应为 Stetter 反应，是以氰化钠为催化剂，醛与丙烯腈反应生成 *β*-氰基酮的反应。

【反应机理】

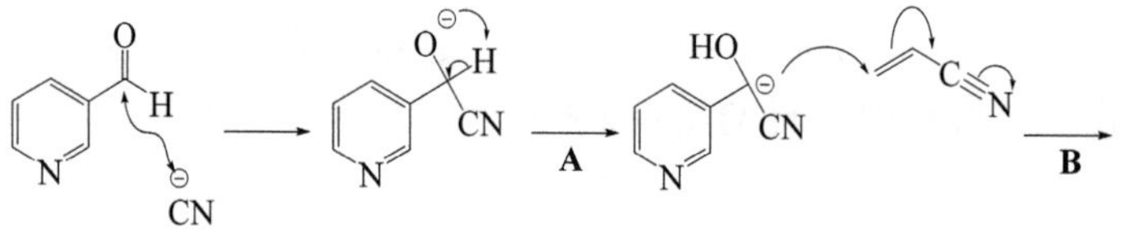

H O CN C N ⊖ ⟶ O⊖ CN CN N $\xrightarrow[\textbf{C}]{-\overset{\ominus}{C}N}$ O CN N

A—形成不太稳定的氰醇碳负离子; B—碳负离子与丙烯腈发生迈克尔加成反应; C—脱去一个氰负离子生成产物。

5.4.2 碳负离子与 α,β-不饱和酮加成

反应实例

Me CHO + O Me

$Cl^{\ominus}$ Me HO N⊕ Bn S (cat)

Et_3N, EtOH, 80 ℃

⟶ Me O O Me

Stetter H, Kuhlmann H, Haese W. Org Synth, 1993, Coll Vol 8: 620.

【反应说明】 该反应是 Stetter 反应的衍生反应，是噻唑啉作为催化剂使醛和 α,β-不饱和酮缩合生成 γ-二酮化合物的反应。

【反应机理】

Me Bn $Cl^{\ominus}$ HO N⊕ S H :NEt_3 $\xrightarrow{\textbf{A}}$ Me Bn HO N⊕ S ⊖ Me H O ⟶ Me Bn HO N⊕ S O⊖ H Me

$\xrightarrow{\textbf{B}}$ Me Bn HO N⊕ S OH ⊖ Me O Me $\xrightarrow{\textbf{C}}$ Me Bn Me O⊖ HO N⊕ S O H Me ⟶

Me Bn Me O HO N⊕ S O⊖ Me $\xrightarrow{\textbf{D}}$ Me Bn HO N⊕ S ⊖ + Me O O Me

A—形成噻唑盐[pK_a(噻唑啉离子) = 10，$pK_a(HNEt_3^+)$ = 10.7]；**B**—形成氰醇碳负离子；**C**—发生迈克尔加成反应；**D**—脱去一个噻唑负离子生成了 γ-二酮。

5.4.3 碳负离子与醛酮加成

反应实例 1

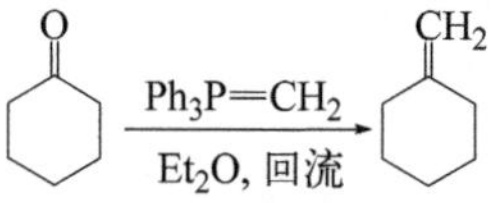

$Ph_3P{=}CH_2$，Et_2O，回流

Wittig G, Schoellkopf U. Org Synth, 1973, Coll Vol 5: 751.

【反应说明】 该反应是 Wittig 反应，是将醛酮与磷叶立德反应生成烯的常用方法。

【反应机理】

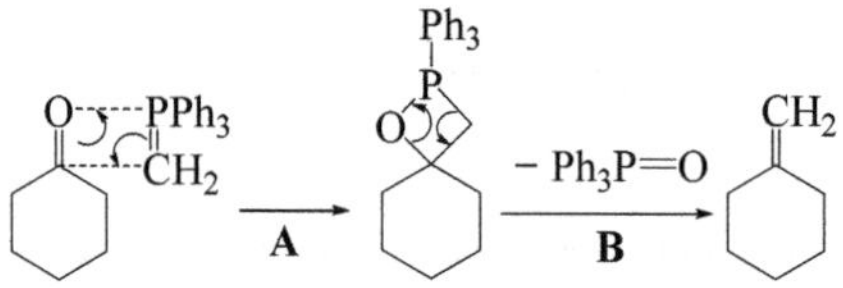

A, B；$-Ph_3P{=}O$

A—磷叶立德在酮羰基上加成形成氧膦烷；**B**—不可逆消去一分子三苯基氧膦得到产物。

反应实例 2

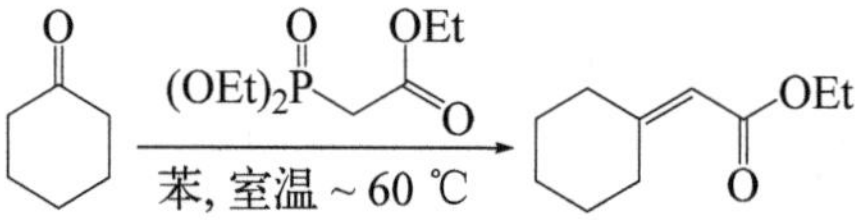

$(OEt)_2P(O)CH_2CO_2Et$，苯，室温～60 ℃

Wadsworth W S Jr, Emmons W D. Org Synth, 1973, Coll Vol 5: 547.

【反应说明】 该反应是 Homer-Wadsworth-Emmons 反应，是醛酮与磷酸酯反应生成 α,β-不饱和羧酸酯的反应。

【反应机理】

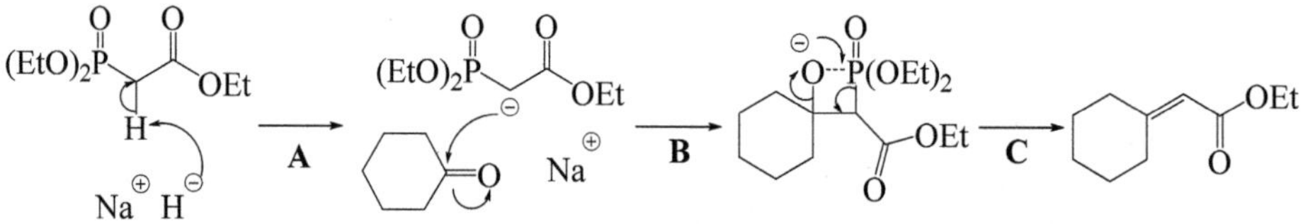

Na^+H^-；A, B, C

A—磷酸酯被碱夺去一个质子变成磷酸负离子；**B**—磷酸负离子在酮羰基上加成；**C**—醇负离子进攻磷酸酯，然后消去一分子磷酸负离子生成烯。

反应实例 3

(TosMIC)

^tBuOK, EtOH, DME, 5 ~ 40 ℃

Oldenziel O H, Wildeman J, van Leusen A M. Org Synth, 1988, Coll Vol 6: 41.

【反应说明】该反应是酮与 TosMIC 在碱性条件下反应转变为腈的反应。

【反应机理】

ArO_2S NC H $^tBuO^-$ —A→ ArO_2S NC R R^1 O → R R^1 O C N SO_2Ar —B→

H-OEt O N R R^1 H SO_2Ar → R R^1 O N H SO_2Ar OEt → O N R R^1 SO_2Ar H-OEt →

H O N OEt R R^1 SO_2Ar —C→ OEt O N R R^1 S Ar O O —$-Ar-S(O)-O^-$→ R R^1 N

Ar = (4-Me-C_6H_4)

A—亚甲基脱去一个质子形成碳负离子；B—氧负离子在异腈上发生分子内加成，形成噁唑啉负离子；C—脱去一分子甲酸酯，同时消去一个对甲苯亚磺酸负离子得到产物［pK_a($PhSO_2H$) = 1.5，pK_a(EtOH) = 16］。

反应实例 4

1) $ArSO_2NHNH_2$, HCl, MeCN, 室温

2) n-BuLi (2.2 eq), THF, −78 ~ 0 ℃

PhCOPh, 0 ℃

Ar = 2,4,6-$^iPr_3C_6H_2$

Rupert K C, Liu C C, Nguyen T T, et al. Organometallics, 2002, 21: 144.

【反应说明】该反应是 Shapiro 反应，首先酮与肼反应生成腙，然后腙与正丁基锂反应生成烯。

【反应机理】

Me Me Me Me O ≡ O $\xrightarrow[-H_2O\ \ \mathbf{A}]{ArSO_2NHNH_2}$ N N H SO_2Ar $\xrightarrow[\mathbf{B}]{n\text{-BuLi (2 eq)}}$

N ⊖ N SO_2Ar ⊖ $\xrightarrow[\mathbf{C}]{-ArSO_2}$ N N ⊖ $\xrightarrow[\mathbf{D}]{-N_2}$ ⊖ O Ph Ph

⟶ Ph Ph O ⊖ $\xrightarrow[+H^{\oplus}]{\text{后处理}}$ Ph Ph OH ≡ Me Me Ph Ph OH Me Me

A—酮与肼反应形成腙；**B**—腙被正丁基锂夺去两个氢形成腙负离子；**C**—消去一个亚硫酸负离子［pK_a(RSO_2H) = 1.5］; **D**—脱去一分子氮气形成烯碳负离子，然后与酮发生亲核加成反应生成产物。

反应实例 5

CHO $\xrightarrow[\text{2) } MeLi,\ THF,\ -10\ ℃;\ H_3O^{\oplus}]{\text{1) } CCl_3CO_2H,\ CCl_3CO_2Na,\ DMF,\ \text{室温};\ Ac_2O,\ \text{室温};\ Zn,\ AcOH,\ 60\ ℃}$

Wang Z, Campagna S, Xu G, et al. Tetrahedron Lett, 2000, 41: 4007.

【反应说明】该反应是 Corey-Fuchs 反应的衍生反应，是由醛合成炔的反应。

【反应机理】

Cl Cl Cl O O ⊖ $\xrightarrow[\mathbf{A}]{-CO_2}$ Cl Cl Cl ⊖ H O ⟶ O ⊖ Cl Cl Cl H O O CH_3 ⟶ OH Cl Cl Cl $\xrightarrow{Ac_2O}$

OAc Cl Cl Cl $\xrightarrow[\mathbf{B}]{Zn}$ OAc Cl Cl Cl :Zn ⟶ Cl Cl $\xrightarrow[\mathbf{C}]{MeLi}$ Cl Cl ⊖ Me ⟶

⊖ Cl ⟶ H : ⟶ ≡H $\xrightarrow{MeLi}$ ≡⊖ $\xrightarrow[+H^{\oplus}]{\text{后处理}}$ ≡H

A—脱羧形成氯仿负离子[pK_a($CHCl_3$) = 13.6]；**B**—用锌还原形成二氯烯烃；**C**—进行 Corey-Fuchs 反应得到产物。

反应实例 6

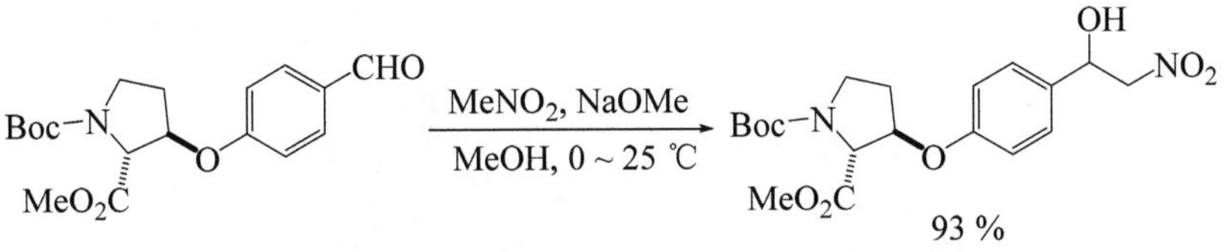

Heffner R J, Jiang, J, Joullie M M. J Am Chem Soc, 1992, 114: 10181.

【**反应说明**】该反应是 Henry 延长碳链反应，在碱性条件下硝基甲烷负离子进攻羰基加成得到邻硝基醇。

【**反应机理**】

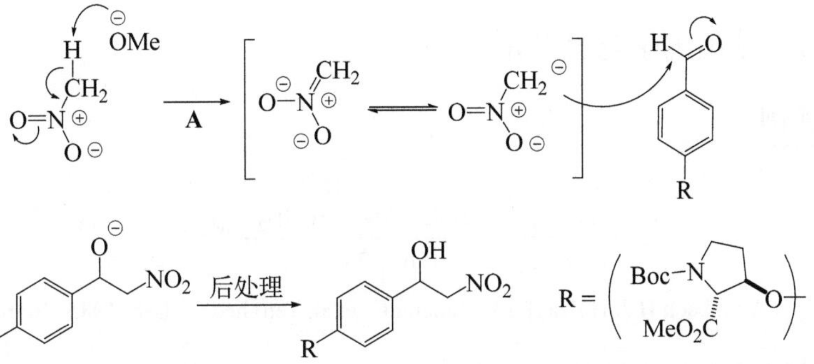

A—甲氧负离子夺取硝基甲烷上的质子形成硝基甲烷负离子[pK_a(CH_3NO_2) = 10.2，pK_a(EtOH) = 16]；**B**—硝基甲烷负离子进攻醛羰基，亲核加成后，通过后处理得到质子生成产物。

反应实例 7

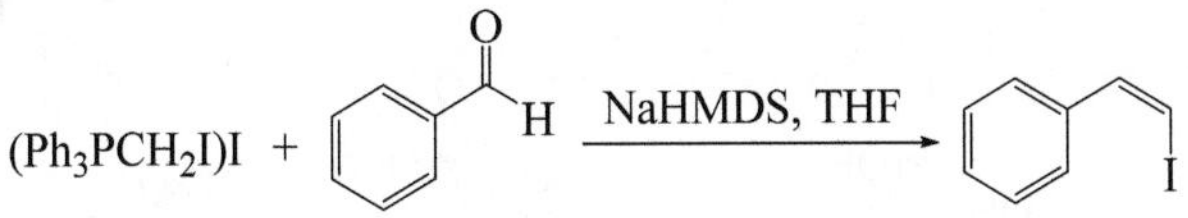

Gilbert S, Zhao K. Tetrahedron Lett, 1989, 30: 2173.

【**反应说明**】该反应是 Stork-赵康烯化反应，此反应利用(碘甲基)三苯基碘化鏻和二(三甲基硅基)氨基钠（NaHMDS）反应得到磷叶立德，接着和醛反应得到(*Z*)-乙烯基碘，其可以作为交叉偶联反应的重要前体。

【反应机理】

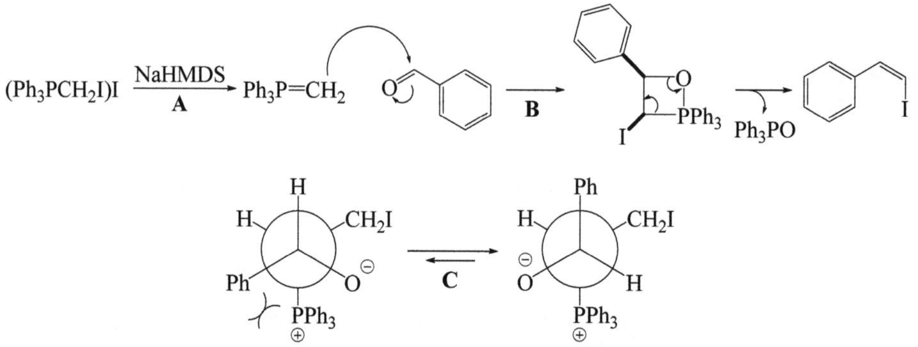

$(Ph_3PCH_2I)I \xrightarrow[A]{NaHMDS} Ph_3P{=}CH_2$ 　O　$\xrightarrow{B}$　O　PPh_3　I　$\xrightarrow{-Ph_3PO}$　I

H　H　CH_2I　Ph　$O^{\ominus}$　$\overset{\oplus}{P}Ph_3$　$\underset{C}{\rightleftharpoons}$　Ph　H　CH_2I　$^{\ominus}O$　H　$\overset{\oplus}{P}Ph_3$

A—(碘甲基)三苯基碘化鏻和 NaHMDS 反应得到磷叶立德；**B**—磷叶立德和醛反应，经四元环过渡态脱去一分子三苯基氧膦得到顺式碘烯；**C**—磷叶立德和醛加成时，苯基与三苯基膦呈反式构象是优势构象。

5.4.4　碳负离子与酯加成

反应实例

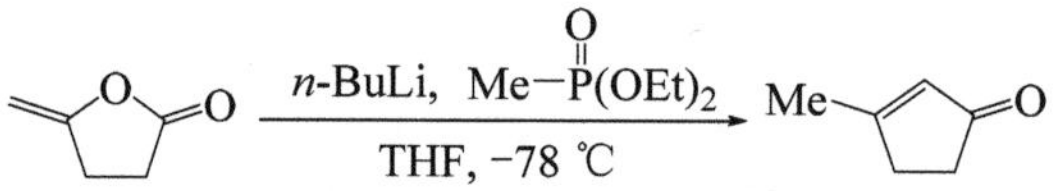

$\xrightarrow[THF,\ -78\ ℃]{n\text{-BuLi},\ Me{-}P(O)(OEt)_2}$ Me　O

Altenbach H J, Holzapfel W, Smerat G, et al. Tetrahedron Lett, 1985, 26: 6329.

【反应说明】该反应是 Horner-Wadsworth-Emmons 反应的衍生反应。

【反应机理】

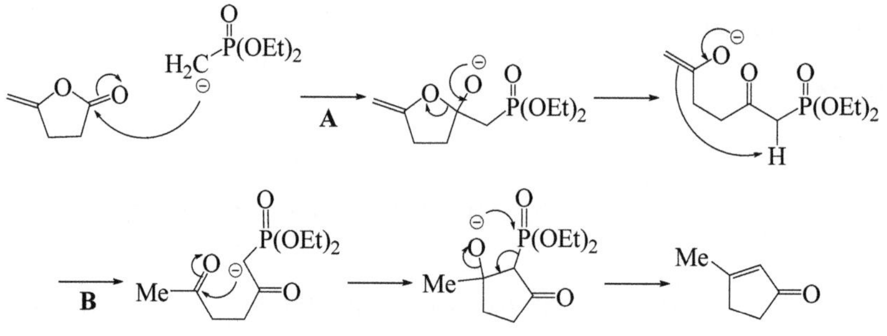

O　O　$H_2\overset{\ominus}{C}{-}P(O)(OEt)_2$　$\xrightarrow{A}$　O　$O^{\ominus}$　$P(O)(OEt)_2$　$\longrightarrow$　$O^{\ominus}$　O　$P(O)(OEt)_2$　H

$\xrightarrow{B}$ Me　O　$P(O)(OEt)_2$　O　$\longrightarrow$　Me　$O^{\ominus}$　$P(O)(OEt)_2$　O　$\longrightarrow$　Me　O

A—甲基膦酸二乙酯负离子在烯醇内酯上加成；**B**—分子内 Horner-Wadsworth-Emmons 反应。

5.4.5 碳负离子与亚胺加成

反应实例

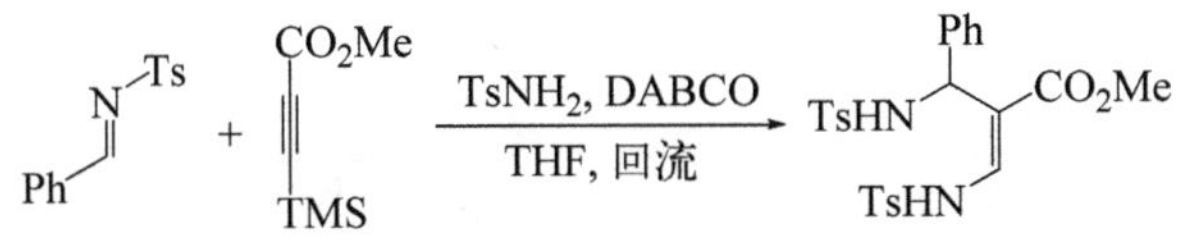

Matsuya Y, Hayashi K, Wada A, et al. J Org Chem, 2008, 73: 1987.

【反应说明】该反应是以 1,4-二氮二环[2.2.2]辛烷（DABCO）为亲核催化剂，把亚胺、炔、胺三个化合物偶联在一起生成双磺酰胺化合物的反应。

【反应机理】

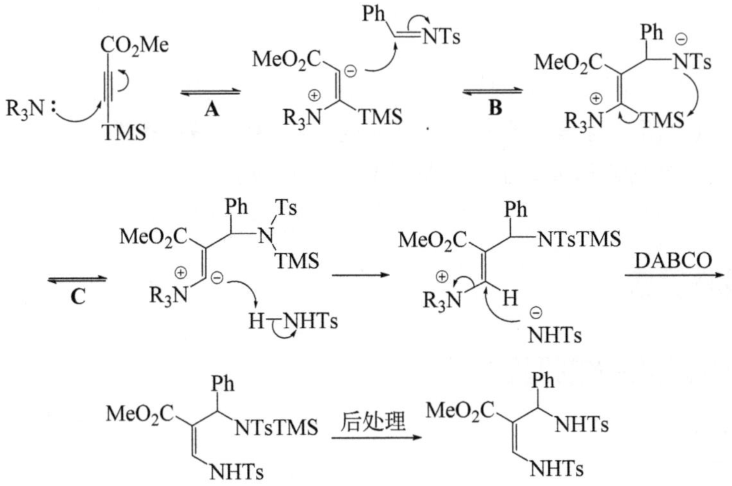

A—DABCO 加成到炔上形成烯负离子；**B**—烯负离子进攻磺酸胺形成磺酸胺负离子；**C**—分子内硅基迁移。

5.4.6 碳负离子与苯环加成

反应实例

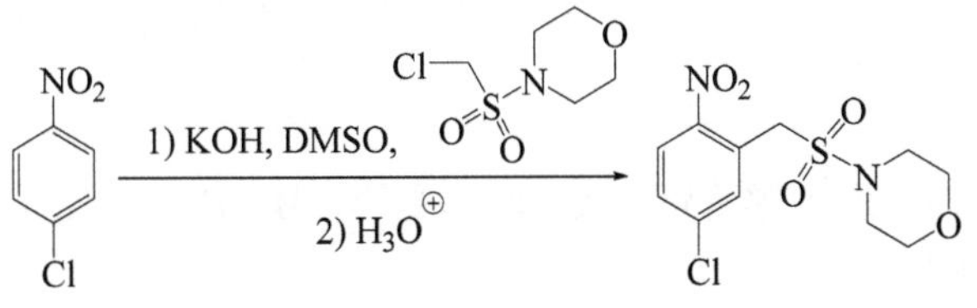

Lawrence N J, Liddle J, Bushell S M, et al. J Org Chem, 2002, 67: 457.

【反应说明】该反应是含有强吸电子基的芳香化合物，在碱性条件下与碳负离子试剂发生先加成后消除的芳香亲核取代反应（S_NAr）。

【反应机理】

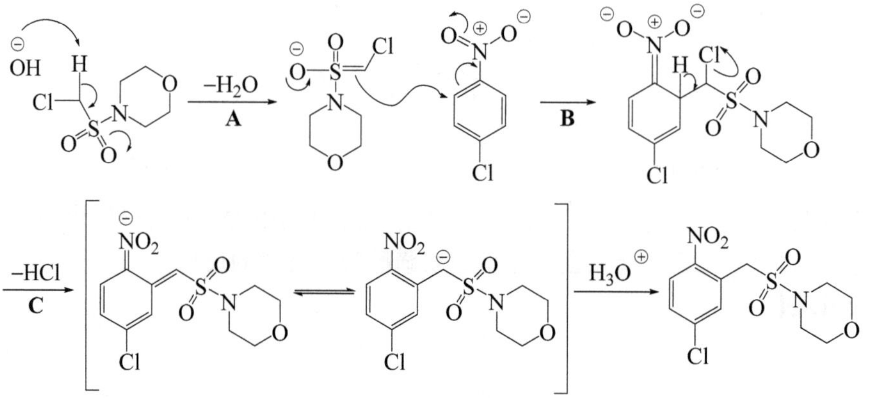

A—氢氧根负离子夺取磺酰胺氯甲基的质子，共轭形成磺酰胺氧负离子；B—磺酰胺氧负离子与硝基苯发生亲核加成反应；C—碱性条件下脱去一分子 HCl 后，电子转移形成苄基负离子，最后酸化得到产物。

5.5 偶联反应

5.5.1 钯作为催化剂偶联

反应实例 1

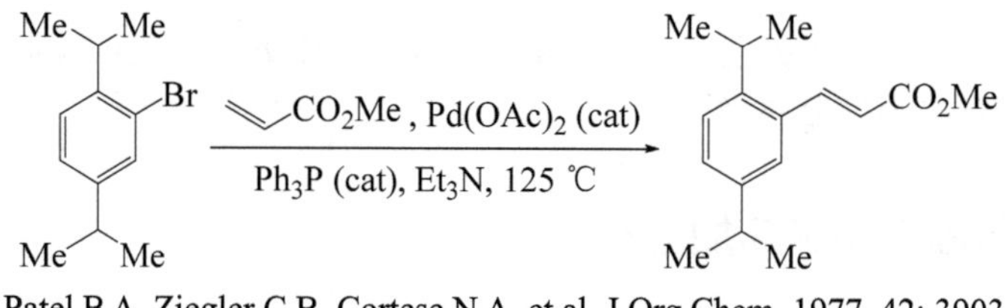

Patel B A, Ziegler C B, Cortese N A, et al. J Org Chem, 1977, 42: 3903.

【反应说明】该反应是 Heck 反应，是在钯催化剂的作用下卤代芳烃和与烯发生偶联的反应。

【反应机理】

首先乙酸钯被还原到零价钯：**A**—配体交换；**B**—β 消除反应；**C**—消去一分子乙酸得到零价钯。

$$AcO{-}Pd{-}OAc\ (Et_3N:) \xrightarrow[\textbf{A}]{-OAc} AcO{-}Pd{-}\overset{\oplus}{N}Et_2\ (H{-}C(H)(Me)) \xrightarrow[\textbf{B}]{-\ H(Me)C{=}\overset{\oplus}{N}Et_2} AcO{-}Pd{-}H \xrightarrow[\textbf{C}]{-AcOH} Pd(0)L_n$$

其次，进行：**D**—氧化加成反应；**E**—烯碳插入钯与芳碳中；**F**—发生 β-消除反应得到产物；**G**—消去一分子溴化氢回到零价钯。

Me　Me
Br
Me　Me
D
Me　Me
Br
PdL_n
Me　Me
CO_2Me
E
Me　Me
CO_2Me
H
PdL_n
Br
Me　Me
$Pd(0)L_n$
HBr
G
F
Me　Me
CO_2Me
Me　Me
Br
$H{-}PdL_n$

反应实例 2

CHO　$B(OH)_2$

Br

$$\text{4-Br-}C_6H_4CHO + PhB(OH)_2 \xrightarrow[n\text{-PrOH-}H_2O,\ \text{回流}]{Pd(OAc)_2\ (\text{催化剂}),\ Ph_3P\ (\text{催化剂}),\ Na_2CO_3} \text{4-Ph-}C_6H_4CHO$$

Huff B E, Koenig T M, Mitchell D, et al. Org Synth, 2002, Coll Vol 10: 102.

【反应说明】该反应为 Suzuki-Miyaura 交叉偶联反应，是卤代芳烃与硼酸或硼酸酯在钯催化作用下进行偶联的反应。

【反应机理】

① 用三苯基膦把乙酸钯还原为零价钯。

$$Pd(OAc)_2 \xrightarrow{2Ph_3P} (AcO)(OAc)Pd(PPh_3)(Ph_3P) \longrightarrow (AcO)Pd^{\oplus}(Ph_3P)(PPh_3)\ \ \overset{\ominus}{O}Ac \longrightarrow (AcO)Pd(Ph_3P)\overset{\oplus}{P}Ph_3\ \ \overset{\ominus}{O}Ac$$

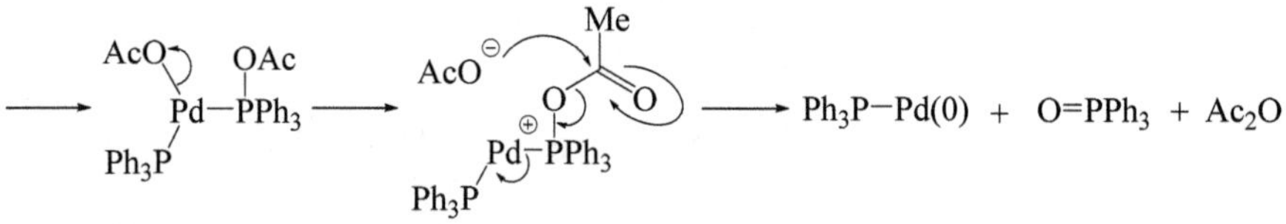

② 硼酸在碱性环境中被活化。

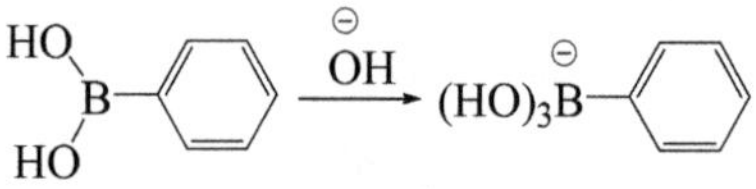

③ **A**—氧化加成；**B**—金属配位基交换；**C**—还原消去。

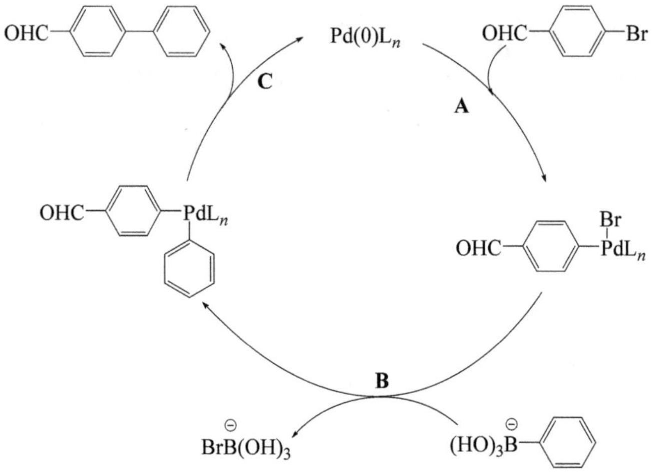

反应实例 3

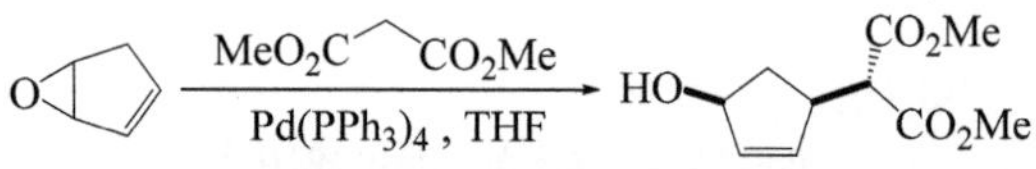

Trost B M, Molander G A. J Am Chem Soc, 1981, 103: 5969.

【反应说明】该反应是将 α,β-不饱和环氧乙烷与丙二酸二甲酯偶联延长碳链的反应。

【反应机理】

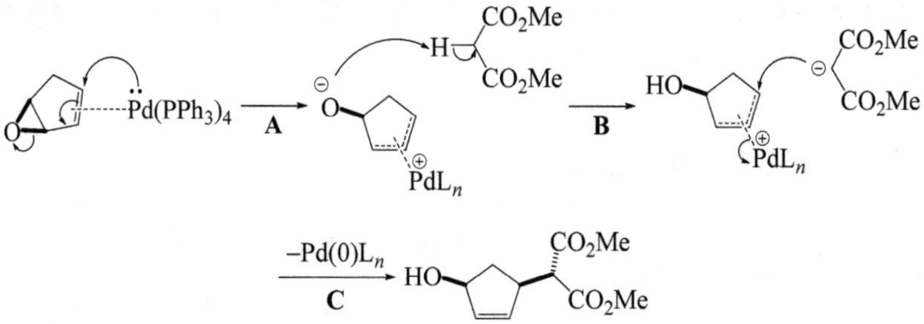

A—钯从环氧丙烷的反面进攻，然后烯丙基与钯形成络合物；**B**—氧负离子从丙二酸二甲酯上得到一个氢形成醇［pK_a(ROH) = 17，pK_a($RO_2CCH_2CO_2R$) = 13］；**C**—丙二酸二甲酯负离子从位阻较小的钯的反面进攻烯丙基钯络合物选择性地生成了产物。

反应实例 4

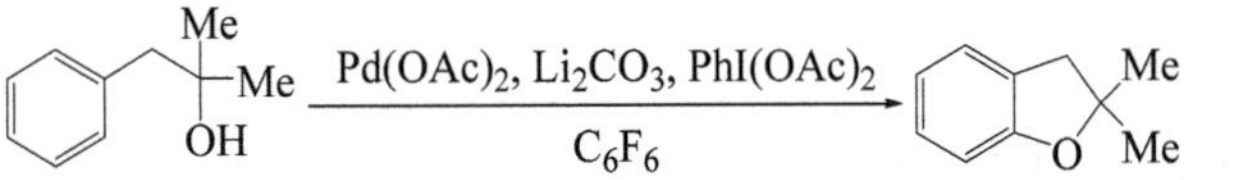

Me
Me
OH
Pd(OAc)2, Li2CO3, PhI(OAc)2
C6F6
Me
O
Me

Wang X S, Lu Y, Dai H X, et al. J Am Chem Soc, 2010, 132: 12203.

【反应说明】该反应是余金权碳氢活化反应，在催化剂 Pd 作用下苯环取代基上的羟基氧与邻位碳偶联形成苯并二氢呋喃。

【反应机理】

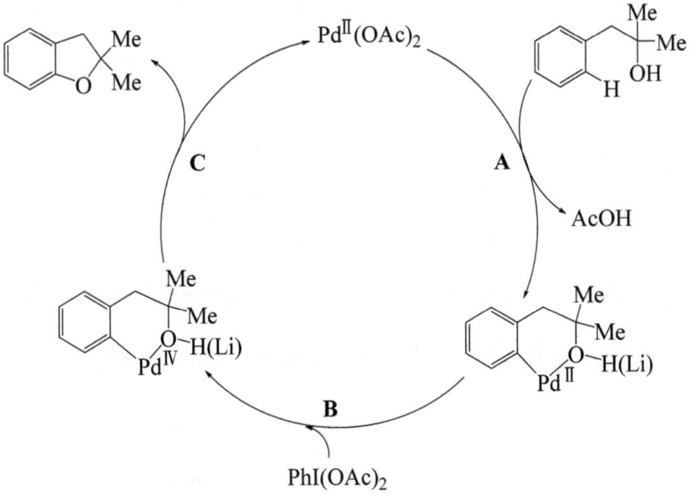

Pd^II(OAc)2
Me
Me
OH
H
A
AcOH
C
Me
O
Me
Me
Me
O
H(Li)
Pd^II
B
PhI(OAc)2
Me
Me
O
H(Li)
Pd^IV

A—二价钯氧化插入碳氢键中，同时脱去乙酸分子；**B**—二价钯被氧化为四价；**C**—催化剂脱除，同时关环生成苯并二氢呋喃杂环。

5.5.2　铑作为催化剂偶联

反应实例 1

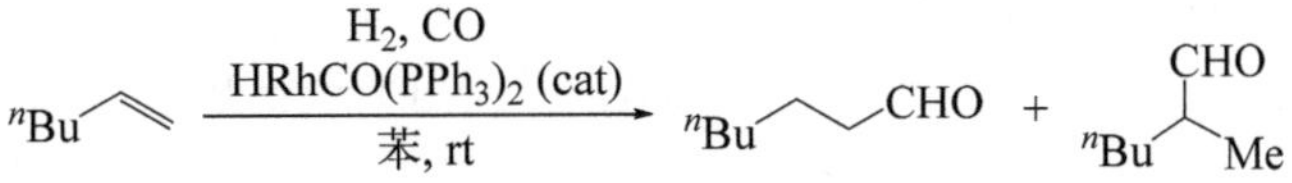

H2, CO
HRhCO(PPh3)2 (cat)
苯, rt
nBu
nBu
CHO
+
CHO
nBu
Me

Hallman P S, McGarvey B R, Wilkinson G. J Chem Soc (A), 1968: 3143.

【反应说明】该反应是在碳碳双键上插入羰基的反应。

【反应机理】

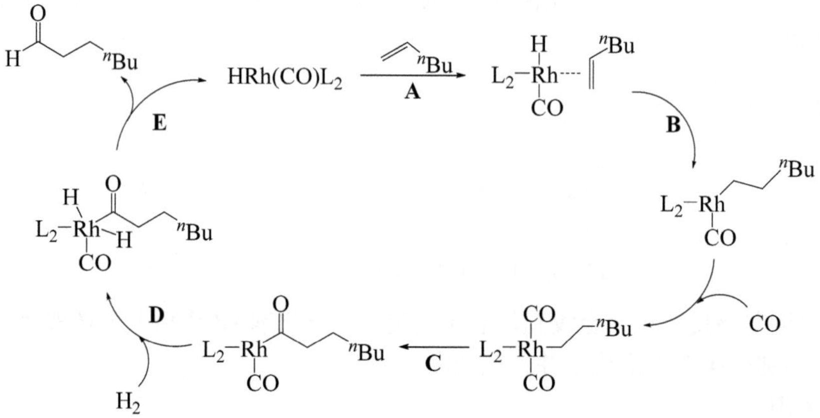

A—铑催化剂与烯络合；B—氢金属化反应；C—在铑碳键中插入羰基；D—在金属铑上氧化加氢；E—脱去一分子产物，同时铑催化剂也被复原。

反应实例 2

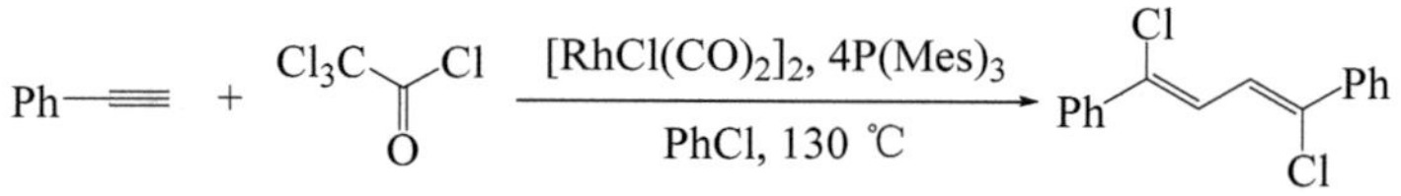

Kashiwabara T, Fuse K, Muramatsu T, et al. J Org Chem, 2009, 74: 9433.

【反应说明】该反应是以铑作催化剂，把苯乙炔和三氯乙酰氯偶联生成 1,4-二氯二苯基-1,3-丁二烯的反应。

【反应机理】

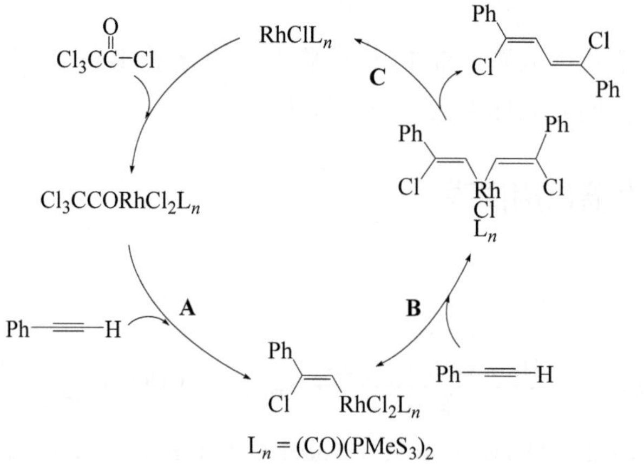

L_n = (CO)(PMeS$_3$)$_2$

A—氧化加成；**B**—金属催化剂配体交换；**C**—催化剂还原，同时生成共轭二烯。

反应实例3

Ph, CH_3, O → $Rh(I)(RH_2)_2$ → Ph, CH_2, O

R = H, H, Ph_2PO, $OPPh_2$

Cao P, Wang B, Zhang X M. J Am Chem Soc, 2000, 122: 6490.

【反应说明】 该反应是张绪穆烯炔环异构化反应。

【反应机理】

Ph, CH_2, O; $H_2R{-}Rh{-}RH_2$ (Ⅰ); Ph, CH_3, O; A; B; C; D; R, R, Rh, H, Ph, CH_2, H, O; Ph, R, R, Rh, CH_3, O; R, R, Ph, Rh, CH_3, H, O

A—首先底物中的两个不饱和键同时与手性铑催化剂络合；**B**—通过氧化环化得到铑杂环丁烯中间体；**C**—然后进行立体选择性的 β-H 消除；**D**—接着还原消除，生成产物，完成催化循环。

5.5.3　重氮酮与硼烷偶联

反应实例

N_2, O, Ph → $(C_6H_{13})_3B$ / THF-H_2O, 回流 → C_6H_{13}, O, Ph

Kono H, Hooz J. Org Synth, 1988, Coll Vol 6: 919.

【反应说明】 该反应是用重氮酮与硼烷制备酮的反应。

【反应机理】

$$\text{重氮酮} + B(C_6H_{13})_3 \xrightarrow{A} \text{盐} \xrightarrow[B]{-N_2} \xrightarrow{C} C_6H_{13}CH{=}C(Ph)OB(C_6H_{13})_2 \xrightarrow[+H^{\oplus}]{\text{后处理}} C_6H_{13}CH_2C(O)Ph$$

A—重氮酮进攻路易斯酸硼烷形成盐；B—硼烷上的一个正己基迁移，同时消去一分子氮气；C—分子内环化形成烯醇硼化物。

5.5.4 铜作为催化剂偶联

反应实例 1

$$Ph{-}{\equiv} + Me_3SiCF_3 \xrightarrow[\text{DMF, 100 ℃}]{\text{CuI, phen, KF}} Ph{-}{\equiv}{-}CF_3 + Ph{-}{\equiv}{-}{\equiv}{-}Ph \quad 93:2$$

Chu L L, Qing F L. J Am Chem Soc, 2010, 132: 7262.

【反应说明】该反应是三氟甲基和末端炔的偶联反应（含有三氟甲基的化合物已经广泛运用在高分子材料、农业和药学领域）。

【反应机理】

phen，CuI，A，$^{\ominus}CF_3$，路径-Ⅱ，路径-Ⅰ，$Ph{-}{\equiv}{-}H$，[O]，B，$Ph{-}{\equiv}{-}{\equiv}{-}Ph$，$Ph{-}{\equiv}{-}CF_3$

A—金属催化剂配体交换形成 $CuCF_3$ 络合物；B—氧化附加反应。

反应实例 2

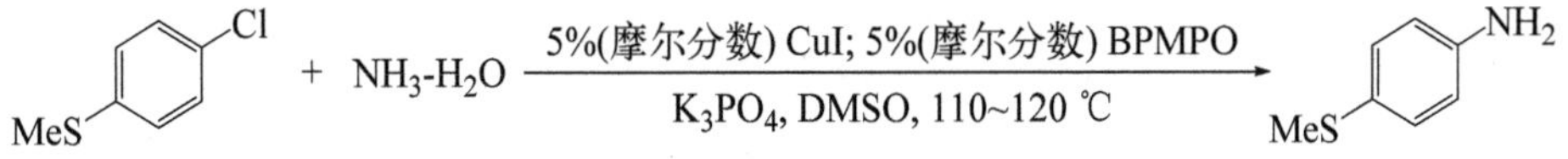
Cl
MeS
NH3-H2O
5%(摩尔分数) CuI; 5%(摩尔分数) BPMPO
K3PO4, DMSO, 110~120 ℃
NH2
MeS

Fan M Y, Zhou W, Jiang Y W, et al. Org Lett, 2015, 17: 5934.

【反应说明】 该反应是 Ullmann-马大为反应，用草酰二胺作配体突破了 Ullmann 反应条件苛刻和普适性差的局限。

【反应机理】

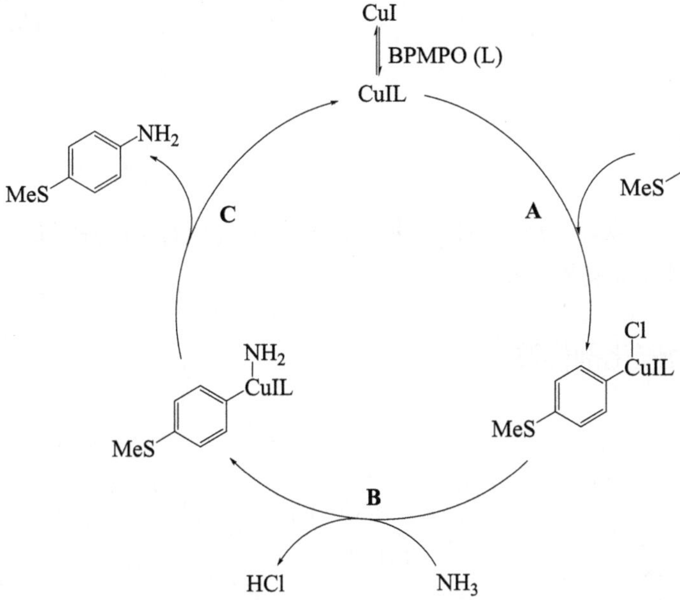
CuI
BPMPO (L)
CuIL
Cl
MeS
A
Cl
CuIL
MeS
B
HCl
NH3
NH2
CuIL
MeS
C
NH2
MeS

A—被 BPMPO 活化的催化剂铜氧化插入氯苯；**B**—氯与氨基进行交换；**C**—催化剂还原脱除得到苯胺。

5.5.5 钌作为催化剂偶联

反应实例

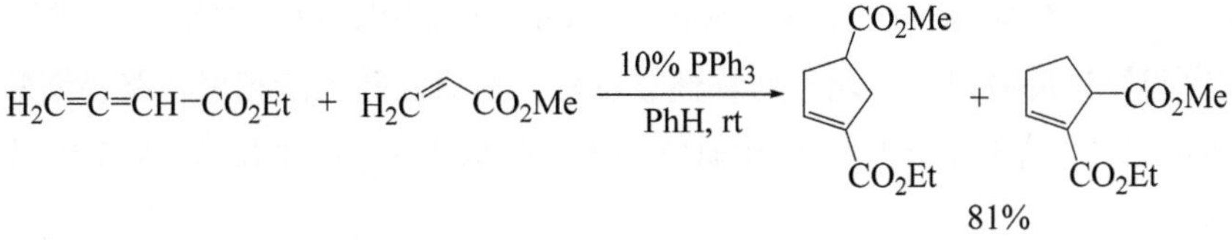
H2C=C=CH−CO2Et + H2C=CHCO2Me
10% PPh3
PhH, rt
CO2Me
CO2Et
+
CO2Me
CO2Et
81%

Zhang C, Lu J. Org Chem, 1995, 60: 2906.

【反应说明】该反应是陆熙炎环化反应，是联烯与烯烃在有机膦的催化下，通过[3+2]环化得到五元环化合物的反应。

【反应机理】

CO_2Me CO_2Et + CO_2Me CO_2Et C PPh_3 $H_2C{=}C{=}CH{-}CO_2Et$ A

$Ph_3P^{\oplus}$ CO_2Me $^{\ominus}$ CO_2Et ⇌ CO_2Me $Ph_3P^{\oplus}$ $^{\ominus}$ CO_2Et $^{\ominus}$ CO_2Et $PPh_3^{\oplus}$ ⇌ $^{\ominus}$ CO_2Et $PPh_3^{\oplus}$

B $H_2C{=}CH{-}CO_2Me$

A—三苯基膦与联烯加成生成烯丙基负离子；**B**—[3+2]环化得到五元环化离子；**C**—脱去三苯基膦得到环戊烯。

5.5.6 钪作为催化剂偶联

反应实例

Et-O-C(O)-C(=N_2)-Bn + PhCHO $\xrightarrow[CH_2Cl_2,\ -20\ ℃]{L\text{-}Sc(OTf)_3}$ PhC(O)-C*H(Bn)-C(O)-O-Et

L = （N,N'-二氧化物配体：O=C-N-H R，N⊕-O⊖，H-N R）

$R = 2,6\text{-}^{i}Pr_2\text{-}C_6H_3$

Li W, Wang J, Hu X L, et al. J Am Chem Soc, 2010, 132: 8532.

【反应说明】该反应是冯小明不对称偶联反应，重氮乙酸乙酯和醛在路易斯酸及手性配体催化下，伴随着氢的迁移和氮气的离去生成手性 *β*-酮酯，被称为 Roskamp-Feng 反应。

【反应机理】

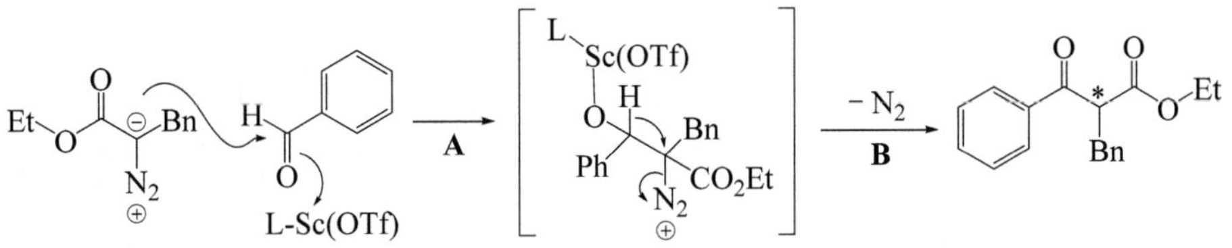

A—重氮乙酸乙酯的 α-碳负离子在路易斯酸和手性配体催化下与醛进行亲核加成反应；B—氢迁移同时脱去一分子氮气，生成产物。

5.5.7 金作为催化剂偶联

反应实例 1

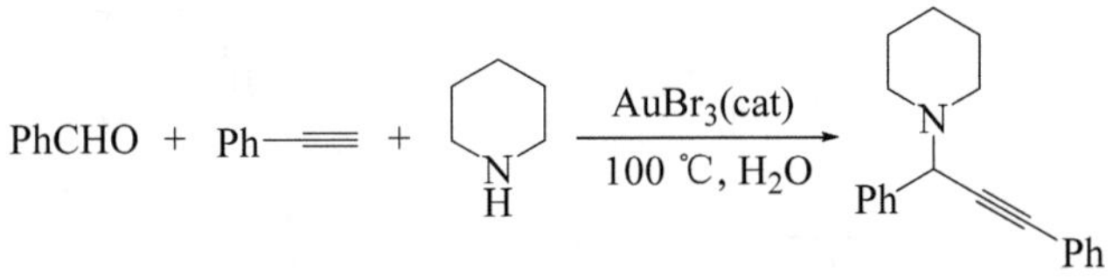

Wei C M, Li C J. J Am Chem Soc, 2003, 125: 9584.

【反应说明】该反应是李朝军三组分缩合反应，是在过渡金属金催化下醛、炔、胺三组分直接脱水缩合得到丙炔胺的反应。反应通常在水中进行。

【反应机理】

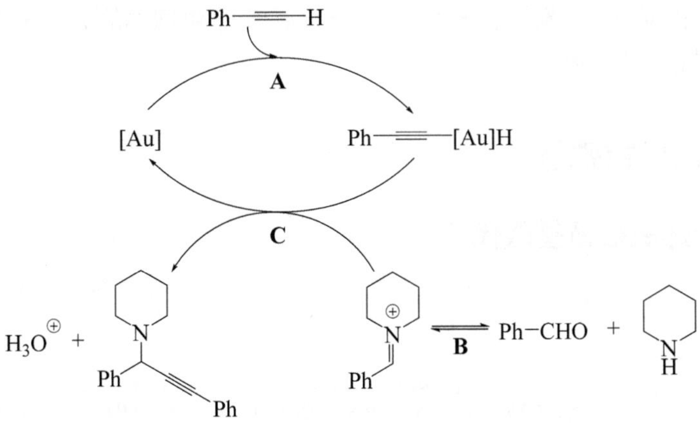

A—金催化剂插入末端炔，活化炔；B—哌啶与苯甲醛亲核加成，形成亚胺正离子；C—金活化的苯乙炔与亚胺正离子缩合得到产物，同时催化剂还原脱离。

反应实例 2

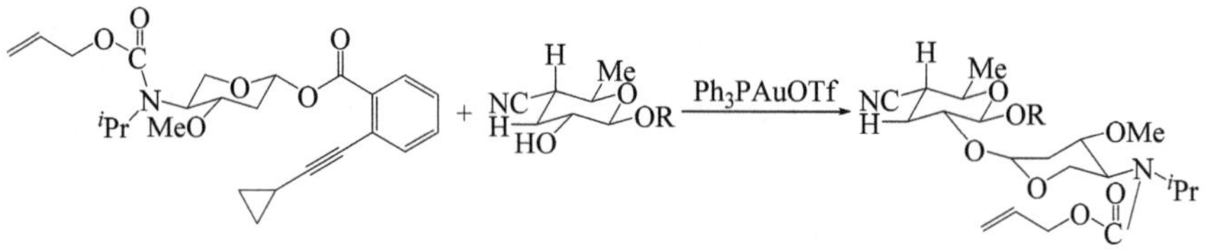

$\xrightarrow{Ph_3PAuOTf}$

Nicolaou K C, Li R F, Lu Z Y, et al. J Am Chem Soc, 2018, 140: 12120.

【反应说明】该反应是俞氏糖苷化反应，在 Au(Ⅰ)络合物（如 $Ph_3PAuOTf$、$Ph_3PAuNTf_2$）催化下，以糖基邻炔基苯甲酸酯为供体进行糖苷化反应。

【反应机理】

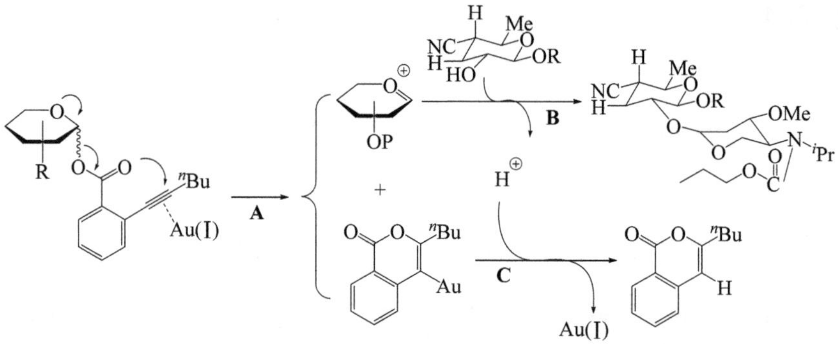

A B C Au(Ⅰ) $H^{\oplus}$ OP

A—金催化剂活化糖基，近端羰基氧进行分子内亲核加成，引发糖苷键的断裂，生成糖羰基鎓离子中间体和异香豆素-金中间体；**B**—糖羰基鎓离子中间体与醇糖进行苷化反应，得到糖苷产物；**C**—异香豆素-金中间体的 Au—C 键可以吸收质子实现 Au(Ⅰ)催化循环。

5.6 碳取代特殊氢

5.6.1 苯环氢被氰基取代

反应实例

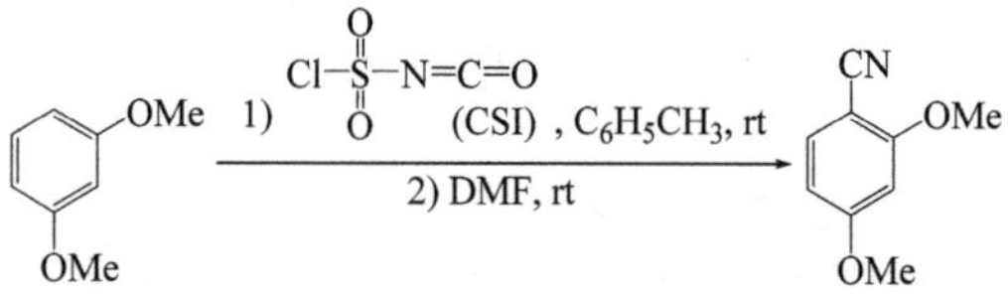

1) Cl—SO_2—N=C=O (CSI), $C_6H_5CH_3$, rt; 2) DMF, rt

Lohaus G. Chem Ber, 1967, 100: 2719.

【反应说明】该反应也是一种除 Sandmeyer 反应外的制备芳香腈的方法。

【反应机理】

Cl–S(O)(O)–N=C=O + 1,3-二甲氧基苯（OMe, :OMe） —A→ 中间体（Cl, O=S=O, ⊖N, O, H, OMe, OMe⊕） —DMF→ Cl, O=S=O, HN, O, OMe, OMe；H, O, N–Me, Me —B→

Me, ⊕N, Me, O=S–O, HN, O, OMe, OMe —$-H^{\oplus}$ / C→ O, O, S, N, O, Me, N, Me, OMe, OMe → O, ⊖O, S, N, O, Me, N⊕, Me, OMe, OMe —$-SO_3$ / $-DMF$→ CN, OMe, OMe

A—富电子的芳香化合物发生亲电取代反应；B—DMF的氧原子进攻磺酰氯；C—分子内环化，然后在氮原子孤对电子的推动下分裂生成芳香腈。

5.6.2 叔碳氢被羧基取代

反应实例

金刚烷 —t-BuOH, HCO_2H, H_2SO_4 / CCl_4, rt→ 1-金刚烷甲酸（CO_2H）

Koch H, Haaf W. Org Synth, 1973, Coll Vol 5: 20.

【反应说明】该反应是在金刚烷的叔碳上添加一个羧基而延长碳链的反应。

【反应机理】

Me_3C–OH —$+H^{\oplus}$→ Me_3C–$OH_2^{\oplus}$ —$-H_2O$ / A→ $Me_3C^{\oplus}$

H–C(O)–OH —$+H^{\oplus}$→ H–C(:O)–$OH_2^{\oplus}$ —$-H_2O$→ H–C≡$O^{\oplus}$ —$-H^{\oplus}$ / B→ $C^{\ominus}$≡$O^{\oplus}$

金刚烷–H + $Me_3C^{\oplus}$ —$-H-CMe_3$ / C→ 金刚烷$^{\oplus}$ + $C^{\ominus}$≡$O^{\oplus}$ —D→ 金刚烷–C≡$O^{\oplus}$ + H_2O: —$-H^{\oplus}$→ 金刚烷–C(O)OH

A—叔丁醇在酸性条件下形成稳定的叔碳正离子；B—甲酸在强酸作用下形成一氧化碳；C—叔碳正离子从金刚烷上夺取一个质子使金刚烷形成正离子；D—一氧化碳加成到金刚烷上形成酰基阳离子，然后加水生成产物。

5.6.3　苯环上插入羰基

反应实例 1

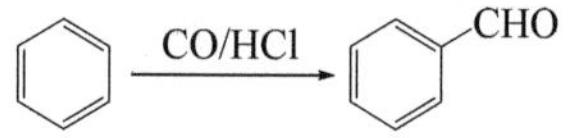

Gattermann L, Koch J A. Ber, 1897, 30: 1622.

【反应说明】 该反应是 Gattermann-Koch 甲酰化反应，在苯环上插入羰基得到苯甲醛。

【反应机理】

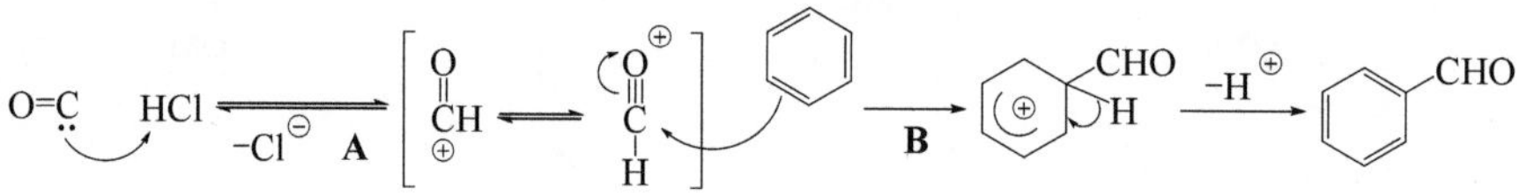

A——一氧化碳在氯化氢作用下形成甲酰正离子；**B**—苯环与甲酰正离子进行亲电取代反应得到产物。

反应实例 2

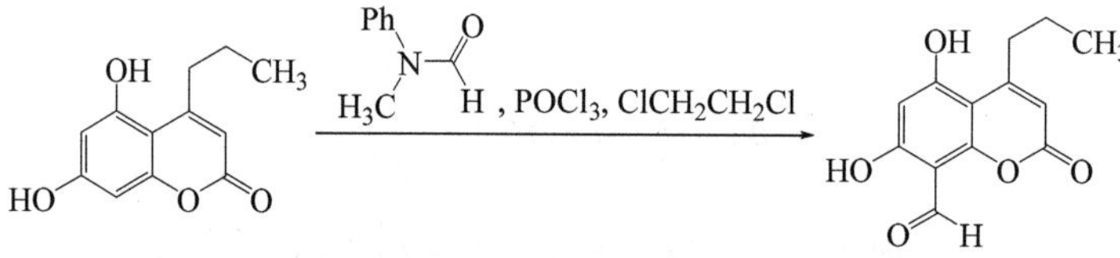

Deshpande P P, Tagliaferri F, Victory S F, et al. J Org Chem, 1995, 60: 2964.

【反应说明】 该反应是 Vilsmeier-Haack 甲酰化反应，甲酰胺与三氯氧磷反应生成 Vilsmeier 试剂，然后芳香化合物与 Vilsmeier 试剂发生亲电取代反应生成芳香甲醛。

【反应机理】

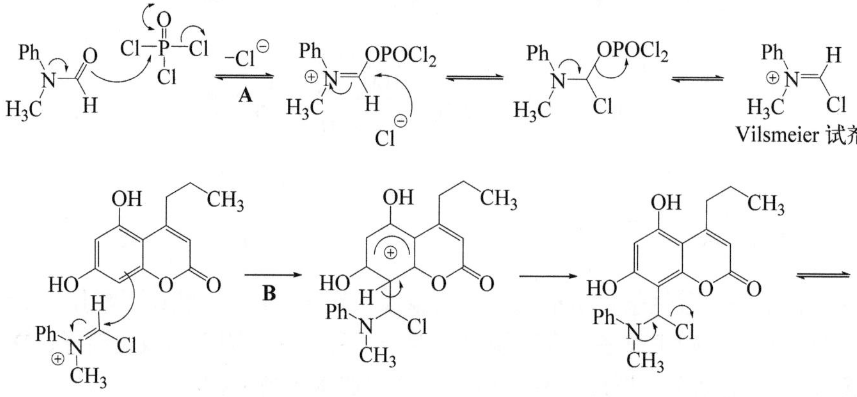

Vilsmeier 试剂

OH CH3 HO O O Ph N CH3 H2O:
$-H^{\oplus}$ / $+H^{\oplus}$ C
OH CH3 HO O O Ph N CH3 OH
−PhNHCH3
OH CH3 HO O O O H

A—甲酰胺与三氯氧磷反应生成 Vilsmeier 试剂；B—芳香化合物与 Vilsmeier 试剂发生亲电取代反应；C—加水后处理，脱去甲苯胺得到芳香甲醛。

反应实例 3

OBn OH
NaOH (40%), $CHCl_3$ / EtOH
CHO OBn OH

Makela T, Matikainen J, Wahala K, et al.　Tetrahedron, 2000, 56: 1873.

【反应说明】该反应是 Reimer-Tiemann 反应，是在碱性条件下酚的苯环上插入羰基形成苯甲醛的反应。

【反应机理】

Cl_2C—H Cl OH A Cl C Cl B OBn O
Cl Cl H OBn O +$H^{\oplus}$ / −$H^{\oplus}$ Cl H Cl OBn O −$Cl^{\ominus}$ C

Cl H OH OBn O D Cl H OH OBn O +$H^{\oplus}$ / −$H^{\oplus}$ Cl H O OBn OH −$Cl^{\ominus}$ E CHO OBn OH

A—氢氧根负离子夺取氯仿的氢，同时脱去一个氯负离子形成二氯卡宾（pK_a: $CHCl_3$ = 13.6，H_2O = 15.7）；B—碱性条件下酚羟基转化成氧负离子，在氧负离子的推动下，苯环与二氯卡宾发生亲电加成反应；C—分子内质子转移后，脱去一个氯负离子形成环己二烯酮；D—氢氧根负离子与环己二烯酮发生亲核共轭加成反应；E—分子内电子转移，再次脱去一个氯负离子得到苯甲醛。

5.6.4 苯环上插入羧基

反应实例

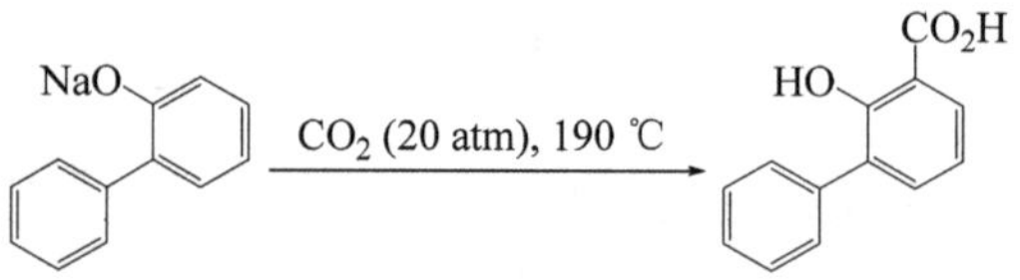

CO_2 (20 atm), 190 ℃

Dunne A M, Mix S. Tetrahedron Lett, 2003, 44: 2733.

【反应说明】该反应是 Kolbe-Schmit 反应，在高温碱性条件下酚与二氧化碳反应生成苯甲酸。

【反应机理】

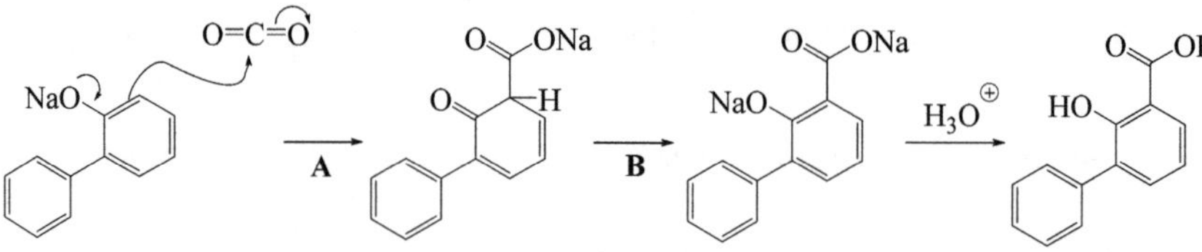

A—碱性条件下，酚羟基转变为氧负离子，在氧负离子推动下邻位与二氧化碳发生亲核加成反应；B—芳构化后酸化得到产物。

5.7 环加成反应

反应实例

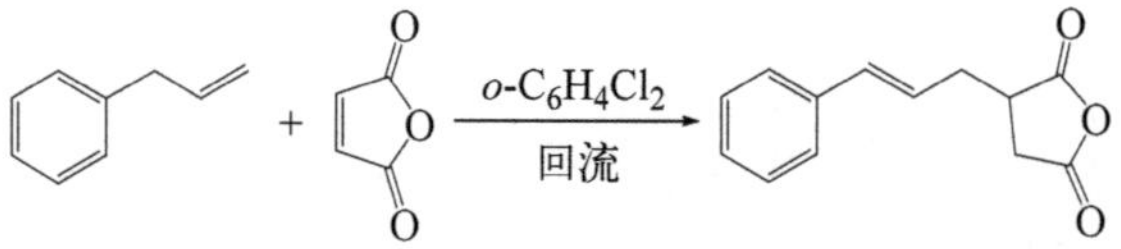

o-$C_6H_4Cl_2$ 回流

Rondestvedt C S. Org Synth, 1963, 4: 766.

【反应说明】该反应是 Ene 反应，也称氢烯丙基加成反应，是氢烯丙基与碳碳双键、碳氧双键、碳氮双键及碳硫双键等发生加成的反应。

【反应机理】

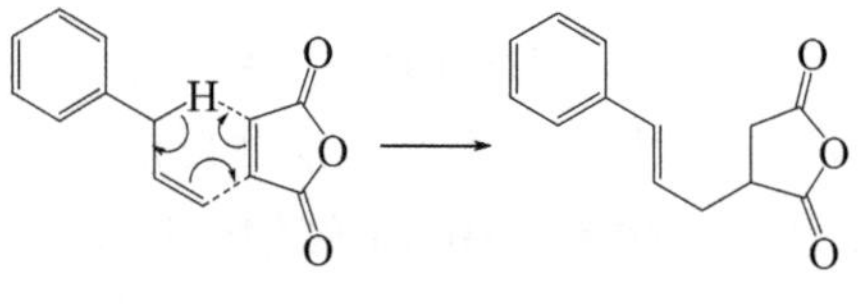

第 6 章

重排反应

6.1 酸性条件下重排

6.1.1 经由碳正离子重排

反应实例 1

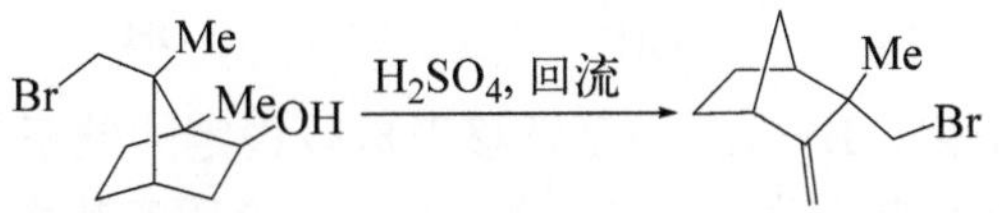

H_2SO_4, 回流

Zhong G F, Schlosser M. Synlett, 1994: 173.

【反应说明】 该反应为 Wagner-Meerwein 重排反应，是醇在酸性条件下形成碳正离子，由于伯、仲、叔碳的碳正离子稳定性不同，所以会发生重排反应。

【反应机理】

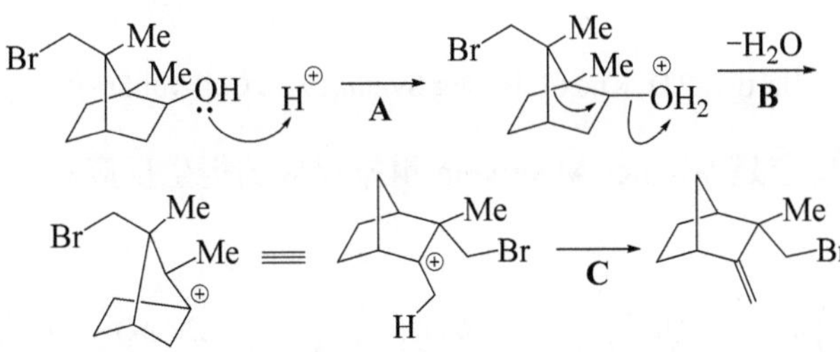

$-H_2O$

A—醇羟基质子化形成可以离去基团; **B**—在碳碳键迁移的推动下消去一分子水，形成较稳定的碳正离子；**C**—脱去质子形成烯烃。

反应实例 2

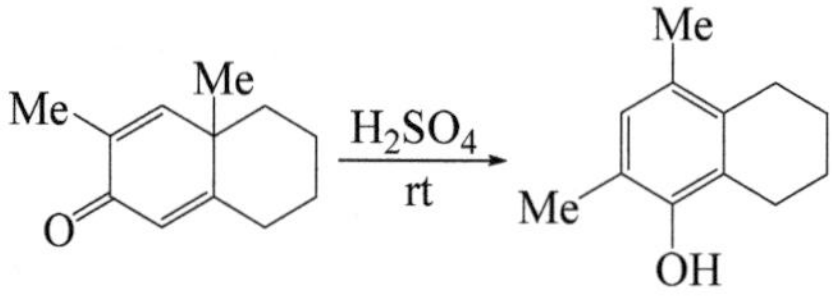

Waring A J, Zaidi J H, Pilkington J W. J Chem Soc, Perkin Trans 1, 1981: 1454.

【反应说明】 该反应为二烯酮-苯酚重排反应，是二烯酮在酸性条件下重排形成酚的反应。

【反应机理】

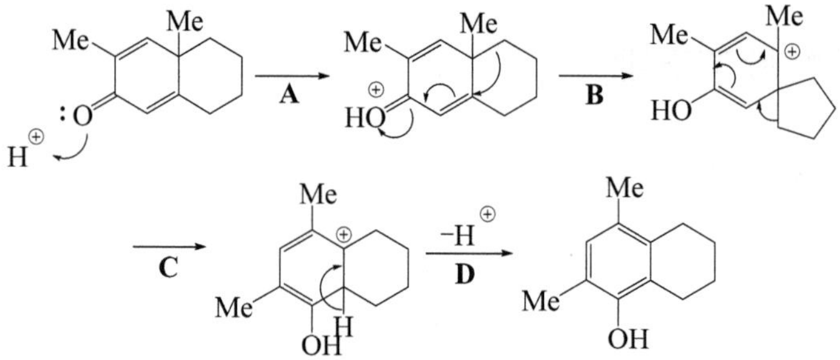

A—酮羰基质子化；**B**—1,2-烷基迁移形成较稳定的碳正离子；**C**—再次发生1,2-烷基迁移形成较稳定的碳正离子；**D**—脱去一个质子芳构化。

反应实例 3

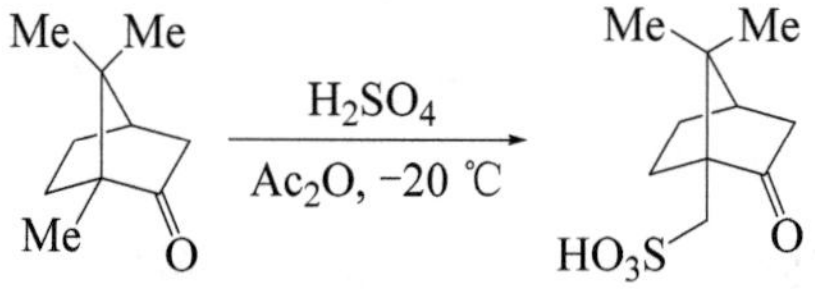

Bartlett P D, Knox L H. Org Synth, 1973, Coll Vol 5: 194.

【反应说明】 该反应是 Wagner-Meerwein 重排反应的衍生反应。

【反应机理】

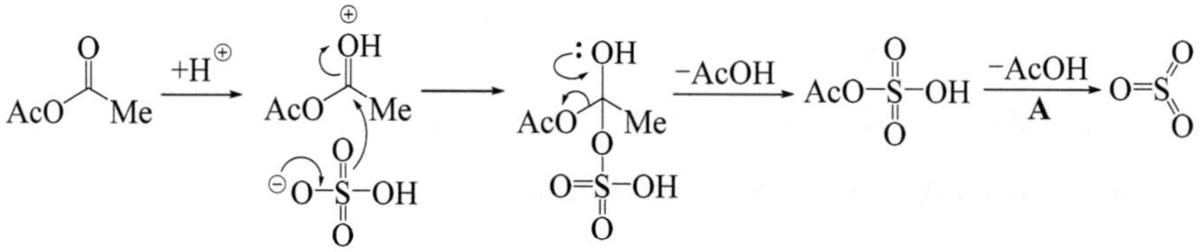

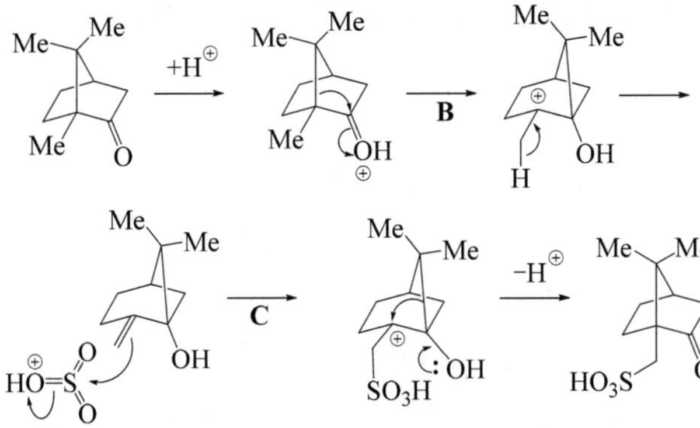

A—产生三氧化硫；B—发生 Wagner-Meerwein 重排；C—烯磺化形成稳定的叔碳正离子。

6.1.2 在邻位杂原子的孤对电子推动下重排

反应实例 1

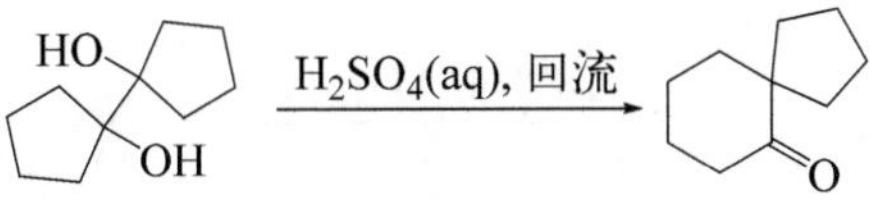

$H_2SO_4(aq)$, 回流

Walter C R Jr. J Am Chem Soc, 1952, 74: 5185.

【反应说明】该反应为频哪醇（pinacol）重排反应，是邻二醇在酸性条件下发生碳碳键迁移重排形成酮的反应。

【反应机理】

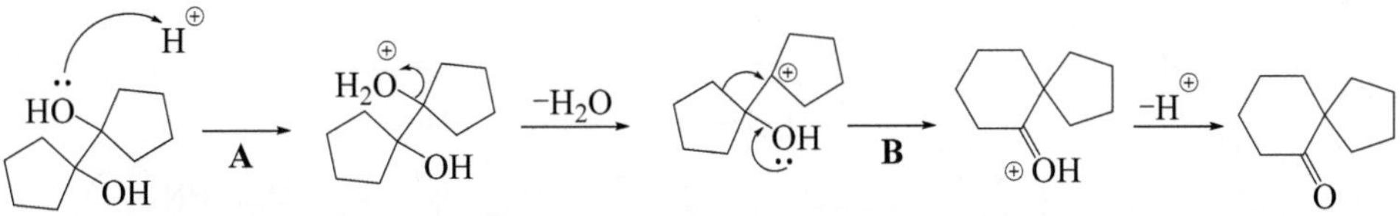

A—醇羟基质子化，然后消去一分子水形成叔碳正离子；B—在羟基氧孤对电子的推动下发生 1,2-烷基迁移，最后脱去一个质子形成酮。

反应实例 2

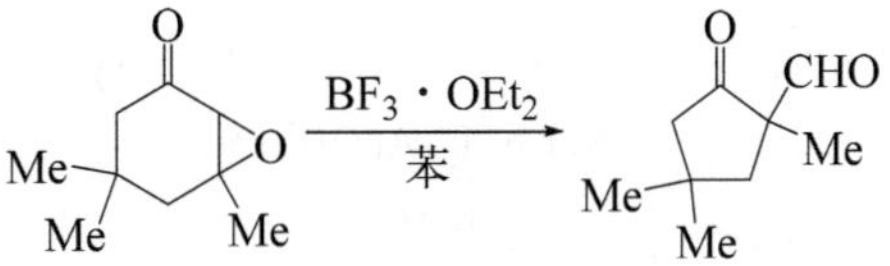

$BF_3 \cdot OEt_2$ 苯

Ryerson G D, Wasson R L, House H O. Org Synth, 1963, Coll Vol 4: 957.

【反应说明】 该反应为 Wagner-Meerwein 重排反应，可用该方法进行缩环。

【反应机理】

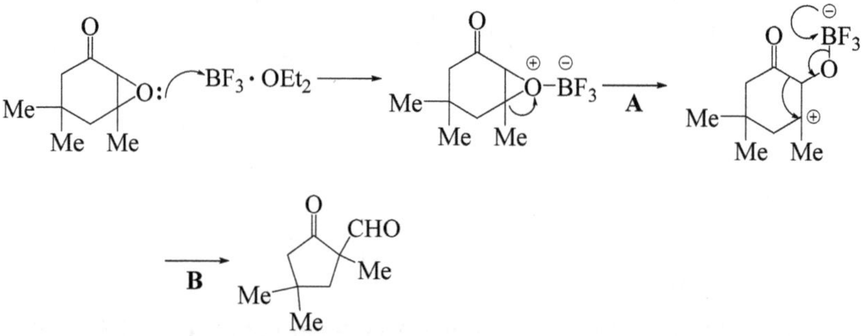

A—环氧乙烷开环形成更稳定的叔碳正离子；B—Wagner-Meerwein 重排。

6.1.3 易脱去一个稳定的分子引起重排

反应实例 1

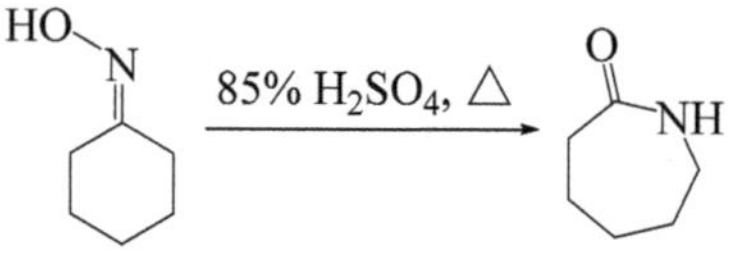

$85\%\ H_2SO_4$, △

Eck J C, Marvel C S. Org Synth, 1943, Coll Vol 2: 76.

【反应说明】 该反应为 Beckmann 重排反应，是肟在酸性条件下发生重排形成内酰胺的反应。可用该反应进行扩环。

【反应机理】

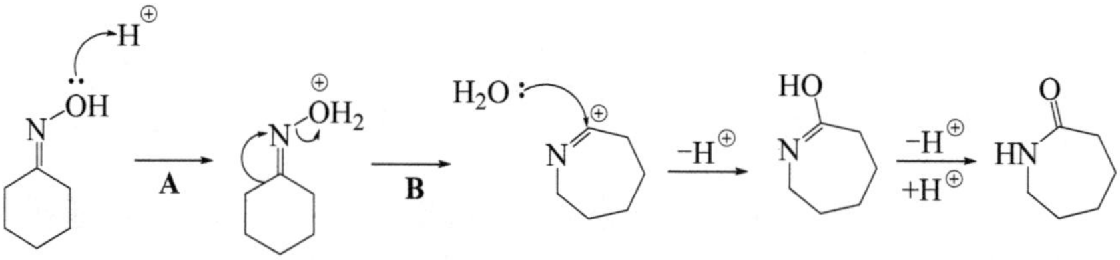

A—肟质子化；B—烷基取代基的迁移同时伴随着 N—O 键的断裂。

反应实例 2

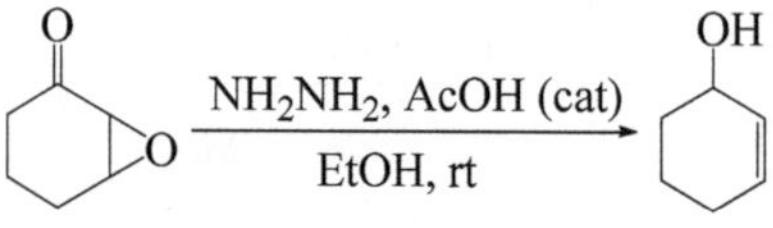

NH_2NH_2, AcOH (cat)
EtOH, rt

Wharton P S, Bohlen D H. J Org Chem, 1961, 26: 3615.

【反应说明】 该反应为 Wharton 重排反应，是 *α*,*β*-环氧乙烷酮与肼反应生成烯丙醇的反应。

【反应机理】

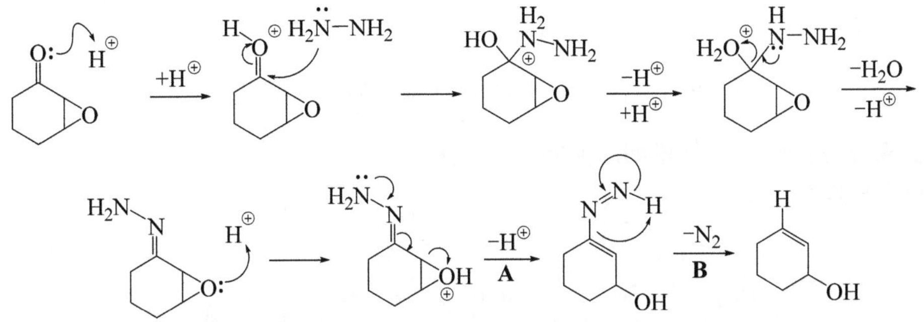

$+H^{\oplus}$; $H_2\ddot{N}-NH_2$; HO, H_2, N, NH_2 ; $\frac{-H^{\oplus}}{+H^{\oplus}}$; H_2O, H, N$-NH_2$; $\frac{-H_2O}{-H^{\oplus}}$

H_2N, N, $H^{\oplus}$; $H_2\ddot{N}$, N, OH ; $-H^{\oplus}$ **A** ; N=N, H, OH ; $-N_2$ **B** ; H, OH

A—在腙氮原子孤对电子的推动下环氧乙烷开环；**B**—氢原子[1,3]迁移，同时脱去一分子极易离去的氮气。

6.1.4 六元环烷基迁移重排

反应实例 1

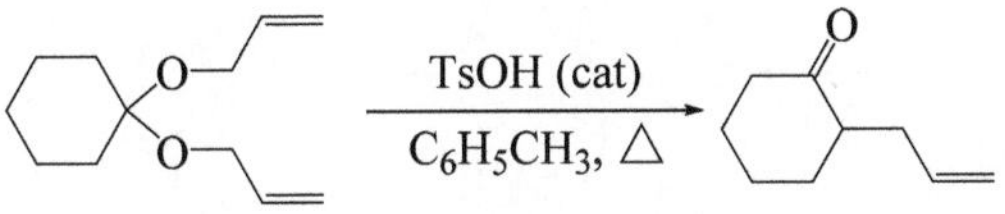

$$\xrightarrow[C_6H_5CH_3,\ \triangle]{TsOH\ (cat)}$$

Howard W L, Lorette N B. Org Synth, 1973, Coll Vol 5: 25.

【反应说明】 该反应是缩酮经 Claisen 重排生成 *α*-烯丙基环己酮的反应。

【反应机理】

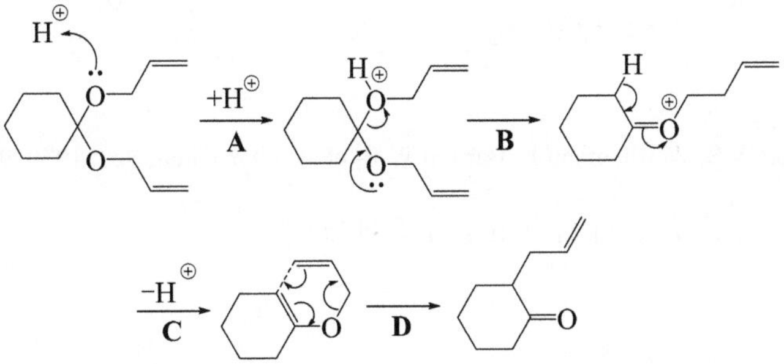

$H^{\oplus}$; $+H^{\oplus}$ **A** ; $H^{\oplus}$, O ; **B** ; H, $O^{\oplus}$

$-H^{\oplus}$ **C** ; O ; **D** ; O

A—缩酮的一个氧先质子化；**B**—在缩酮另一个氧原子的孤对电子推动下消去一分子烯丙醇；**C**—脱去一个质子形成烯醇醚；**D**—加热发生 Claisen 重排得到产物。

反应实例 2

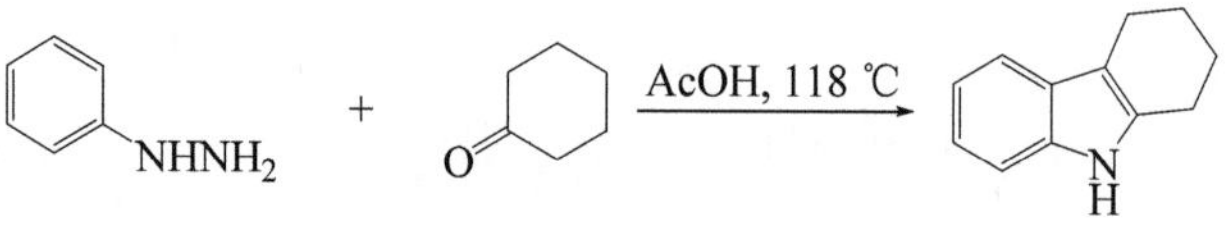

Rogers C U, Corson B B. J Am Chem Soc, 1947, 69: 2910.

【反应说明】该反应为 Fischer 吲哚合成反应。

【反应机理】

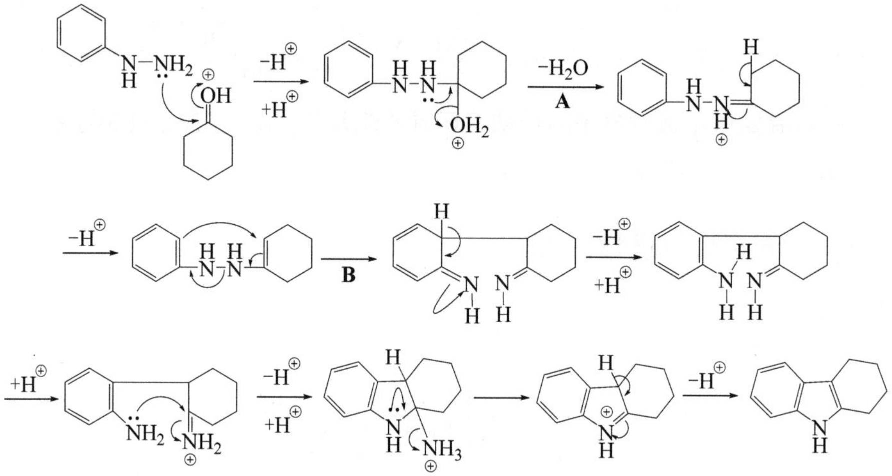

A—肼与酮反应形成腙；B—[3,3]σ 迁移重排。

反应实例 3

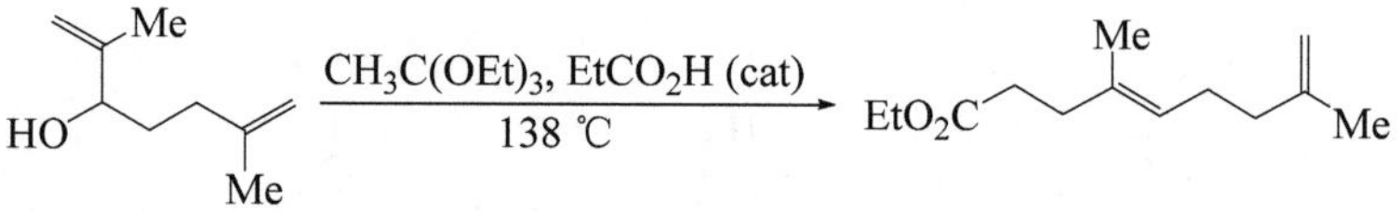

Johnson W S, Werthemann L, Bartlett W R, et al. J Am Chem Soc, 1970, 92: 741.

【反应说明】该反应为 Claisen-Johnson 重排反应。

【反应机理】

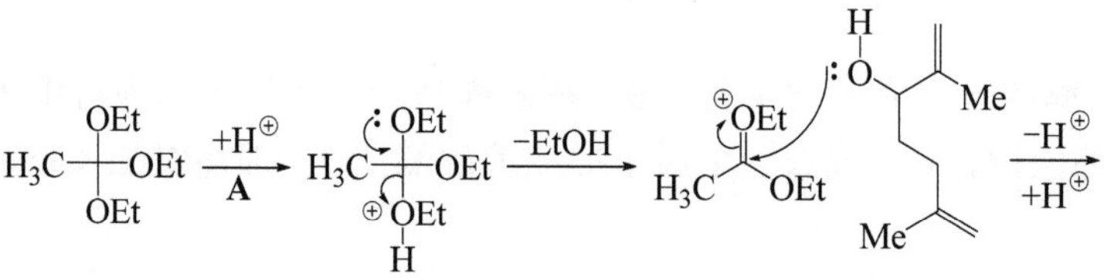

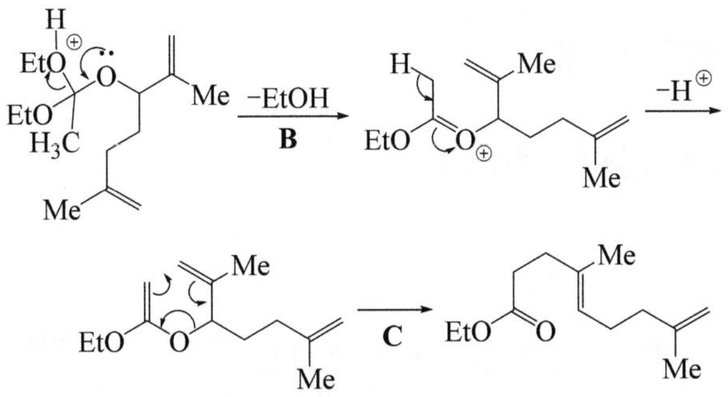

A—在酸的催化作用下，原酸酯脱去一分子乙醇；B—蒸馏脱去一分子乙醇形成缩烯酮；C—Claisen 重排得到产物。

反应实例 4

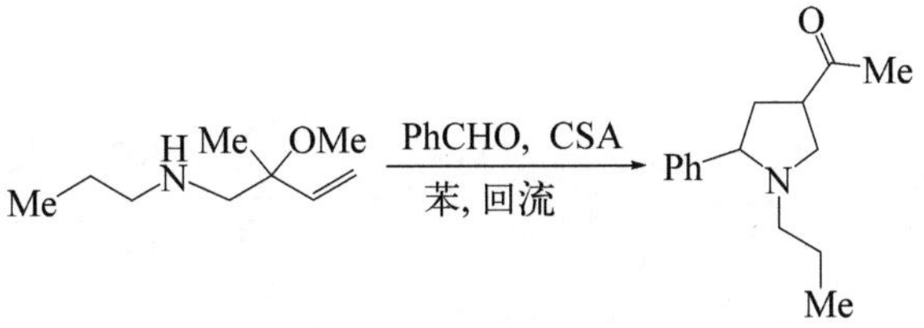

Overman L E, Kakimoto M, Okazaki M E, et al. J Am Chem Soc, 1983, 105: 6622.

【反应说明】该反应为 Aza-Cope 重排反应的衍生反应。

【反应机理】

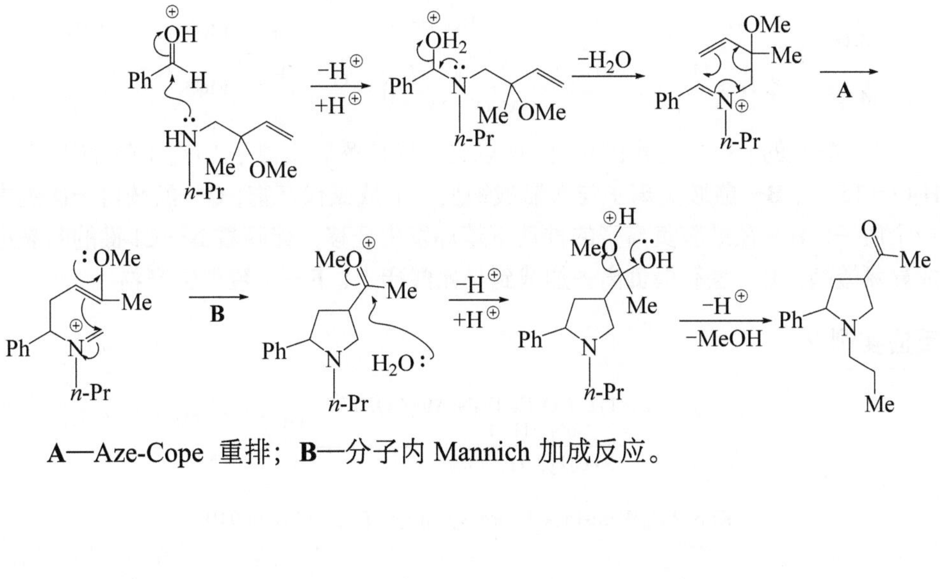

A—Aze-Cope 重排；B—分子内 Mannich 加成反应。

6.2 碱性条件下重排

6.2.1 由易离去基团引起重排

反应实例 1

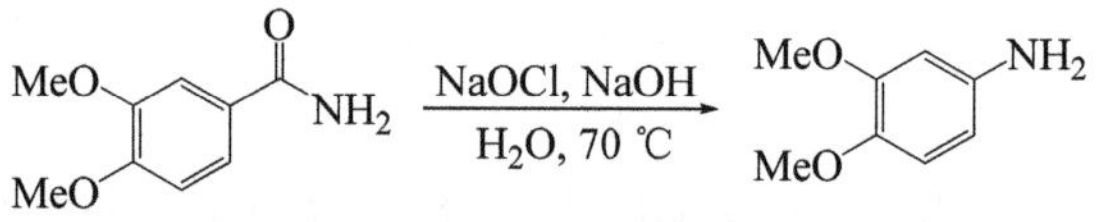

Buck J S, Ide W S. Org Synth, 1943, Coll Vol 2: 44.

【反应说明】 该反应为 Hofmann 重排反应，酰胺在碱性条件下与次氯酸钠反应形成关键中间体异氰酸酯，然后重排脱去一个碳。可以用该反应脱去苯环上的碳。

【反应机理】

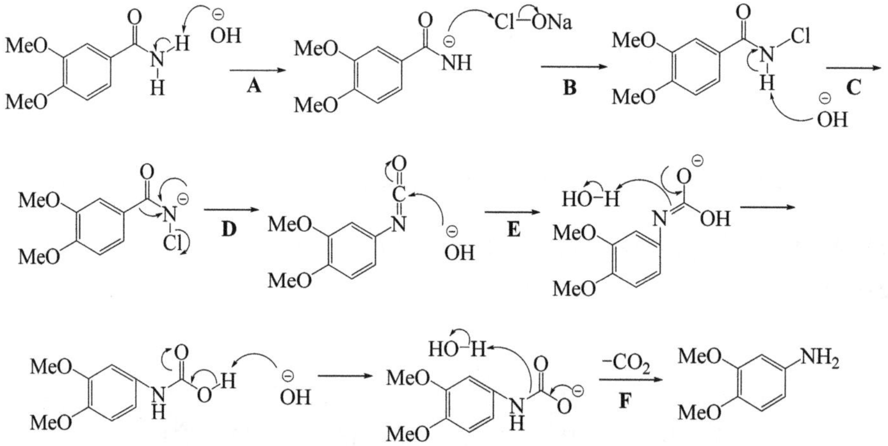

A—酰胺的 pK_a 值与水的相近，所以也能形成酰胺负离子（pK_a: $RCONH_2$ = 17, H_2O = 15.7）；**B**—酰胺负离子与次氯酸钠反应形成氯代产物；**C**—酰胺再一次脱去一个质子；**D**—在酰胺负离子的推动下苯环发生迁移，伴随着 N—Cl 键的断裂形成异氰酸酯；**E**—氢氧根负离子加成到异氰酸酯上；**F**—脱羧得到产物。

反应实例 2

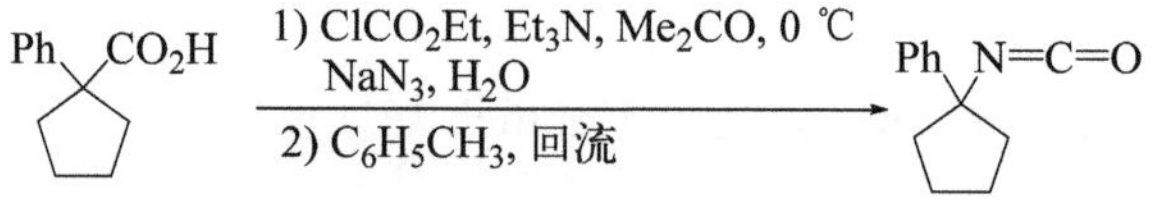

Kaiser C, Weinstock J. Org Synth, 1988, Coll Vol 6: 910.

【反应说明】 该反应为 Curtius 重排反应，羧酸转变为酰卤或酸酐后与叠氮化钠反应形成关键中间体异氰酸酯，然后与水反应可以脱去一个碳生成伯胺，与醇反应可生成氨基甲酸酯，与胺反应可生成脲。

【反应机理】

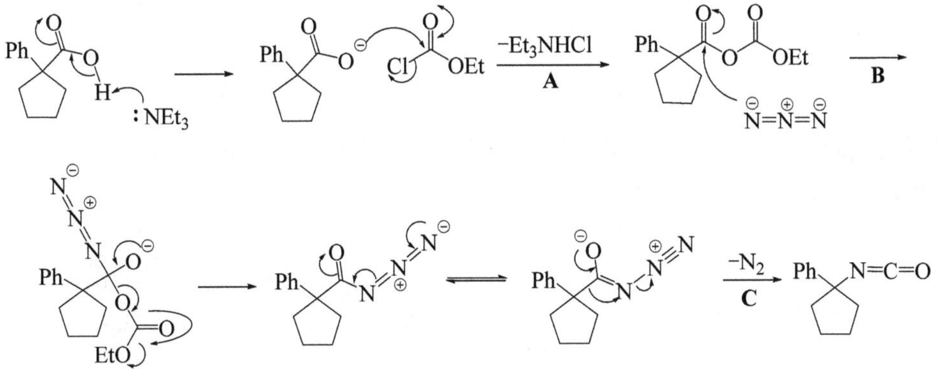

$-Et_3NHCl$ A　B　$-N_2$ C

A—羧酸与酰氯反应生成酸酐；**B**—叠氮负离子与酸酐发生加成反应形成酰叠氮；**C**—碳原子迁移到氮原子上并脱去一分子氮气。

反应实例 3

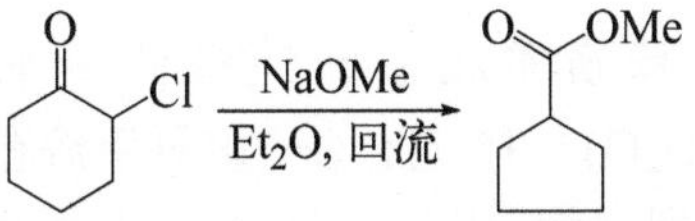

NaOMe　Et_2O, 回流

Goheen D W, Vaughan W R. Org Synth, 1963, Coll Vol 4: 594.

【反应说明】 该反应为 Favorskii 重排反应，2-氯代环己酮在甲醇钠的作用下生成环戊基甲酸酯。注意这里的甲醇钠既是碱又是亲核试剂。

【反应机理】

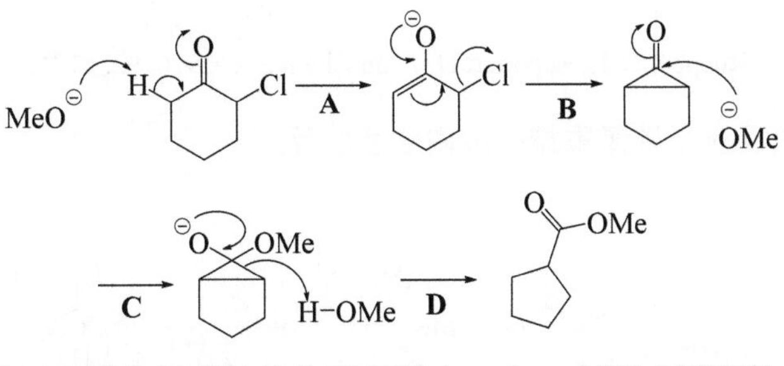

A—2-氯代环己酮在甲醇钠的作用下脱去一个 α-氢形成烯酮盐；**B**—脱去一个氯负离子形成环丙酮；**C**—甲醇负离子在酮羰基上亲核加成；**D**—环丙烷开环同时得到一个质子生成产物。

反应实例 4

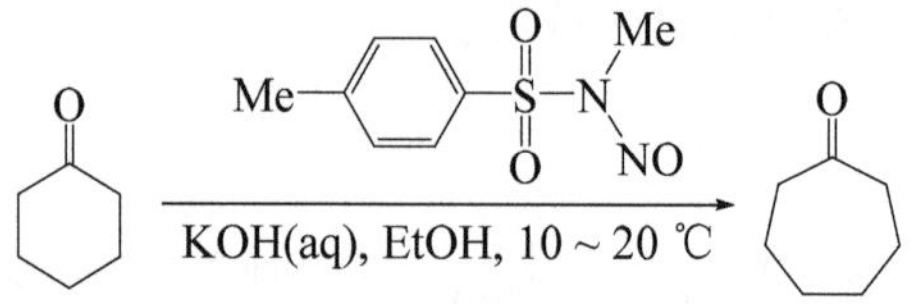

Me—C₆H₄—SO₂—N(Me)NO; KOH(aq), EtOH, 10 ~ 20 ℃

de Boer T J, Backer H J. Org Synth, 1963, Coll Vol 4: 225.

【反应说明】该反应是环己酮与重氮甲烷反应扩环生成环庚酮的反应。

【反应机理】

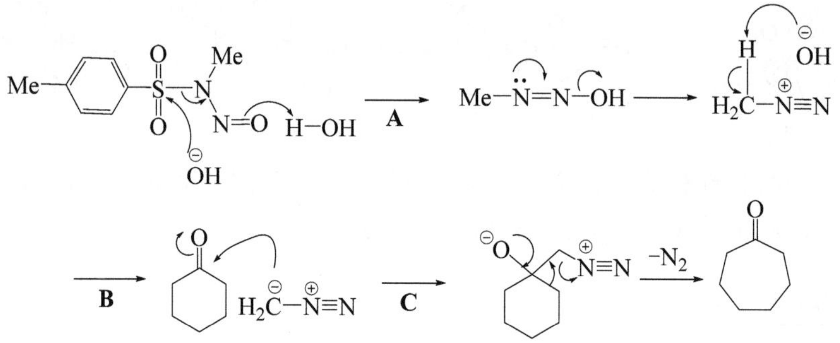

Me N=O H—OH OH A Me—N=N—OH H OH H_2C—N≡N

B H_2C—N≡N C N≡N $-N_2$

A—*N*-甲基-*N*-亚硝基磺酰胺在碱性条件下水解；**B**—形成重氮甲烷[pK_a(CH_3N_2) = 10.2，pK_a(H_2O) = 15.7]；**C**—重氮甲烷在酮羰基上加成，然后扩环重排同时脱去一分子氮得到产物。

反应实例 5

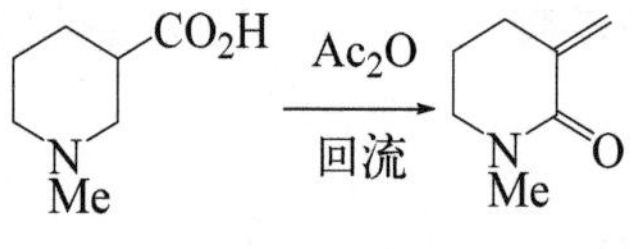

CO_2H Ac_2O 回流 N Me O N Me

Rueppel M L, Rapoport H. J Am Chem Soc, 1970, 92: 5781.

【反应说明】该反应是碳氮重排生成内酰胺的反应。

【反应机理】

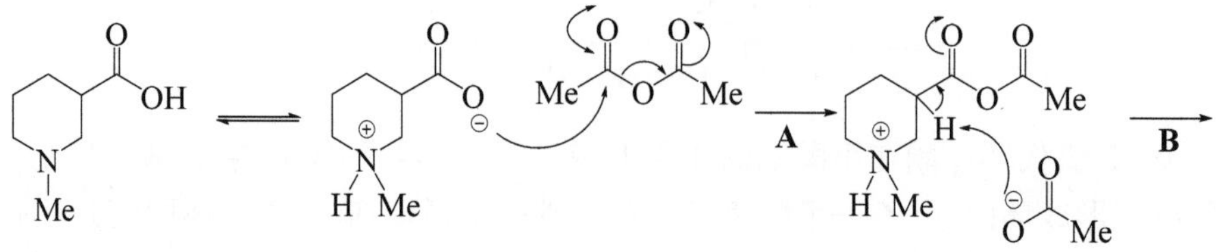

O OH N Me ⇌ O O N H Me Me O O O Me A O O O Me H N H Me O O Me B

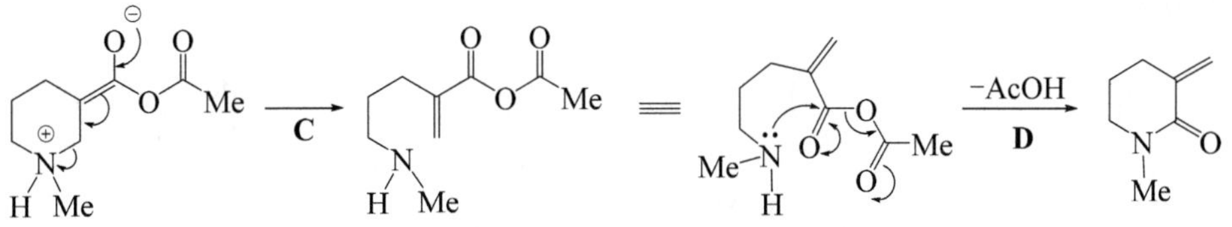

A—羧酸与乙酸酐反应形成混合酸酐；B—羰基重排为烯醇式［$pK_a((CH_3CO)_2O)$ = 13.5］；C—β 消除反应；D—分子内酰化反应。

反应实例 6

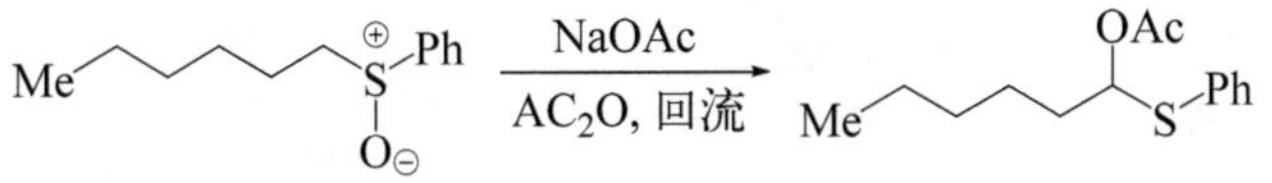

Tanikaga R, Yabuki Y, Ono N, et al. Tetrahedron Lett, 1976, 26: 2257.

【反应说明】该反应是 Pummerer 重排反应。

【反应机理】

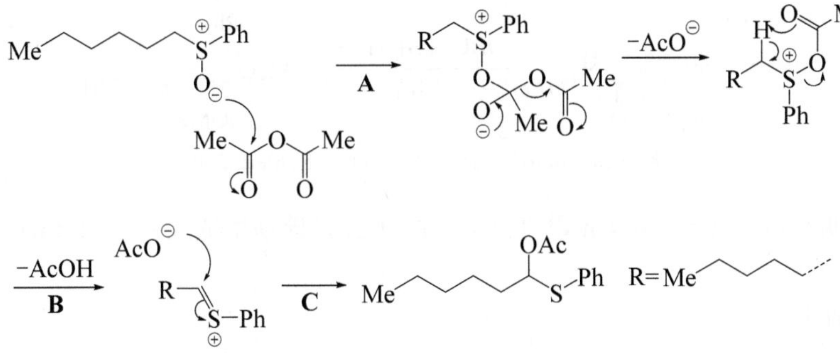

A—亚砜与酸酐进行乙酰化反应；B—顺式消去一分子乙酸；C—乙酸负离子加成到硫鎓离子上得到产物。

反应实例 7

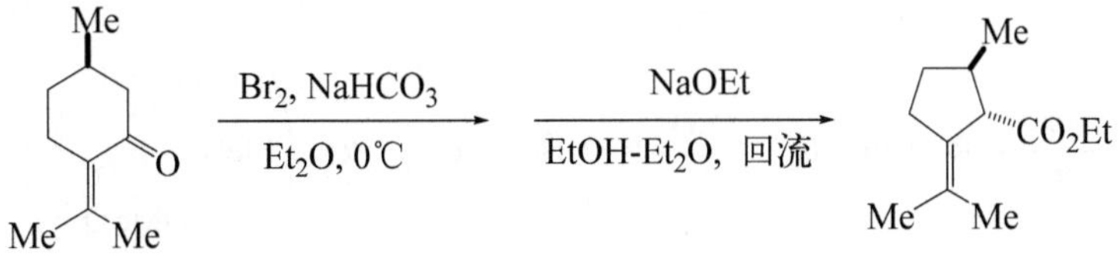

Marx J N, Norman L R. J Org Chem, 1975, 40: 1602.

【反应说明】该反应是 Favorskii 重排的衍生反应。

【反应机理】

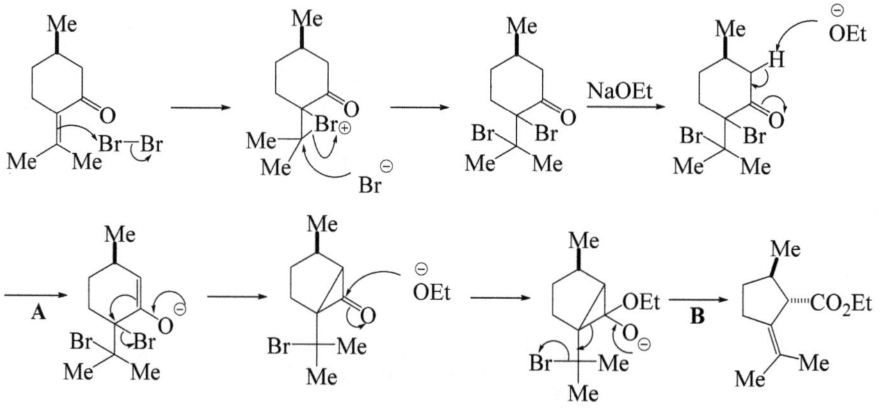

A—Favorskii 重排；B—张力较大的环丙烷开环，同时消去一个溴负离子得到产物（反应受热力学影响形成较稳定的反式酯）。

反应实例 8

DBU, THF/H_2O
回流

Ohmoto K, Yamamoto T, Horiuchi T, et al. Synlett, 2001: 299.

【反应说明】该反应是 Lossen 重排反应，酰胺脱去羰基生成胺，与 Hofmann 重排反应类似。

【反应机理】

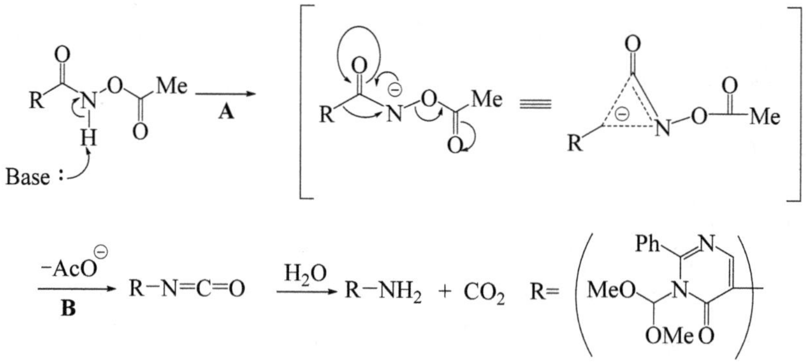

A—碱夺取氮原子上的氢，形成三元环过渡态［pK_a($RCONH_2$) = 17，pK_a(Et_2NH) = 36］；B—在负离子推动下，羰基另一端的基团迁移到氮原子上，形成异氰酸酯，最后水解得到产物。

6.2.2　六元环烷基迁移重排

反应实例 1

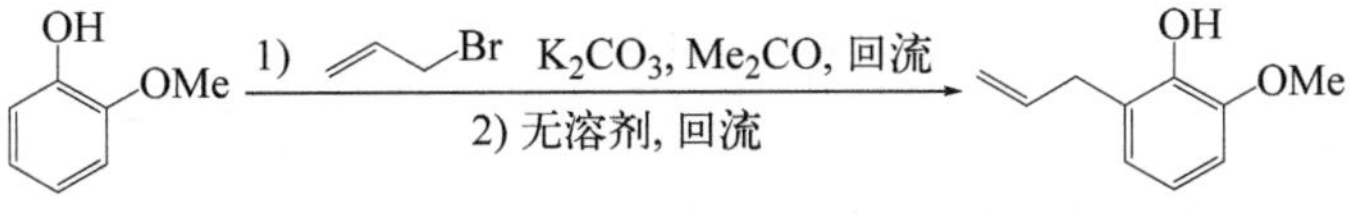

OH
OMe
1) Br　K_2CO_3, Me_2CO, 回流
2) 无溶剂, 回流
OH
OMe

Allen C F H, Gates J W Jr. Org Synth, 1955, Coll Vol 3: 418.

【反应说明】该反应为 Claisen 重排反应，酚在碱性条件下与 3-溴丙烯反应生成醚，然后在受热条件下发生 Claisen 重排生成邻烯丙基苯酚。

【反应机理】

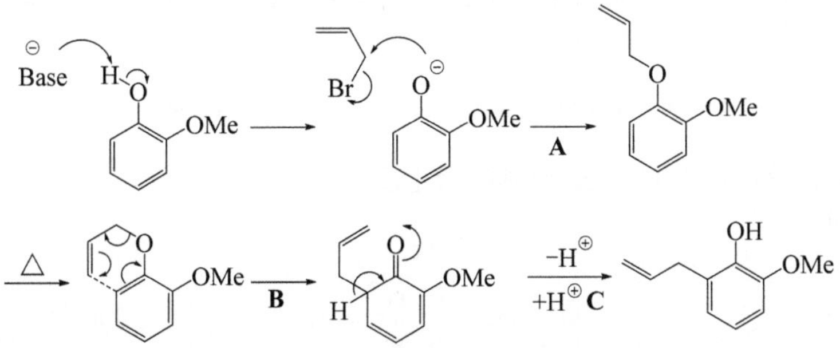

Base　H　O　OMe
Br　O　OMe　A
O　OMe

△　O　OMe　B　O　OMe　H　$-H^{\oplus}$　$+H^{\oplus}$ C　OH　OMe

A—酚进行烷基化生成醚；**B**—[3,3]迁移，也就是 Claisen 重排；**C**—芳构化得到产物。

反应实例 2

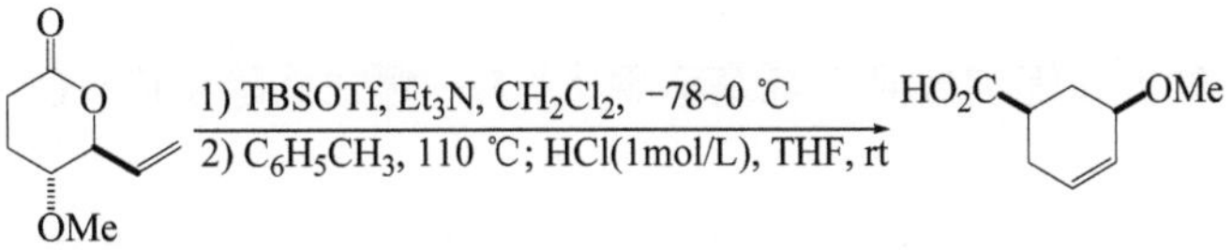

O
O
OMe
1) TBSOTf, Et_3N, CH_2Cl_2, −78~0 ℃
2) $C_6H_5CH_3$, 110 ℃; HCl(1mol/L), THF, rt
HO_2C　OMe

Nakatsuka M, Ragan J A, Sammakia T, et al. J Am Chem Soc, 1990, 112: 5583.

【反应说明】该反应为 Claisen-Ireland 重排反应。

【反应机理】

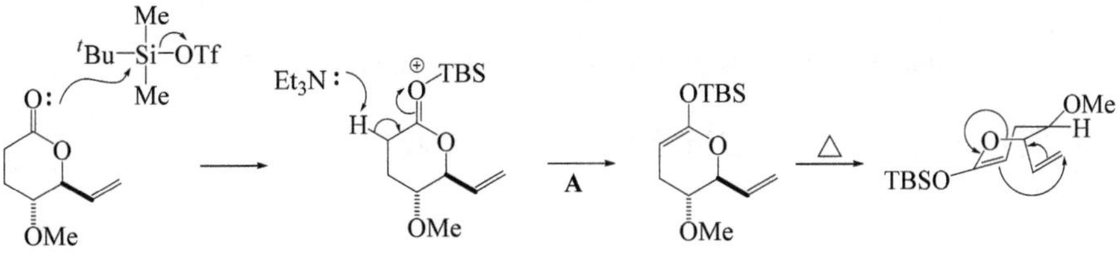

Me
${}^{t}Bu$—Si—OTf
Me
O:
O
OMe
Et_3N:
H
$\oplus$ O—TBS
O
OMe
A
OTBS
O
OMe
△
OMe
H
O
TBSO

B
OMe
H
H
O
OTBS
≡ TBSO OMe $H_3O^{\oplus}$
Me
^tBu—Si—O
Me
H_2O:
$\overset{\oplus}{O}H$
OMe

O
HO OMe

A—形成硅基缩烯酮；**B**—Claisen 重排。

反应实例 3

Me
OH
O⊖
S⊕
Ph，NaH
THF, rt
十氢化萘, 150 ℃
CHO
Me

Saito M, Kawamura M, Ogasawara K. Tetrahedron Lett 1995, 36: 9003.

【反应说明】该反应为 Claisen 重排的衍生反应。

【反应机理】

Me
H
O
H⊖
Me
O⊖
O⊖
S⊕
Ph
A
Me
O
⊕S—Ph
⊖
后处理
$+H^{\oplus}$

Me
O
O⊖
⊕S—Ph
150 ℃
Me
H
O
O⊖
S⊕—Ph
B
Me
O
C
CHO
Me

A—氧负离子共轭加成到乙烯基亚砜上；**B**—顺式消除反应；**C**—Claisen 重排得到产物。

反应实例 4

Br
1) 1,3-二噻烷, 20 ℃
2) *n*-BuLi, THF, −78 ℃
3) $HgCl_2$, MeCN-H_2O, 回流
CHO

Hunt E, Lythgoe B. J Chem Soc Chem Commun, 1972, 13: 757.

【反应说明】该反应是通过[2,3]σ 重排延长碳链的反应。

【反应机理】

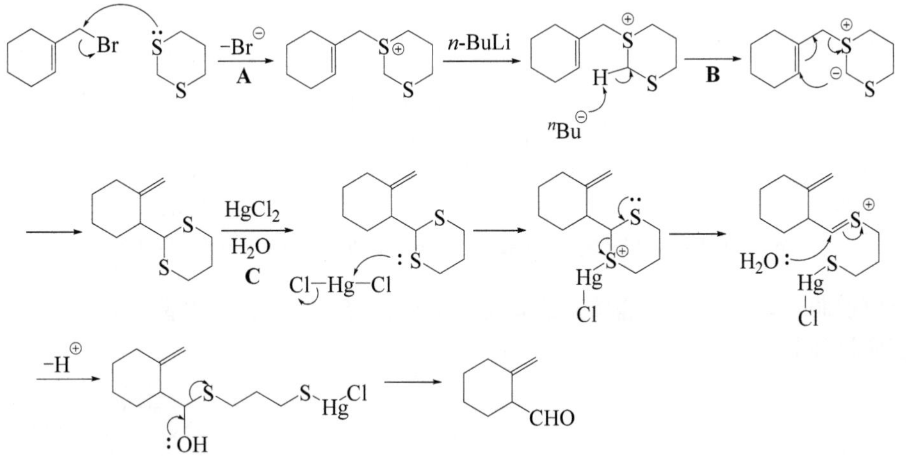

A—形成硫离子；B—脱去一个质子形成硫叶立德，然后进行[2,3]σ 键重排；C—硫缩醛水解得到产物。

反应实例 5

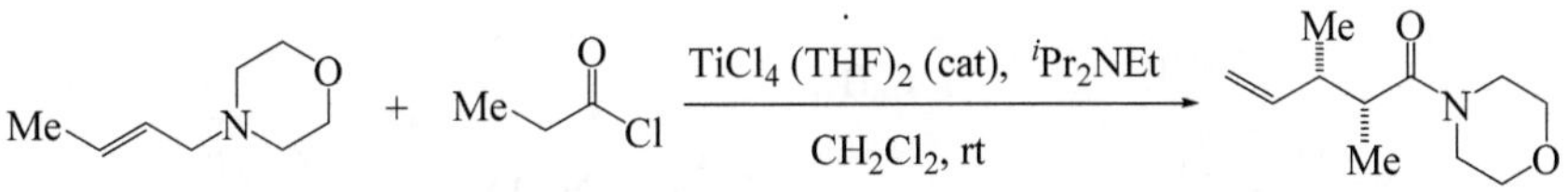

$TiCl_4(THF)_2$ (cat), $^iPr_2NEt$

CH_2Cl_2, rt

Z:E≥99:1

Yoon T P, Dong V M, MacMillan D W C. J Am Chem Soc, 1999, 121: 9726.

【反应说明】该反应为 Aza-Claisen 重排反应。

【反应机理】

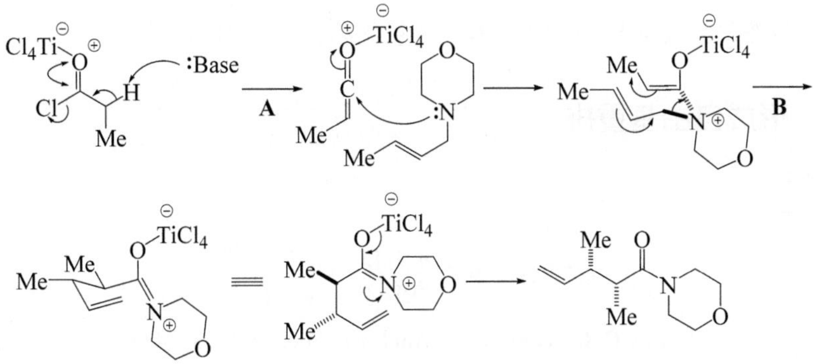

A—酰氯在四氯化钛和碱的作用下形成烯酮；B—通过一个椅式六元环过渡态进行 Aza-Claisen 重排，然后脱去催化剂四氯化钛得到产物。

反应实例 6

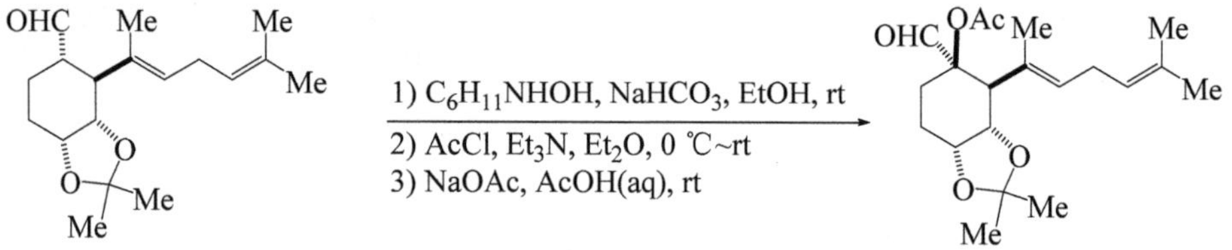

OHC Me Me Me O O Me Me

1) $C_6H_{11}NHOH$, $NaHCO_3$, EtOH, rt
2) AcCl, Et_3N, Et_2O, 0 ℃~rt
3) NaOAc, AcOH(aq), rt

OHC OAc Me Me Me O O Me Me

Vosburg D A, Weiler S, Sorensen E J. Angew Chem Int Ed, 1999, 38: 971.

【反应说明】 该反应是在醛羰基的 α 位上立体选择性地引入一个酯基的反应。

【反应机理】

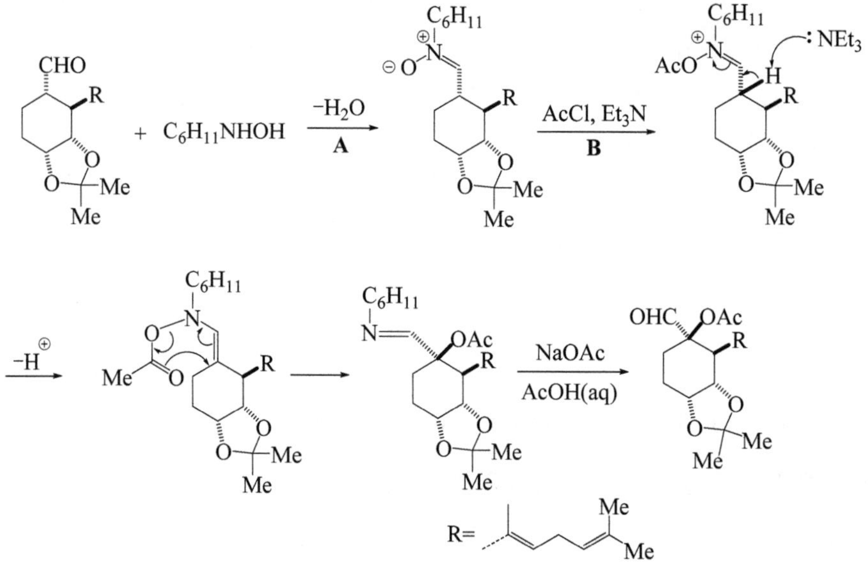

CHO R O O Me Me + $C_6H_{11}NHOH$ $\xrightarrow[\textbf{A}]{-H_2O}$ C_6H_{11} ⊕N ⊖O R O O Me Me $\xrightarrow[\textbf{B}]{AcCl,\ Et_3N}$ C_6H_{11} ⊕N AcO H :NEt_3 R O O Me Me

$\xrightarrow{-H^{\oplus}}$ C_6H_{11} N O Me O R O O Me Me ⟶ C_6H_{11} N OAc R O O Me Me $\xrightarrow[AcOH(aq)]{NaOAc}$ OHC OAc R O O Me Me

R= Me Me

A—羟胺与醛反应形成硝酮；**B**—酰基化后进行[3,3]σ 重排。

6.2.3 形成自由基重排

反应实例

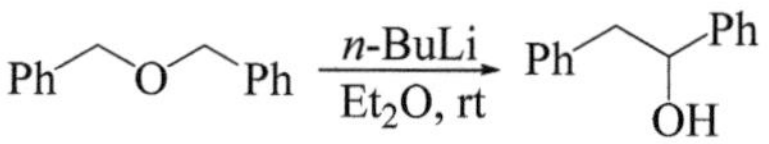

Ph O Ph $\xrightarrow[Et_2O,\ rt]{n\text{-BuLi}}$ Ph Ph OH

Hauser C R, Kantor S W. J Am Chem Soc, 1951, 73: 1437.

【反应说明】 该反应为[1,2] Wittig 重排反应，是将醚用正丁基锂处理生成仲醇的反应。

【反应机理】

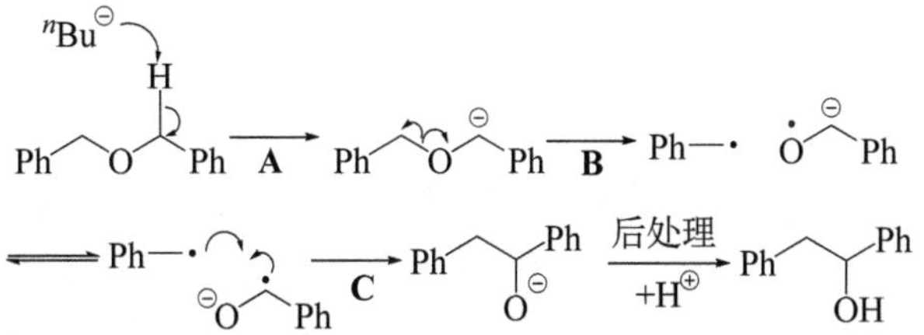

A—正丁基锂作为强碱夺去醚上的一个 α-氢 [$pK_a(PhCH_3) = 41$, $pK_a(^nBuH) = 50$]；**B**—裂解形成自由基负离子；**C**—在一个溶剂反应体系里很容易进行自由基再结合，然后得到一个质子生成产物。

6.2.4 形成不稳定中间体引起重排

反应实例 1

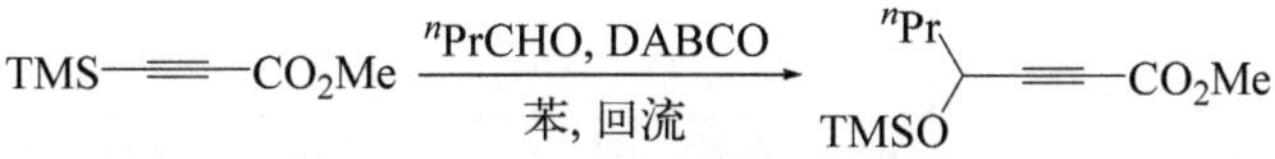

Matsuya Y, Hayashi K, Nemoto H. J Am Chem Soc, 2003, 125: 646.

【反应说明】该反应是从 Baylis-Hillman 反应衍生而来的延长碳链的反应。

【反应机理】

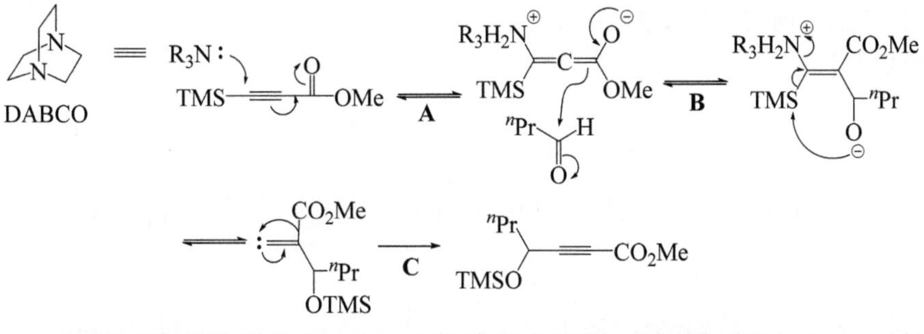

A—胺与不饱和炔酮发生 Michael 加成反应得到二烯酮负离子；**B**—二烯酮负离子进攻醛形成醇，然后 TMS 基团在分子内迁移同时伴随着脱去催化剂胺形成卡宾；**C**—重排得到产物。

反应实例 2

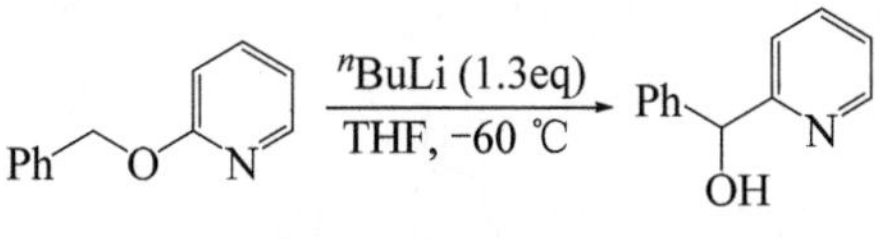

Yang J Y, Dudley G B. J Org Chem, 2009, 74: 7998.

【反应说明】该反应是一个新型的重排反应，为合成苄醇提供了一种方法。

【反应机理】

^{n}Bu$^⊖$ H Ph O N —A→ O N Ph Li —B→ O N Ph Li —C→

Ph N OLi —后处理→ Ph N OH

A—苄氢被丁基锂夺去形成苄基锂［pK_a(PhCH$_3$) =41，pK_a(^{n}Bu) =50］；B—进行分子内加成反应形成环氧乙烷；C—环氧乙烷开环形成醇锂，后处理得到产物。

反应实例 3

H N N H$_2$N O OH —(H$_3$C O O O CH$_3$；吡啶, 100 ℃)→ H N N AcN O CH$_3$

Dakin H D, West R. J Biol Chem, 1928, 78: 757.

【反应说明】该反应是 Dakin-West 重排反应，α-氨基酸与乙酸酐在吡啶溶液中重排氨基乙酰化同时羧酸变为甲基酮。

【反应机理】

H$_2$N O R OH —(2 (Ac)$_2$O；吡啶)→ AcN O R OAc ≡ H R N O O O H$_3$C O CH$_3$ —A→ R HN$^⊕$ O$^⊖$ H$_3$C O OAc

—(−AcOH)→ R H N H$_3$C O O ⟵ :N(吡啶) —B→ R N H$_3$C O O$^⊖$ —(Ac$_2$O；−AcO$^⊖$)→ R O CH$_3$ N H$_3$C O O $^⊖$OAc

—C→ Ac R N O$^⊖$ H$_3$C O OAc ⟶ Ac R N O O CH$_3$ $^⊖$OAc H$_3$C $^⊖$O O O —(+H$^⊕$；−Ac$_2$O, −CO$_2$；D)→ R HN O CH$_3$ O CH$_3$

R= (H N N 咪唑基)—CH$_2$—

A—氨基与羧基都乙酰化后，分子内电子转移关环形成五元环过渡态；**B**—吡啶夺取羰基 α-氢形成烯醇负离子；**C**—乙酸负离子进攻内酰胺羰基开环；**D**—乙酸负离子进攻乙酰羰基脱去乙酸酐与二氧化碳，酸化得到产物。

6.2.5 重排延长一个碳

反应实例

1) NaH, DMSO; 2) CD_2Cl_2, Et_2O

Peszko M T, Schreiber S L, Myers A G. J Org Chem, 2023, 88: 7557.

【反应说明】2分子环戊酮羟醛缩合后与二氯甲烷进行亲核取代反应延长一个亚甲基。

【反应机理】

NaH, DMSO; $-OH^{\ominus}$ A; B; C; $-Cl^{\ominus}$ 后处理

A—2分子环戊酮进行羟醛缩合；**B**—碱性条件下，烯醇与二氯氘代甲烷发生亲核取代反应延长一个亚甲基；**C**—氢氧根负离子与羰基加成，分子内电子转移脱去氯负离子后酸化处理得到产物。

6.3 中性条件下重排

6.3.1 由易离去基团引起重排

反应实例1

$h\nu$; 1,4-二氧六环, Et_2O-H_2O

Wheeler T N, Meinwald J. Org Synth, 1988, Coll Vol 6: 840.

【反应说明】该反应为 Wolff 重排反应，α-重氮酮在光照或银类化合物的作用下形成卡宾，然后重排形成烯酮，用水处理生成羧酸（用醇处理生成酯，用胺处理生成酰胺）。

【反应机理】

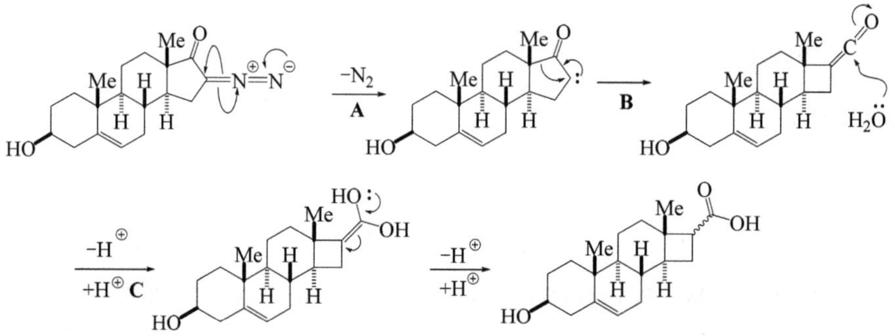

A—光照脱去一分子氮气形成卡宾；B—重排缩环形成烯酮；C——一分子水加成到烯酮上形成羧酸。

反应实例 2

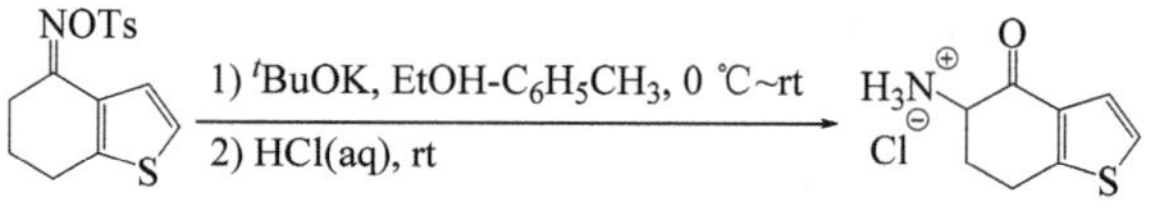

Dijkstra D, Rodenhuis N, Vermeulen E S, et al. J Med Chem, 2002, 45: 3022.

【反应说明】该反应为 Neber 重排反应，是用对甲苯磺酰酮肟在碱性条件下生成 α-氨基酮的反应。

【反应机理】

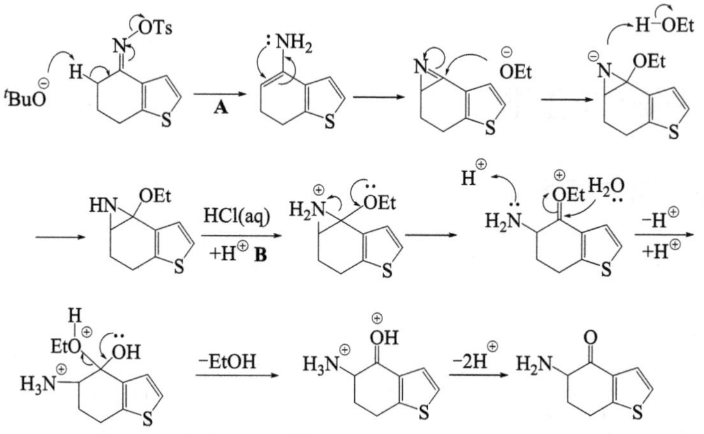

A—碱性条件下，脱去一个对甲苯磺酸负离子形成氮卡宾，然后分子内环化形成环氮丙烯，乙醇与环氮丙烯加成形成过渡态环氮丙烷；B—乙氧环氮丙烷酸性水解。

反应实例 3

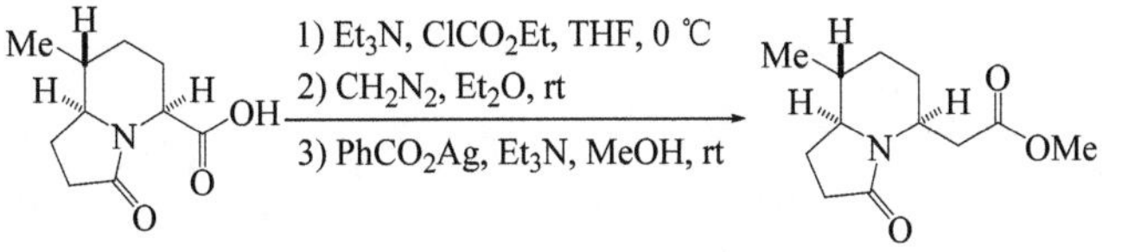

1) Et_3N, $ClCO_2Et$, THF, 0 ℃
2) CH_2N_2, Et_2O, rt
3) $PhCO_2Ag$, Et_3N, MeOH, rt

Toyooka N, Zhou D J, Nemoto H, et al. Tetrahedron Lett, 2006, 47: 577.

【反应说明】该反应为 Arndt-Eistert 反应，是羧酸衍生物延长碳链常用的方法。

【反应机理】

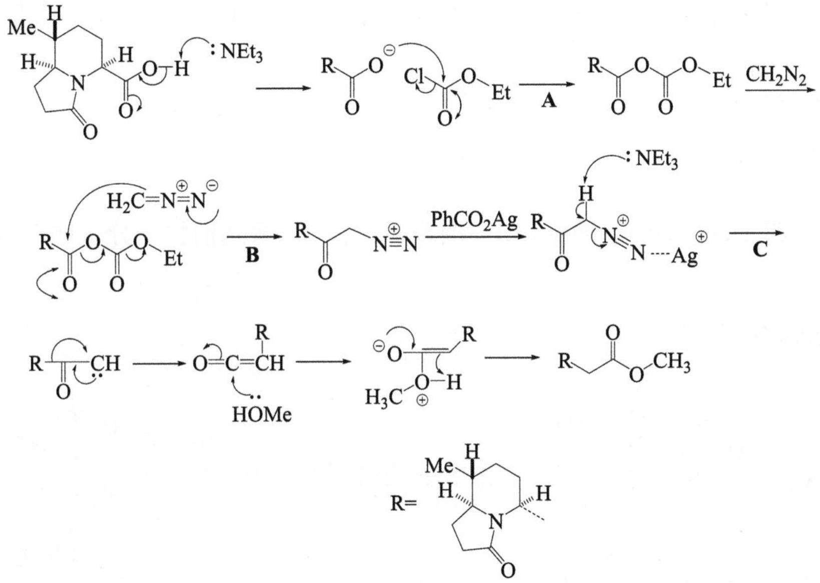

A—羧酸负离子与酰氯反应形成混合酸酐；B—重氮甲烷进攻缺电子较多的羰基形成 α-重氮甲基酮；C—在催化剂银盐的帮助下消去一分子氮气形成关键中间体烯酮，然后用甲醇处理得到产物。

6.3.2 六元环烷基迁移重排

反应实例 1

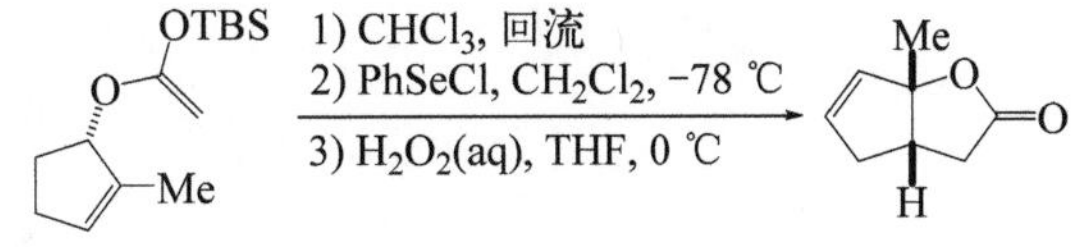

1) $CHCl_3$, 回流
2) PhSeCl, CH_2Cl_2, −78 ℃
3) H_2O_2(aq), THF, 0 ℃

Curran D P, Rakiewicz D M. Tetrahedron, 1985, 41: 3943.

【反应说明】该反应为 Claisen-Ireland 重排反应的衍生反应。

【反应机理】

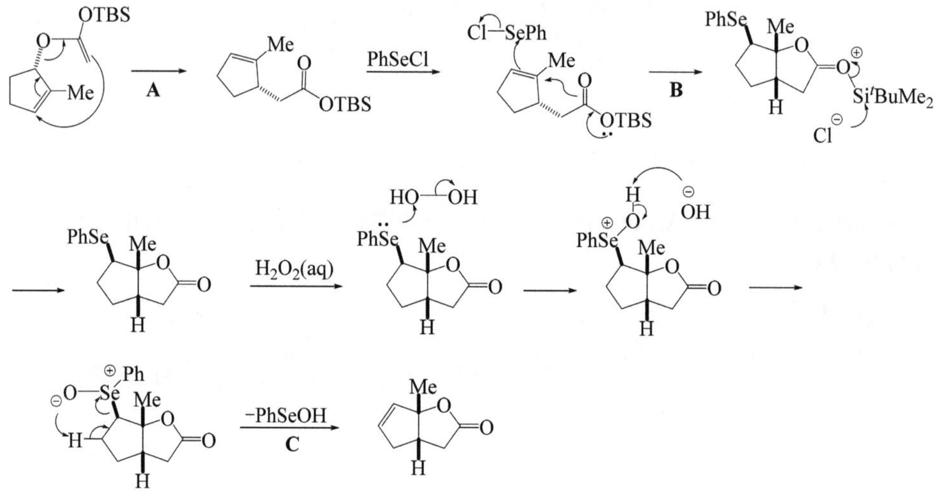

A—Claisen-Ireland 重排；**B**—硒化反应；**C**—顺式消去一分子硒亚砜生成产物。

反应实例 2

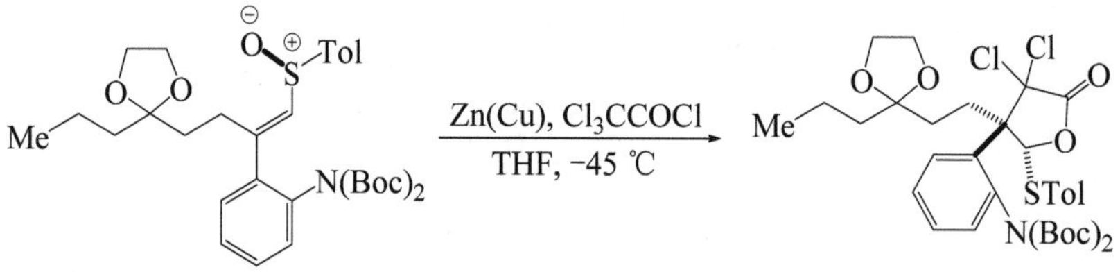

Marino J P, Rubio M B, Cao G, et al. J Am Chem Soc, 2002, 124: 13398.

【反应说明】该反应提供了一种新的从碳碳双键合成五元内酯的合成方法。

【反应机理】

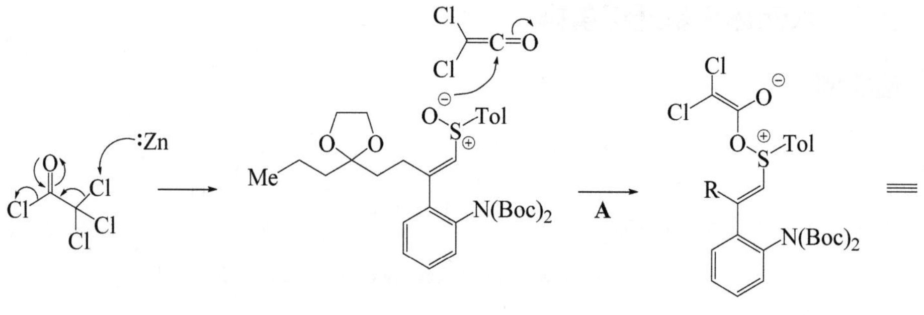

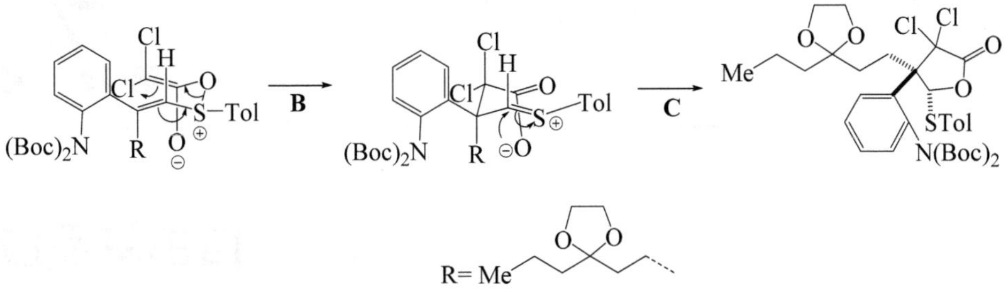

Cl H Cl O S—Tol O (Boc)$_2$N R ⊕ ⊖ —B→ Cl H Cl O S—Tol ⊕ (Boc)$_2$N R ⊖O —C→ Me O O Cl Cl O O STol N(Boc)$_2$

R= Me O O

A—形成二氯烯酮；B—[3,3]σ 重排；C—羧酸盐环化。

6.3.3　六元环氢迁移重排

反应实例

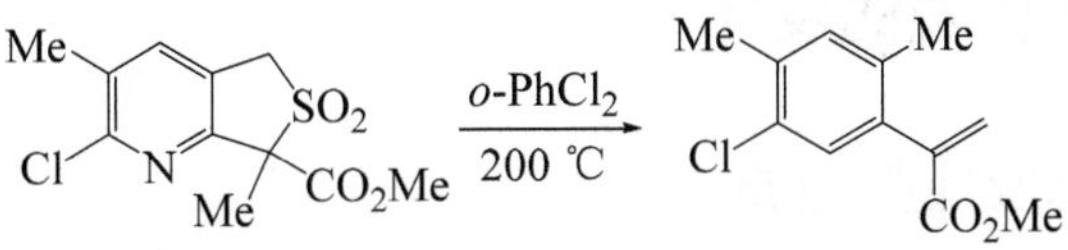

Me Cl N Me SO_2 CO_2Me —o-$PhCl_2$, 200 ℃→ Me Me Cl CO_2Me

Cappelle S L, Vogels I A, Meervelt L V, et al. Tetrahedron Lett, 2001, 42: 3759.

【反应说明】该反应是螯变消除反应，是砜类化合物在加热条件下脱去一分子二氧化硫，然后重排为稳定结构的反应。

【反应机理】

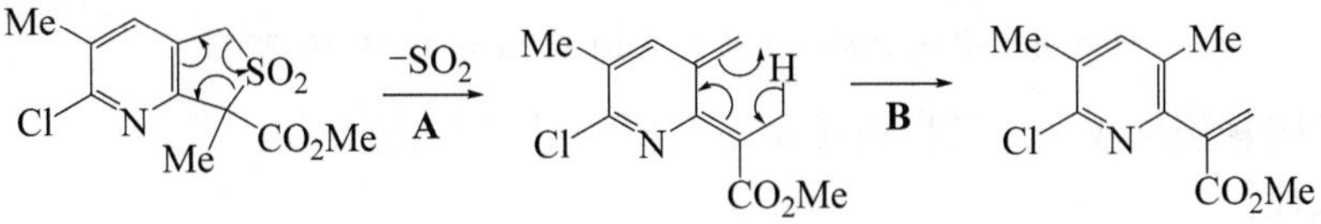

Me Cl N Me SO_2 CO_2Me —$-SO_2$, A→ Me Cl N H CO_2Me —B→ Me Me Cl N CO_2Me

A—进行螯变消除反应脱去一分子 SO_2 形成氮醌二甲烷；B—热允许 1,5-氢迁移。

第 7 章

自由基反应

7.1 由 AIBN 引发的反应

7.1.1 用自由基反应脱卤原子

反应实例 1

AIBN (cat), $^{n}Bu_3SnH$
苯，回流

Hamon D P G, Richards K R. Aust J Chem, 1983, 36: 2243.

【反应说明】 该反应是通过自由基反应脱掉亚甲基上溴的反应。

【反应机理】

$-N_2$ A　B　C　$-^{n}Bu_3Sn\cdot$ D

A—偶氮二异丁腈（AIBN）热分解为稳定的叔碳自由基；**B**—叔碳自由基从 $^{n}Bu_3SnH$ 夺取一个氢原子；**C**—前面得到的锡自由基与底物（卤代物）的溴反应形成一个碳自由基；**D**—形成的碳自由基在从 n-Bu_3SnH 获得一个氢原子生成产物。

反应实例2

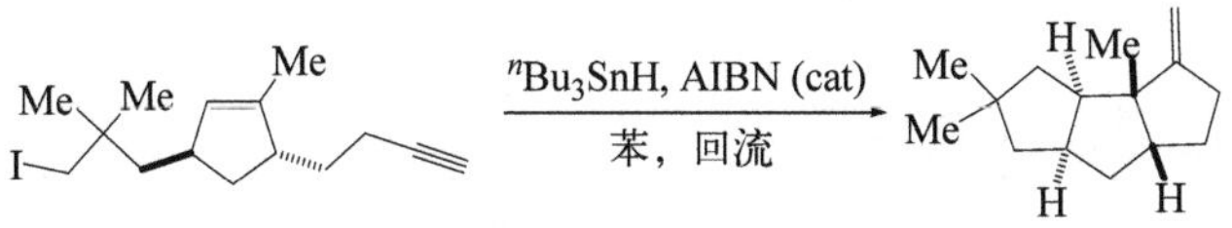

Me Me Me I

$^nBu_3SnH$, AIBN (cat)
苯，回流

Me Me H Me H H

Weinges K, Reichert H, Huber-Patz U, et al. Liebigs Ann Chem, 1993: 403.

【反应说明】该反应是用自由基反应脱去甲基上碘的反应。

【反应机理】

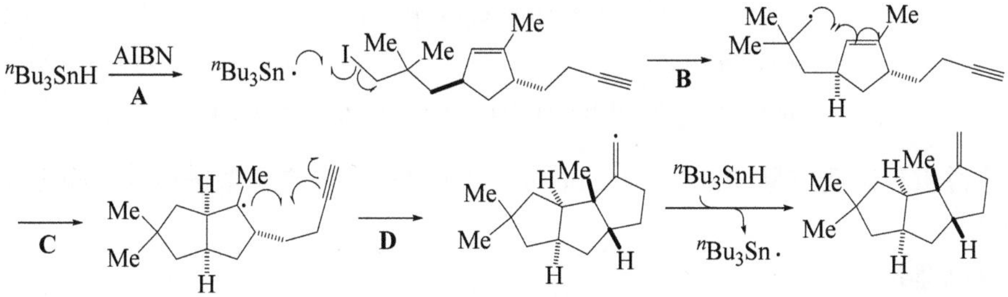

$^nBu_3SnH$ —AIBN, **A**→ $^nBu_3Sn\cdot$ I Me Me Me —**B**→ Me Me Me H

—**C**→ Me Me H H Me —**D**→ Me Me H Me H H —$^nBu_3SnH$, $^nBu_3Sn\cdot$→ Me Me H Me H H

A—形成锡自由基；**B**—锡自由基进攻碘原子开始最初的自由基反应链；**C**—自由基与烯进行自由基外关环反应形成一个新的五元环；**D**—自由基与炔进行自由基外关环反应形成一个新的五元环。

反应实例3

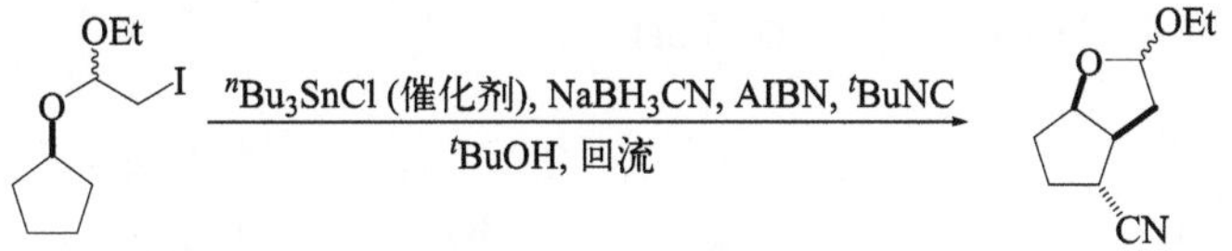

OEt I O

$^nBu_3SnCl$ (催化剂), $NaBH_3CN$, AIBN, ^tBuNC
^tBuOH, 回流

O OEt CN

Stork G, Sher P M. J Am Chem Soc, 1986, 108: 303.

【反应说明】该反应是自由基环化反应。

【反应机理】

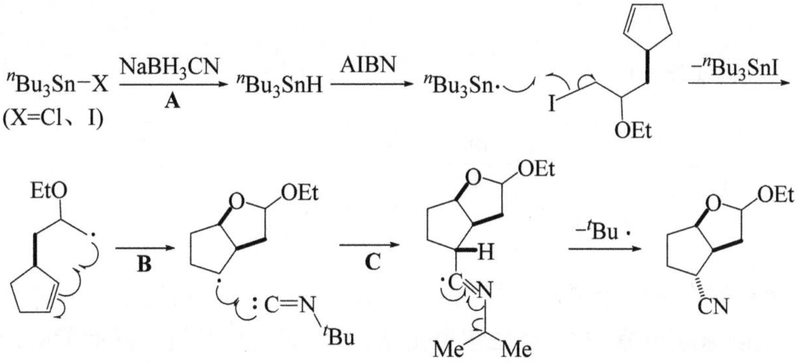

$^nBu_3Sn-X$ (X=Cl、I) —$NaBH_3CN$, **A**→ $^nBu_3SnH$ —AIBN→ $^nBu_3Sn\cdot$ I OEt —$-^nBu_3SnI$→

EtO —**B**→ O OEt : C=N ^tBu —**C**→ O OEt H C N Me Me —$-^tBu\cdot$→ O OEt CN

A—n-Bu_3SnX 被 $NaBH_3CN$ 还原成 $^nBu_3SnH$，然后形成自由基；**B**—五元自由基环化反应；**C**—自由基和异腈加成，然后消去一个叔丁基自由基得到产物。

7.1.2 用自由基反应脱羟基

反应实例 1

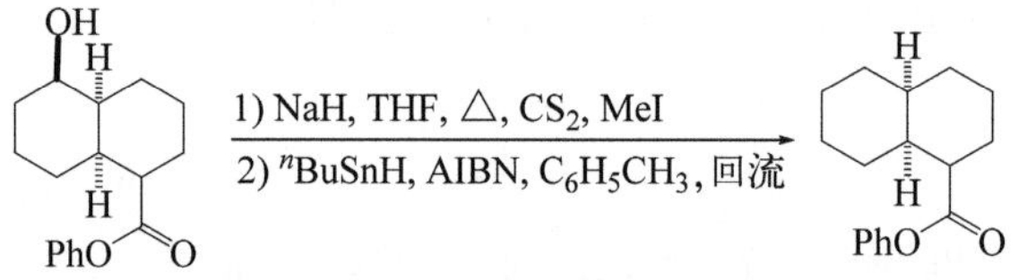

1) NaH, THF, △, CS_2, MeI

2) ^nBuSnH, AIBN, $C_6H_5CH_3$, 回流

Comins D L, Abdullah A H. Tetrahedron Lett, 1985, 26: 43.

【反应说明】 该反应是 Barton-McCombie 自由基脱氧反应，是选择性地脱去羟基氧的反应。

【反应机理】

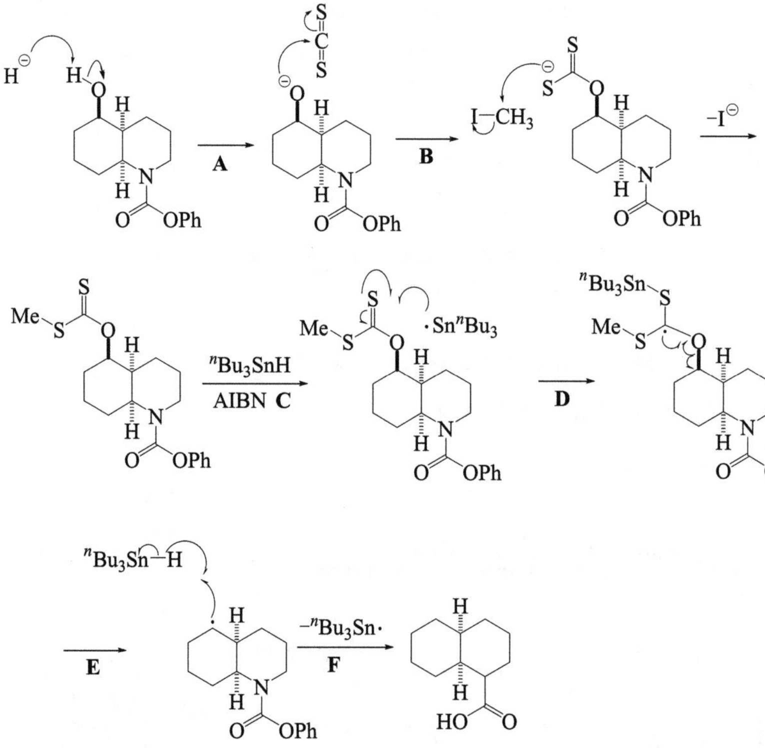

A—醇被碱夺去一个氢形成氧负离子；**B**—氧负离子加成到二硫化碳上，然后甲基化形成磺原酸甲酯；**C**—产生锡自由基；**D**—锡自由基进攻磺酸酯的硫原子形

成一个较稳定的碳自由基；**E**—碳氧键断裂形成仲碳自由基；**F**—从 $^{n}Bu_3SnH$ 得到一个氢原子生成产物。

反应实例 2

N
S
N
O
O
Me
$^{n}Bu_3SnH$, AIBN (cat)
苯, 回流
H Me
OH

Rawal V H, Newton R C, Krishnamurthy V. J Org Chem, 1990, 55: 5181.

【反应说明】 该反应是 Barton-McCombie 脱氧反应的衍生反应。

【反应机理】

$^{n}Bu_3SnH$ AIBN
$^{n}Bu_3Sn\cdot$
S
N
N
O
O
^{n}Bu
$^{n}Bu_3Sn$—S
N
N
O
O
^{n}Bu
A
O
^{n}Bu
B
O
H
Me
C
Me
OH
D
$^{n}Bu_3Sn$—H
H Me
OH
$-^{n}Bu_3Sn\cdot$
H Me
OH

A—Barton-McCombie 脱氧反应；**B**—张力较大的环氧乙烷开环；**C**—经过一个五元环过渡态氢原子发生分子内迁移；**D**—经五元自由基外关环生成产物。

7.1.3 用自由基反应脱羧基

反应实例

S
HO
N
O
R Cl
O
R O N
S
$^{n}Bu_3SnH$
AIBN, △
R—H

R=n-$C_{17}H_{35}$

Barton D H R, Dowlatshahi H A, Motherwell W B, et al.
J Chem Soc Chem Commun, 1980: 732.

【反应说明】 该反应是 Barton 自由基脱羧反应。

【反应机理】

H_3C NC H_3C $N{=}N$ CH_3 CN CH_3 →(A) N_2 + 2 $\cdot C(CH_3)_2CN$

$^nBu_3Sn{-}H$ + $\cdot C(CH_3)_2CN$ → $^nBu_3Sn\cdot$ + $H{-}C(CH_3)_2CN$

R, O, N, S, O, $\cdot Sn^nBu_3$ → R, O, O, N, S, $^nBu_3Sn$ →(B) $R\cdot$ + $H{-}Sn^nBu_3$; N, S, Sn^nBu_3, CO_2

A—AIBN 均裂脱去一分子氮气，产生自由基；B—自由基吡啶硫酮电子转移脱去二氧化碳得到烷基自由基，最后再与三丁基锡氢原子交换得到产物，同时自由基还原。

7.2 由金属原子提供电子引发的反应

7.2.1 由金属锂提供一个单电子

反应实例

TsO, O →(Li / 液NH_3) O

Stork G, Tsuji J. J Am Chem Soc, 1961, 83: 2783.

【反应说明】该反应是通过单电子转移生成桥环化合物的反应。

【反应机理】

OTs, O; Li/NH_3 → $e^{\ominus}$ → OTs, $O^{\ominus}$ → OTs, $O^{\ominus}$, $e^{\ominus}$ →

OTs, $O^{\ominus}$, $\ominus$ →($-TsO^{\ominus}$) $O^{\ominus}$ →(后处理 / $+H^{\oplus}$) HO → O

两次连续的单电子转移反应后，通过 S_N2 亲核取代反应形成环丙烷。

7.2.2 由一价铜提供一个单电子

反应实例

$$\text{PhNH}_2 \xrightarrow[\text{butadiene},\ \text{CuCl}_2\ (\text{痕量CuCl}),\ 0\ ^\circ\text{C}]{\text{NaNO}_2,\ \text{HCl(aq)},\ 0\ ^\circ\text{C}} \text{PhCH}_2\text{CH=CHCH}_2\text{Cl}$$

Ropp G A, Coyner E C. Org Synth, 1963, Coll Vol 4: 727.

【反应说明】 该反应是 Meerwein 芳基化反应，苯胺先与亚硝酸反应形成重氮盐，然后得到一个单电子，脱去一分子氮气形成关键中间体苯自由基，最后与 1,3-丁二烯发生自由基加成反应。

【反应机理】

$$\text{PhNH}_2 \xrightarrow[\text{HCl}\ \ \mathbf{A}]{\text{NaNO}_2} \text{PhN}_2^{\oplus}\ \text{Cl}^{\ominus} \xrightarrow[\text{CuCl}_2]{\text{CuCl},\ e^{\ominus}\ \ \mathbf{B}} \text{Ph-N=N}^{\cdot} \longrightarrow$$

$$\text{Ph}^{\cdot} + \text{butadiene} \xrightarrow{\mathbf{C}} \text{PhCH}_2\text{CH=CHCH}_2^{\cdot}\ \ \text{Cl—CuCl} \xrightarrow[\mathbf{D}]{-\text{CuCl}} \text{PhCH}_2\text{CH=CHCH}_2\text{Cl}$$

A—苯胺与亚硝酸反应形成重氮盐；**B**—单电子转移同时脱去一分子氮气形成苯自由基；**C**—苯自由基与丁二烯发生自由基加成反应形成较稳定的自由基；**D**—自由基与氯化铜反应得到产物，同时释放出一分子氯化亚铜使自由基反应能够继续下去。

7.2.3 由二价铬提供一个单电子

反应实例

$$\text{MeCH=CHCH}_2\text{Br} \xrightarrow[\text{THF},\ 0\ ^\circ\text{C}\sim\text{rt}]{\text{PhCHO},\ \text{CrCl}_2\ (2\ \text{eq})} \text{PhCH(OH)CH(Me)CH=CH}_2$$

Okude Y, Hirano S, Hiyama T, et al. J Am Chem Soc, 1977, 99: 3179.

【反应说明】 该反应是金属有机化合物与醛酮通过一个六元环过渡态有选择性的加成反应。

【反应机理】

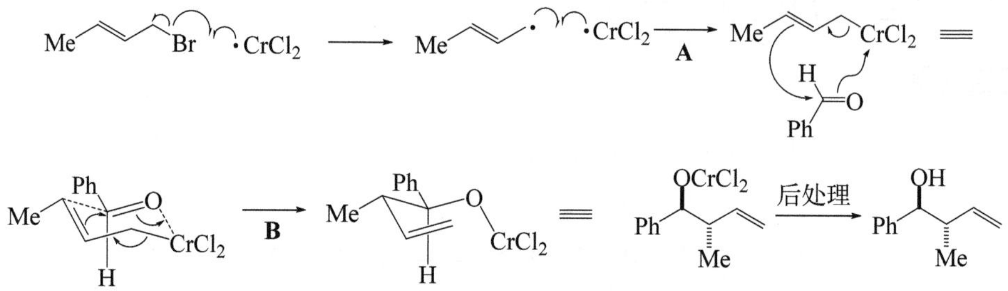

A—由于二氯化铬是一种能提供单电子的还原剂，所以需要两分子的二氯化铬与一分子的烷基溴反应形成相应的有机铬；B—有机铬与醛通过一个六元环加成，然后后处理得到产物。

7.2.4 由二价钐提供一个单电子

反应实例

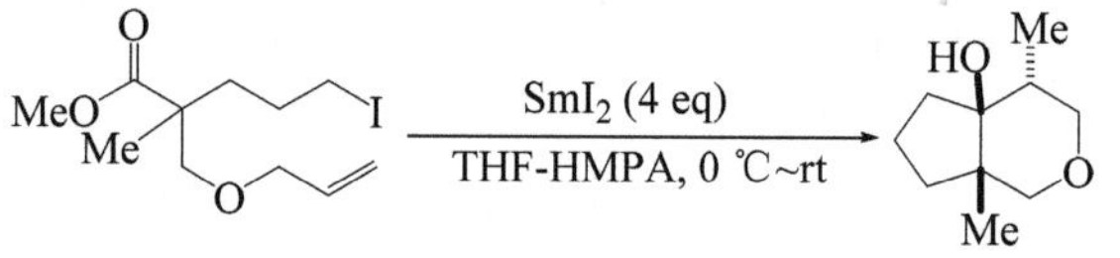

SmI_2 (4 eq)
THF-HMPA, 0 ℃~rt

Molander G A, Harris C R. J Org Chem, 1997, 62: 2944.

【反应说明】该反应是用碘化钐作为自由基引发剂的关环反应。

【反应机理】

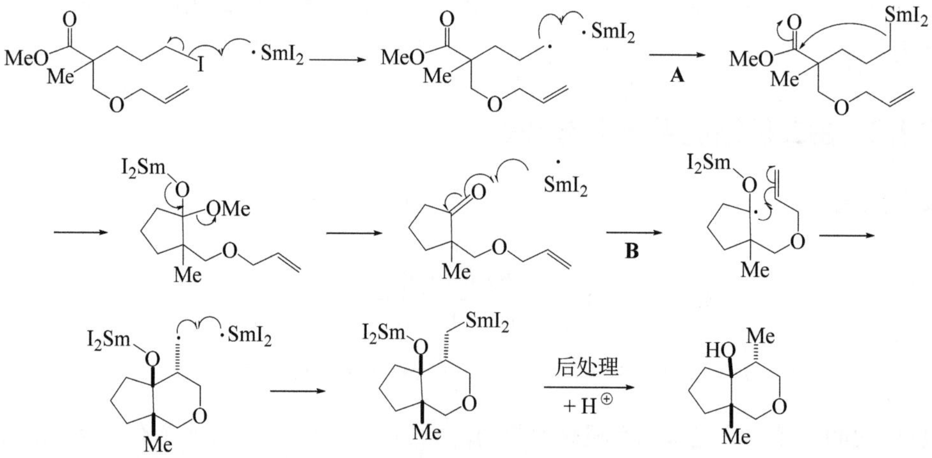

A—由于碘化钐是一种单电子还原剂，所以需要两分子的碘化钐与烷基碘反应生成相应的有机钐中间体；B—单电子转移后进行自由基电环化反应。

7.2.5　由金属钠提供一个单电子

反应实例 1

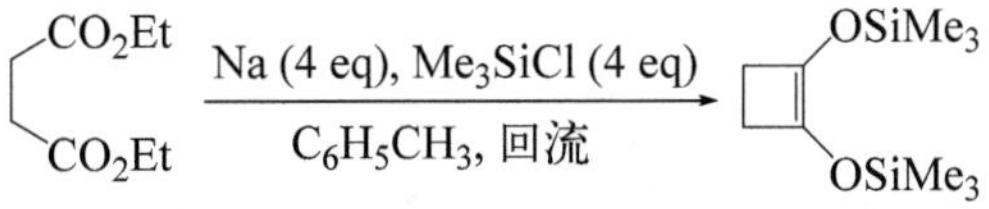

Na (4 eq), Me_3SiCl (4 eq)

$C_6H_5CH_3$, 回流

Bloomfield J J, Nelke J M. Org Synth, 1988, Coll Vol 6: 167.

【反应说明】 该反应是自由基醇酮缩合反应。

【反应机理】

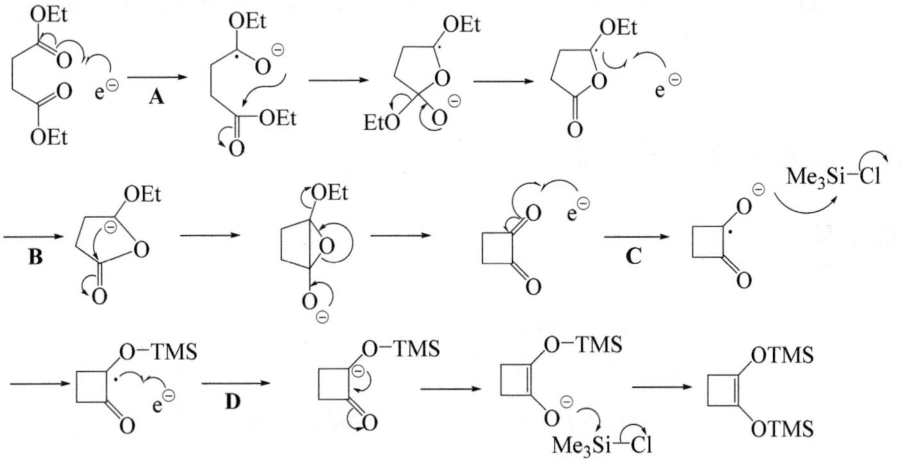

A—单电子转移，然后进行分子内酰化；**B**—单电子转移，然后缩环；**C**—单电子转移，然后硅烷化；**D**—单电子转移形成烯醇盐，然后硅烷化得到产物。

反应实例 2

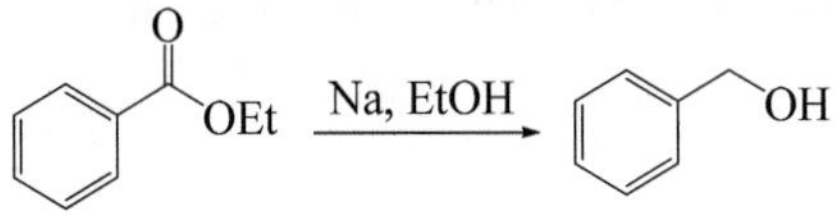

Na, EtOH

Bouveault L, Blanc G. Compt Rend, 1903, 136: 1676.

【反应说明】 该反应为 Bouveault-Blanc 反应，酯和醛在醇溶液中被金属钠还原成伯醇，而酮在同样条件下被还原成仲醇。另外说明，如果溶剂是非极性溶剂（如苯、乙醚等）主要产物为双分子偶联产物，醛酮被还原为邻二醇，酯被还原为邻二酮。

【反应机理】

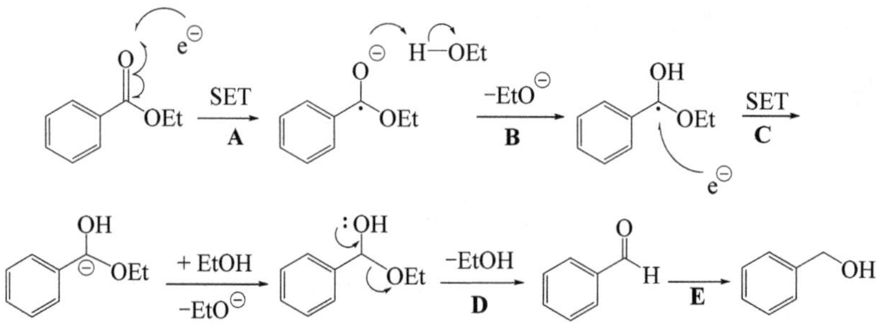

A—单电子转移（SET），羰基氧得到一个电子形成氧负离子，同时羰基碳形成一个单电子自由基；B—溶剂提供一个质子形成醇羟基；C—单电子转移形成碳负离子；D—半缩醛脱去一分子乙醇形成中间体醛；E—同样经过两次单电子转移，醛被还原到伯醇。

7.3 过氧化物引发的反应

反应实例

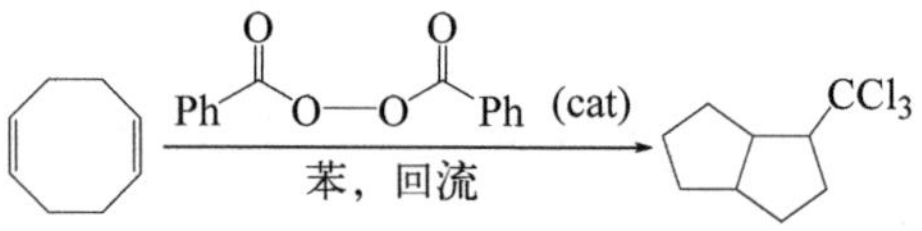

Dowbenko R. Org Synth, 1973, Coll Vol 5: 93.

【反应说明】该反应为自由基关环反应，是过氧化物作为自由基引发剂使环辛二烯转变为桥环化合物的反应。

【反应机理】

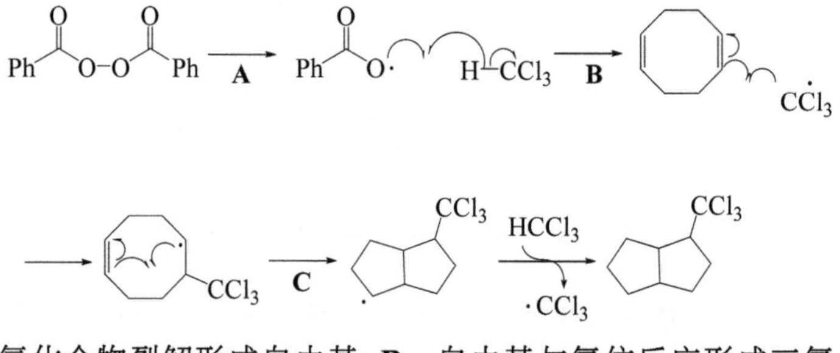

A—过氧化合物裂解形成自由基；B—自由基与氯仿反应形成三氯甲烷自由基，然后三氯甲烷自由基与环辛二烯加成形成桥环化合物；C—环自由基与氯仿反应得到产物，同时释放出一个三氯甲烷自由基能够使反应继续下去。

7.4 光照引发的反应

7.4.1 光照使羰基形成自由基

反应实例

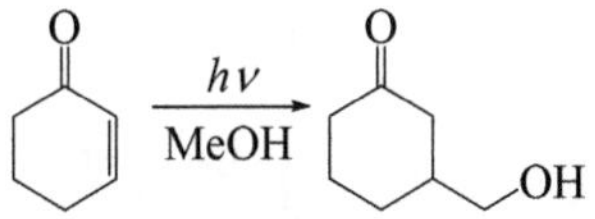

Fraser-Reid B, Hicks D R, Walker D L, et al. Tetrahedron Lett, 1975, 16: 297.

【反应说明】该反应是在光照条件下引发自由基反应，在 *α*,*β*-不饱和羰基的 *β*-碳上引入碳链的反应。

【反应机理】

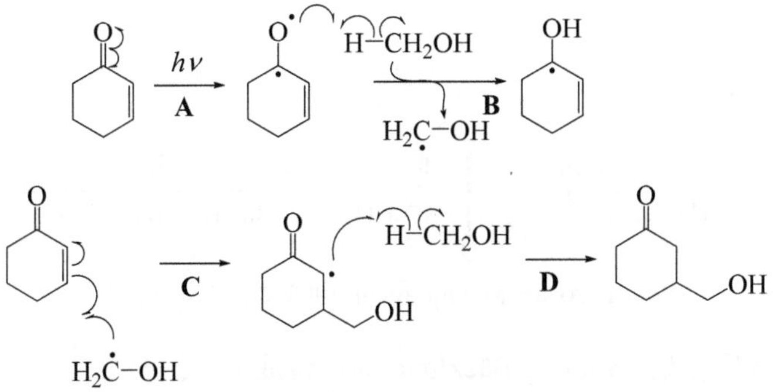

A—在光照条件下 n-π*电子跃迁形成三重态两个自由基；**B**—氧自由基从甲醇上得到一个氢原子，同时也产生了羟基甲基自由基；**C**—羟基甲基自由基与另一分子烯酮加成形成较稳定的碳自由基；**D**—碳自由基从甲醇上得到一个氢原子生成产物，同时也释放出一个羟基甲基自由基能够使反应继续进行下去。

7.4.2 光照使杂原子间的键断裂形成自由基

反应实例 1

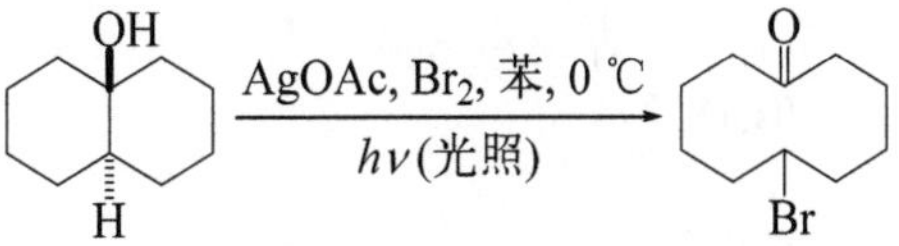

Beckwith A L, Kazlauskas R J, Syner-Lyons M R. J Org Chem, 1983, 48: 4718.

【反应说明】该反应是光诱导均裂反应。

【反应机理】

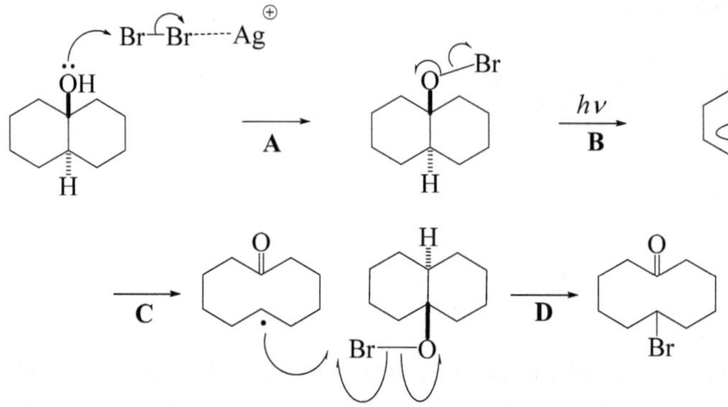

A—在银离子的推动下，醇与溴分子反应形成次溴酸酯；B—光诱导均裂反应产生自由基；C—碳碳键裂解形成较稳定的仲碳自由基；D—溴原子迁移得到产物，同时又生成了新的自由基能够使反应继续下去。

反应实例 2

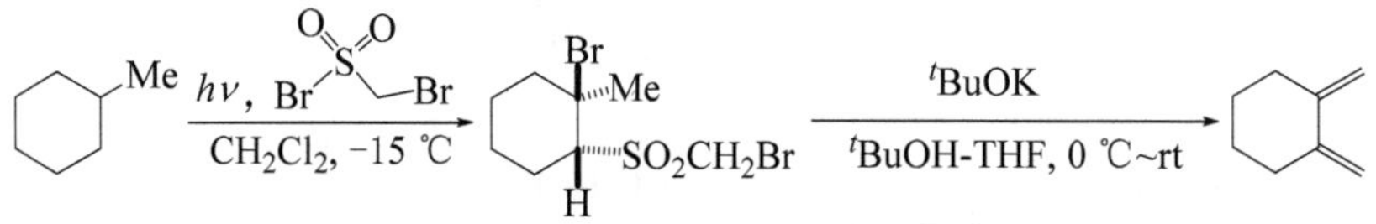

Block E, Aslam M. Org Synth, 1993, Coll Vol 8: 212.

【反应说明】该反应是 Ramberg-Bäcklund 烯烃合成反应。

【反应机理】

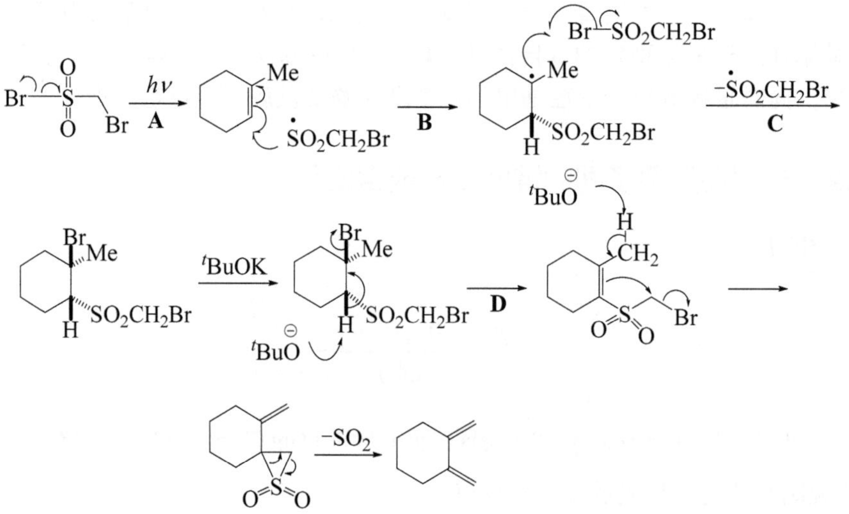

A—光诱导电子转移均裂反应形成亚磺酰自由基；**B**—亚磺酰自由基与烯加成形成一个稳定的叔碳自由基；**C**—叔碳自由基进攻溴同时释放出一个亚磺酰自由基使反应能够继续进行；**D**—消去一分子溴化氢，然后进行 Ramberg-Bäcklund 反应生成产物。

反应实例 3

S O N O N Bu $h\nu$, BF_3 OEt_2 THF, rt Bu N S N

Newcomb M, Ha C. Tetrahedron Lett, 1991, 32: 6493.

【**反应说明**】该反应是通过光诱导均裂反应合成硫醚的反应。

【**反应机理**】

S N O O N Bu $h\nu$ **A** O O N Bu $-CO_2$ **B** N Bu F_3B **C**

Bu F_3B—N ⊖ ⊕ **D** F_3B ⊖ Bu N ⊕ CH_2 S N O O N Bu **E**

N O O N Bu S ⊕ N ⊖ F_3B Bu → F_3B ⊖ Bu N ⊕ S N 后处理 Bu N S N

A—光诱导电子转移均裂反应；**B**—脱缩形成氨基自由基；**C**—氨基自由基被路易斯酸活化；**D**—动力学优先的五元自由基环化反应；**E**—形成新的碳硫键并断开氮氧键，基团交换形成产物。

反应实例 4

AcO AcO Me Me H Me OH OAc 1) NOCl, 吡啶, −20℃ 2) $h\nu$, 苯, rt 3) THF-^{i}PrOH, 回流 NOH AcO AcO Me Me H Me OH OAc

Murai A, Nishizakura K, Katsui N, et al. Tetrahedron Lett, 1975, 16: 4399.

【反应说明】该反应是 Barton 反应。

【反应机理】

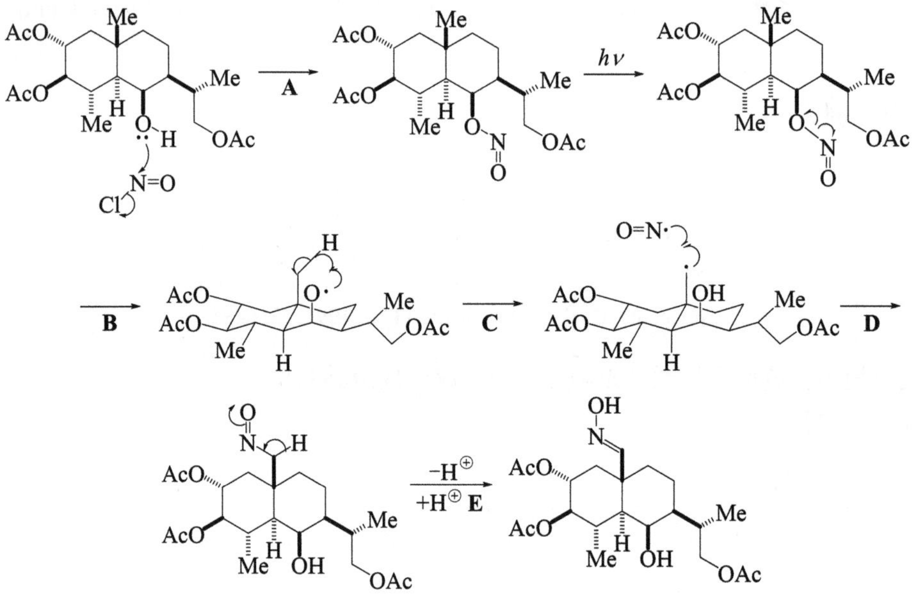

A—形成亚硝酸酯；B—光诱导均裂反应产生自由基；C—通过一个六元环发生1,5-氢迁移；D—形成的碳自由基与·NO 自由基进行再结合；E—互变异构生成肟。

反应实例 5

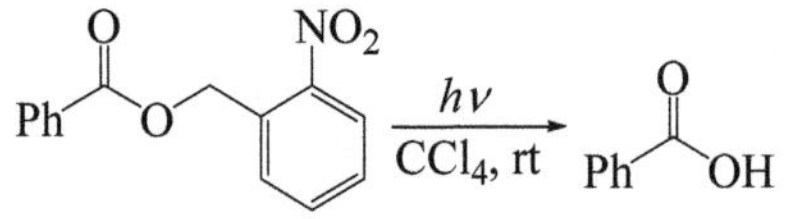

Barltrop J A, Plant P J, Schofield P. Chem Commun, 1996: 822.

【反应说明】该反应是通过光照引发自由基反应脱去氧上苄基保护的反应。

【反应机理】

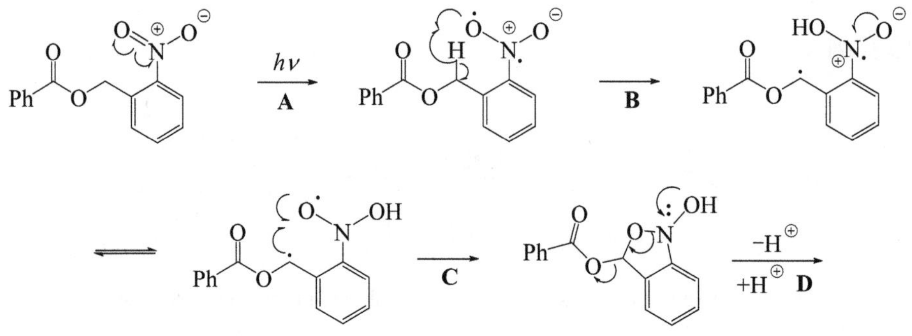

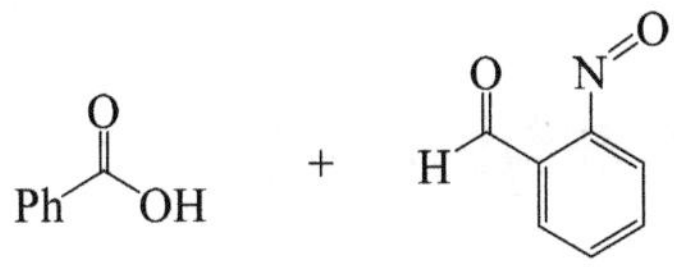

A—光照活化形成双自由基；**B**—分子内氢迁移；**C**—分子内自由基再结合；**D**—脱去苯甲酸形成产物。

7.4.3 光照使电子转移形成自由基

反应实例

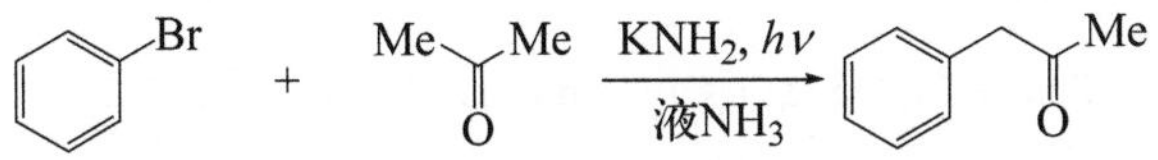

Rossi R A, Bunnett J F. J Org Chem, 1973, 38: 3020.

【反应说明】该反应是溴苯与丙酮在碱性和光照条件下，发生自由基加成反应生成甲基苄基酮的反应。

【反应机理】

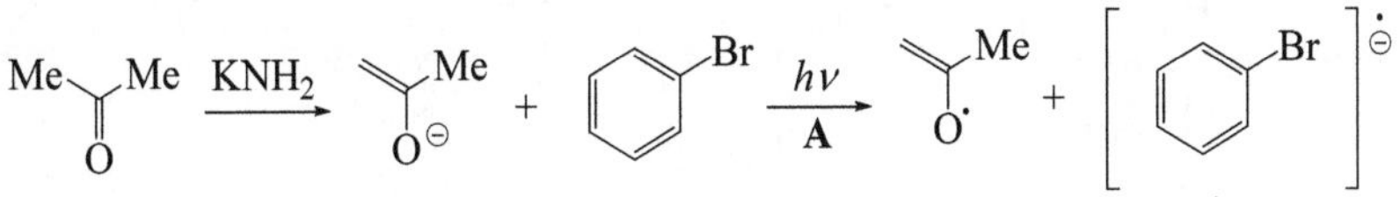

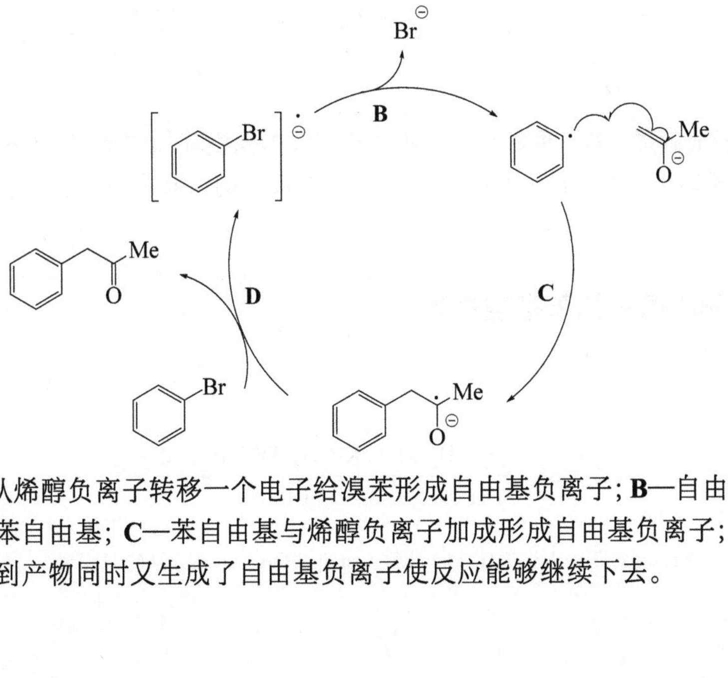

A—从烯醇负离子转移一个电子给溴苯形成自由基负离子；**B**—自由基负离子裂解形成苯自由基；**C**—苯自由基与烯醇负离子加成形成自由基负离子；**D**—单电子转移得到产物同时又生成了自由基负离子使反应能够继续下去。

7.5 形成稳定基团引发自由基的反应

7.5.1 脱去氮气形成自由基

反应实例

1) CH_2N_2, Et_3N, Et_2O, 0 ℃
2) 95 ℃

Fischer N, Opitz G. Org Synth, 1973, Coll Vol 5: 877.

【反应说明】 该反应是 Ramberg-Bäcklund 反应。

【反应机理】

A—形成磺烯；**B**—重氮甲烷与磺烯进行 1,3-偶极环加成反应；**C**—脱去一分子氮气形成环丙硫酚；**D**—Ramberg-Bäcklund 反应同时脱去一分子二氧化硫得到产物。

7.5.2 形成稳定的苄基自由基

反应实例

1) $ClCH_2COPh$, K_2CO_3, THF, rt
2) $h\nu$, 环戊二烯, CH_2Cl_2, rt

Vedejs E, Eberlein T H, Mazur D J, et al. J Org Chem, 1986, 51: 1556.

【反应说明】该反应是 Norrish Ⅱ 型反应。

【反应机理】

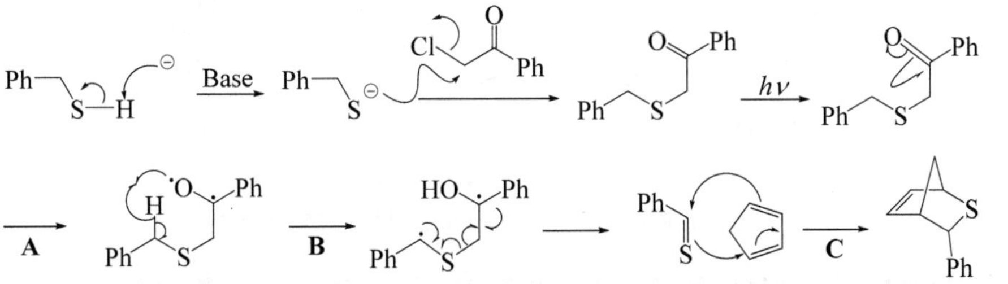

A—n-π*电子跃迁；B—分子内 1,5 氢迁移，然后碎片化形成反应性高的硫醛；C—发生杂原子 Diels-Alder 反应得到产物。

7.5.3 环丙烷开环形成自由基

反应实例 1

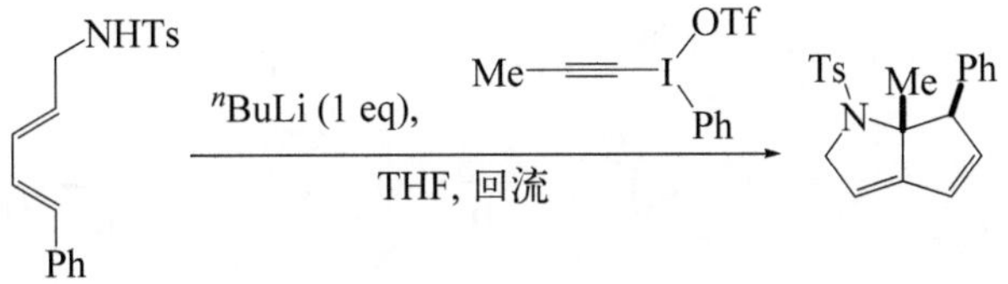

Feldman K S, Mareska D A. J Org Chem, 1999, 64: 5650.

【反应说明】该反应提供了一种合成五元并环的方法。

【反应机理】

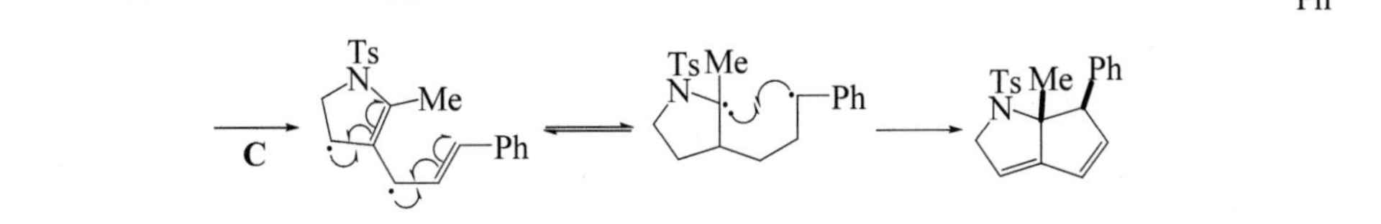

A—磺胺离子进攻缺电子的炔形成亚烷基卡宾；B—环化形成环丙烷；C—不稳定的环丙烷发生均裂反应。

反应实例 2

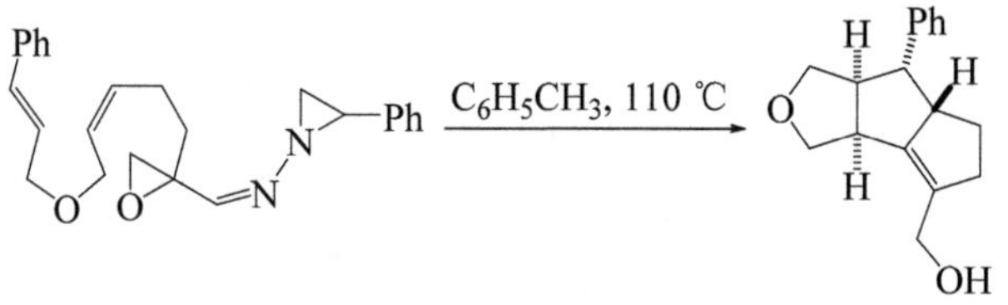

$C_6H_5CH_3$, 110 ℃

Lee H Y, Kim Y. J Am Chem Soc, 2003, 125: 10157.

【反应说明】该反应是提供了一种一步合成三个五元并环化合物的方法。

【反应机理】

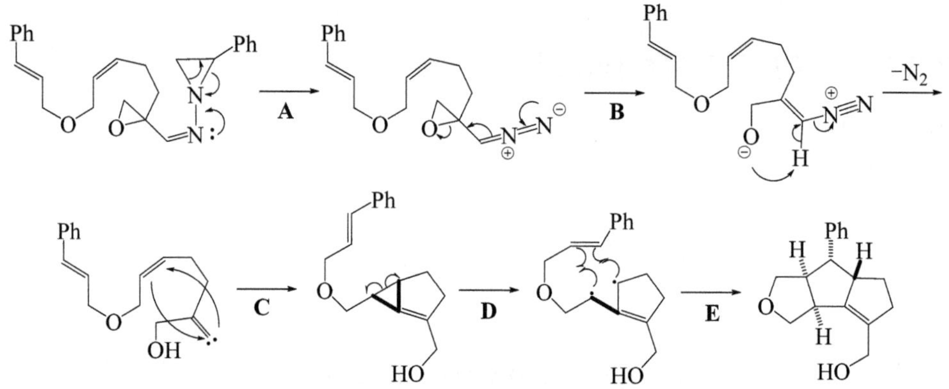

A　　B　　$-N_2$

C　　D　　E

A—烯氨基亚胺热分解形成重氮烷；**B**—环氧乙烷分解，然后消去一分子氮气形成烯碳卡宾；**C**—形成环丙烷；**D**—环丙烷均裂形成双自由基体；**E**—自由基加成反应得到产物。

第 8 章

官能团转换反应

8.1 羧酸与羧酸衍生物互变反应

8.1.1 由羧酸合成羧酸酯

反应实例 1

$$\text{PhCOOH} \xrightarrow[\text{EtOH, 回流}]{H_2SO_4\ (cat)} \text{PhCOOEt}$$

Fischer E, Speier A. Ber Deut Chem Ges, 1895, 28: 3252.

【反应说明】该反应是羧酸与醇在酸性条件下生成酯的反应。

【反应机理】

$$\text{PhCOOH} \xrightarrow{A} \text{PhC(=}\overset{\oplus}{O}\text{H)OH} \xrightarrow[\text{EtOH}]{B} \text{PhC(OH)}_2(\overset{\oplus}{O}\text{HEt}) \xrightarrow[C]{-H^{\oplus}} \text{PhC(OEt)(OH)}_2 \xrightarrow[D]{+H^{\oplus}} \text{PhC(OEt)(OH)(}\overset{\oplus}{O}H_2) \xrightarrow[E]{-H_2O} \text{PhC(=}\overset{\oplus}{O}\text{H)OEt} \xrightarrow[F]{-H^{\oplus}} \text{PhCOOEt}$$

A—羰基先得到一个质子活化；**B**—乙醇进攻活化了的羰基；**C**—脱去一个质子生成一个四面体结构的中间体；**D**—质子化使羟基成为一个易离去基团；**E**—在氧的孤对电子的推动下脱去一分子水；**F**—脱去一个质子生成羧酸酯。

反应实例 2

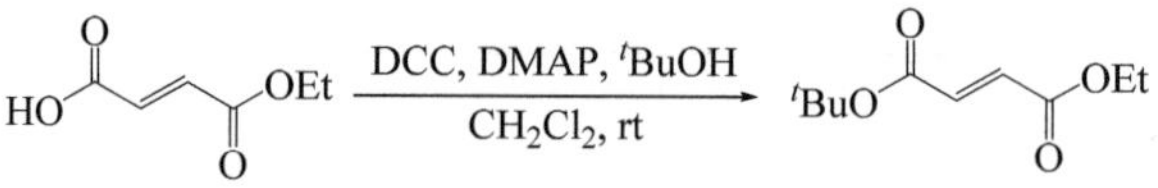
HO
O
O
OEt
DCC, DMAP, ᵗBuOH
CH₂Cl₂, rt
ᵗBuO
OEt

Neises B, Steglich W. Org Synth, 1990, Coll Vol 7: 93.

【反应说明】该反应是以二环己基碳二亚胺（DCC）作为缩合剂，4-二甲氨基吡啶（DMAP）作为催化剂把羧酸和醇缩合生成酯的反应。它可以在比较温和的条件下进行，是一个有机合成者偏爱的反应。

【反应机理】

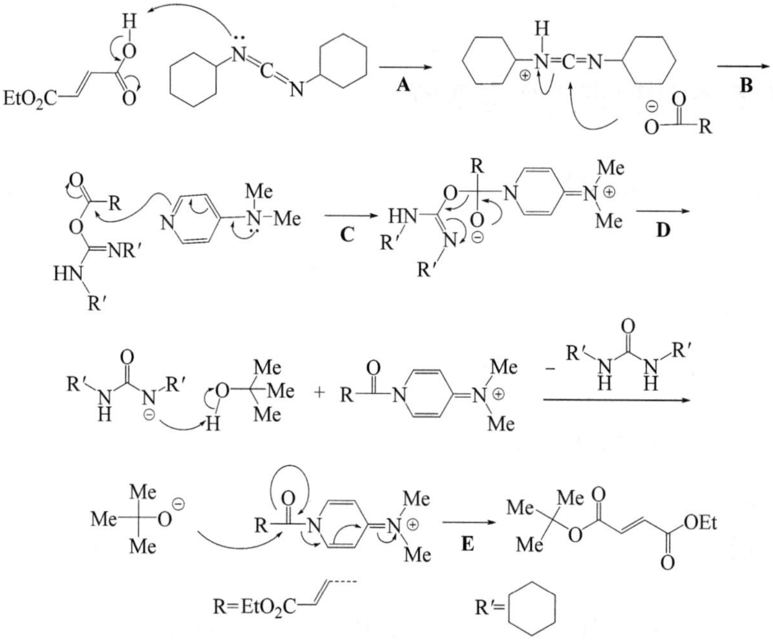
EtO₂C
A
B
C
D
E
R=EtO₂C
R′=

A—缩合剂 DCC 从羧酸得到一个质子；**B**—羧酸负离子进攻质子化后的 DCC；**C**—亲核性较强的 DMAP 进攻羰基；**D**—在氧负离子的推动下消去一分子尿素负离子，然后它从叔醇上夺取一个质子；**E**—醇负离子进攻羰基形成一个四面体中间体，然后消去一分子 DMAP 生成了产物。

反应实例 3

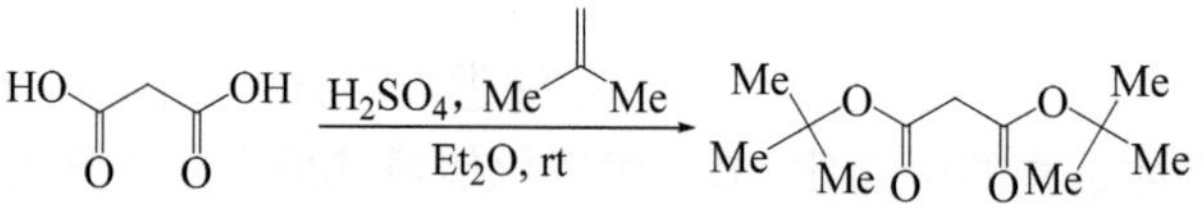
HO
OH
H₂SO₄, Me
Me
Et₂O, rt

McCloskey A L, Fonken G S, Kluiber R W, et al. Org Synth, 1963, Coll Vol 4: 261.

【反应说明】该反应是丙二酸与异丁烯在酸性条件下生成丙二酸二叔丁酯的反应。

【反应机理】

Me Me H⊕ —A→ Me ⊕ Me Me HO O O OH —B→ Me Me Me O O O HO ⊕ OH —$-H^{\oplus}$→

Me Me Me O O O O OH ⟶ Me Me Me O O O O O Me Me Me

A—异丁烯质子化形成一个稳定的叔碳正离子；B—羧酸的孤对电子进攻叔碳正离子形成单酯，然后继续反应生成二酯。

反应实例 4

O OH + Me HO CO_2Et —DEAD, PPh_3 / 苯, rt→ O O Me CO_2Et

Mitsunobu O. Synthesis, 1981: 1.

【反应说明】该反应是 Mitsunobu 反应，是带有较强酸性质子（$pK_a \leqslant 15$）的亲核试剂三苯基膦（PPh_3）与醇发生的缩合反应。特别注意的是反应后醇的 α 碳发生了构型翻转。

【反应机理】

EtO_2C N=N CO_2Et Ph_3P: —A→ EtO_2H_2C N−N CH_2O_2Et $Ph_3P^{\oplus}$ ⊖ H O O —B→ EtO_2C N−NH CO_2Et $Ph_3P^{\oplus}$ Me HO CO_2Et

—C→ EtO_2C N−NH CO_2Et ⊖ $Ph_3P^{\oplus}$ O⊕ H Me CO_2Et —(− EtO_2C HN−NH CO_2Et)→ $Ph_3P^{\oplus}$ O Me CO_2Et ⊖O O

—($-Ph_3P$=O) D→ O O Me CO_2Et

A—亲核试剂三苯基膦在偶氮二甲酸二乙酯（DEAD）上共轭加成形成了一个双极离子；B—反应体系中最强酸性质子脱去，该反应体系中羧酸的质子先脱去；

C—醇中羟基氧的孤对电子进攻活化了的 DEAD 试剂，然后脱去质子；**D**—羧酸负离子进攻羟基碳伴随构型翻转。

反应实例 5

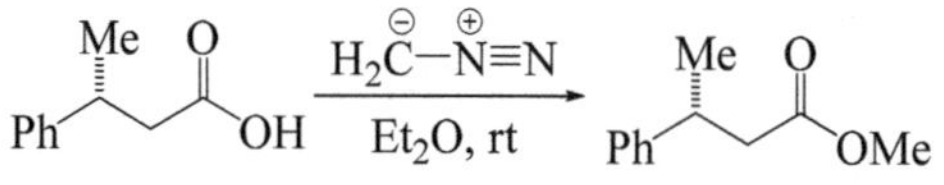

Black T H. Aldrichimica Acta, 1983, 16: 3.

【反应说明】该反应是羧酸与重氮甲烷在中性条件下生成甲酸酯的反应。从羧酸生成酯的一般方法是用羧酸与醇在酸性条件下反应。如羧酸化合物中含有对强酸不稳定的基团，可以采用该方法来得到羧酸酯。

【反应机理】

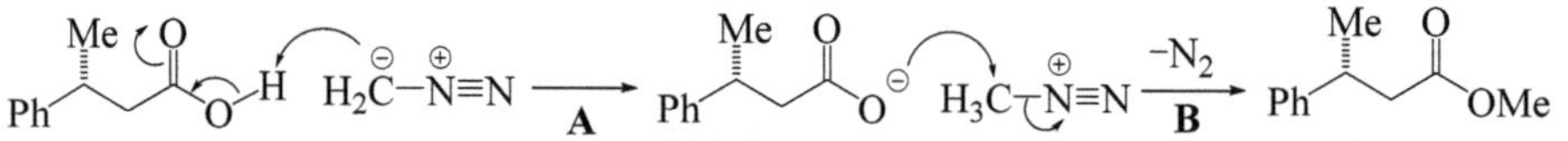

A—重氮甲烷作为碱先夺去羧酸的活泼氢形成羧酸负离子［$pK_a(CH_3CO_2H) = 4.8$, $pK_a(CH_3N_2) = 10.2$］；**B**—羧酸负离子进攻质子化后的重氮甲烷发生 S_N2 反应，脱去一分子氮气生成羧酸酯。

反应实例 6

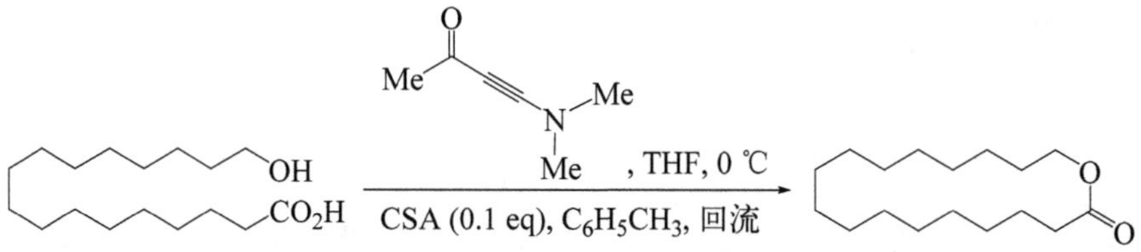

Gais H J. Tetrahedron Lett, 1984, 25: 273.

【反应说明】醇与羧酸反应生成酯的反应一直是很多化学家们研究的一个重要课题，这里提供了一种新的缩合剂来完成这个反应。

【反应机理】

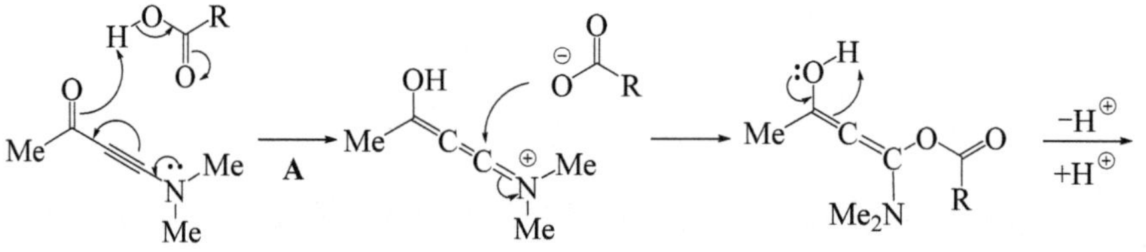

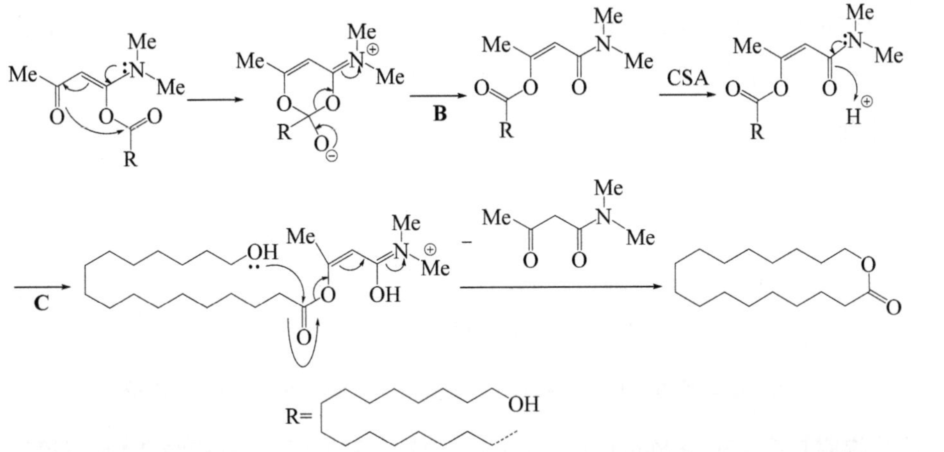

A—羰基得到一个质子活化，然后羧基负离子进攻亚胺离子；**B**—酰基转移形成乙烯基酸酐；**C**—酸酐得到一个质子活化，分子内羟基进攻。

反应实例 7

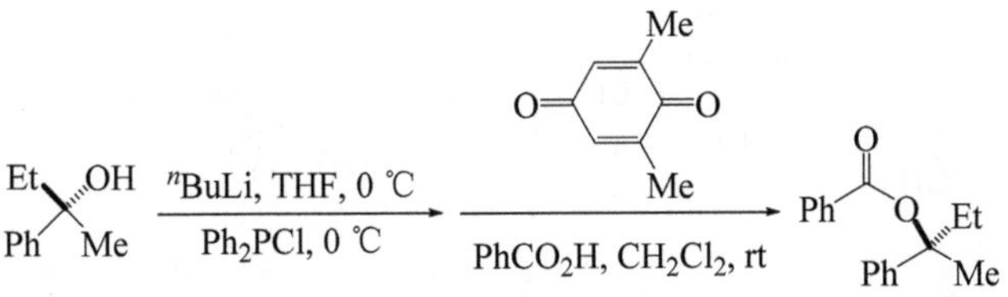

Mukaiyama T, Shintou T, Fukumoto K. J Am Chem Soc, 2003, 125: 10538.

【反应说明】该反应也是一种醇与羧酸反应形成酯的反应，同时醇的 α 碳发生构型翻转。

【反应机理】

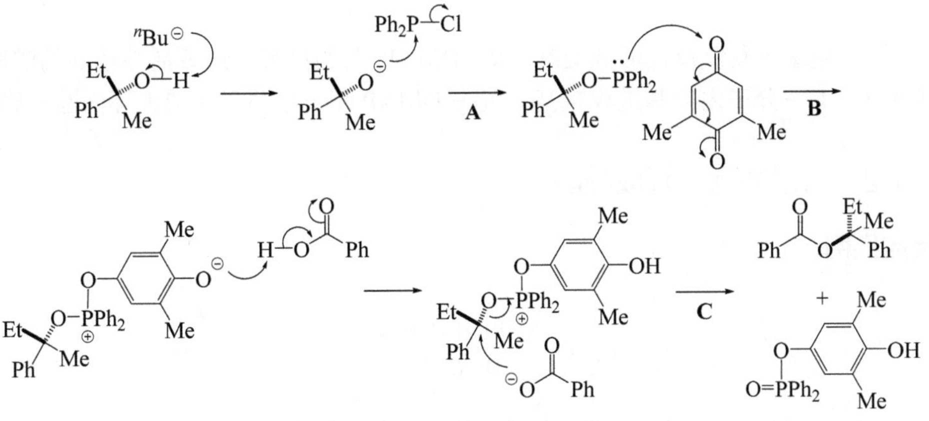

A—形成烷氧基磷酯。**B**—烷氧基磷酯加成到缺电子的奎宁上；**C**—S_N2 亲核取代反应伴随着构型的翻转。

反应实例 8

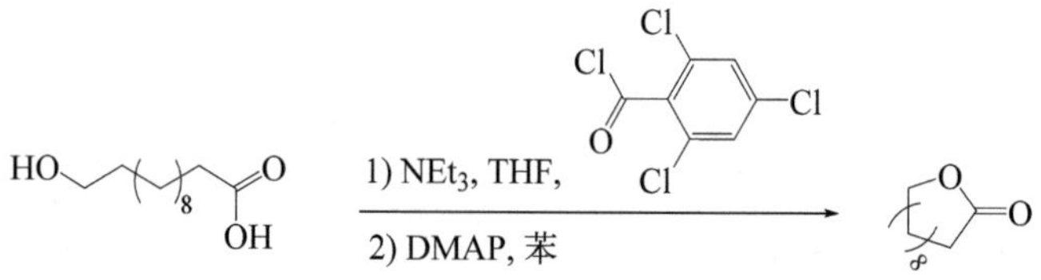

HO–(CH₂)₈–COOH → 1) NEt_3, THF, 2,4,6-三氯苯甲酰氯（Cl, Cl, Cl, Cl, O）; 2) DMAP, 苯 → 大环内酯（O, O, 8）

Inanaga J, Hirata, K, Saeki H, et al. Bull Chem Soc Jpn, 1979, 52: 1989.

【**反应说明**】该反应是 Yamaguchi 反应，含有羟基的羧酸化合物经 2,4,6-三氯苯甲酰氯和 DMAP 催化，分子内关环构建大环内酯的反应。

【**反应机理**】

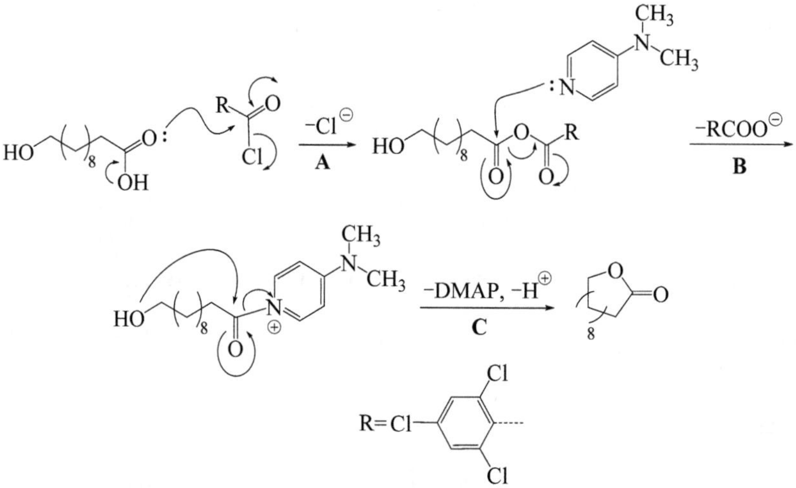

HO, 8, O:, OH; R, O, Cl; $-Cl^{\ominus}$, **A**; HO, 8, O, O, R, O; CH_3, N, CH_3, :N; $-RCOO^{\ominus}$, **B**

HO, 8, O, N, $\oplus$, CH_3, N, CH_3; $-DMAP, -H^{\oplus}$, **C**; O, O, 8

R= Cl, Cl, Cl（2,4,6-三氯苯基）

A—羧基与酰氯反应形成酸酐；**B**—DMAP 与酸酐反应形成活性较高的酰胺正离子；**C**—分子内羟基进攻羰基，脱去 DMAP 和一个质子生成大环内酯产物。

8.1.2 由羧酸酯水解成羧酸

反应实例

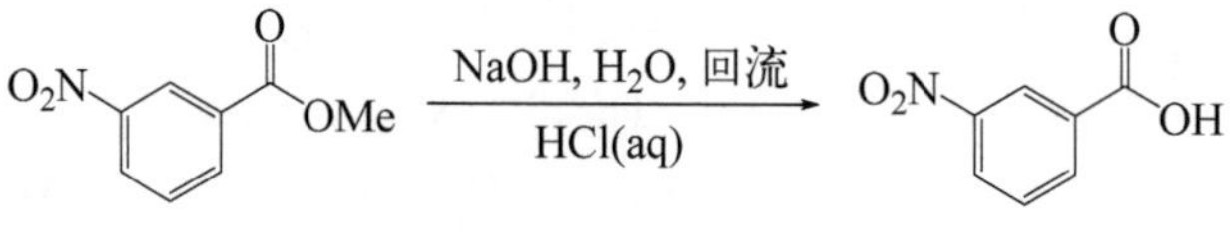

O_2N–C₆H₄–COOMe（O, OMe）→ NaOH, H_2O, 回流; HCl(aq) → O_2N–C₆H₄–COOH（O, OH）

Kamm O, Segur J B. Org Synth, 1941, 1: 91.

【反应说明】该反应是羧酸酯在碱性条件下水解，然后酸性后处理生成相应的羧酸和醇。

【反应机理】

O_2N … OMe, $^{\ominus}OH$ —A→ O_2N … $O^{\ominus}$, OH, OMe —B→ O_2N … O—H, $^{\ominus}OH$

—C→ O_2N … $O^{\ominus}$, $H^{\oplus}$ —HCl(aq), D→ O_2N … OH

A—氢氧根离子进攻酯羰基形成一个四面体的中间体；B—在氧负离子的推动下消去一个甲氧基形成对应的羧酸；C—羧酸在碱性条件下脱去质子形成羧酸盐 [pK_a(AcOH) = 4.8，H_2O = 15.7]；D—酸化得到羧酸 [pK_a(H_3O^+) = −1.7]。

8.1.3 由羧酸合成酰胺

反应实例 1

Me, Me, 11, OH, CO_2H —H_2N~$CO_2{}^tBu$, EtO—P(O)(OEt)—CN; Et_3N, DMF, rt→ Me, Me, 11, OH, O, N-H, $CO_2{}^tBu$

Shioiri T, Terao Y, Irako N, et al. Tetrahedron, 1998, 54: 15701.

【反应说明】该反应是羧酸与胺反应生成酰胺的反应。

【反应机理】

R, HO, O, O—H, :NEt_3 → R, HO, O, $O^{\ominus}$, EtO—P(O)(OEt)—CN —A→ R, HO, O, O—P(O)$(OEt)_2$, $^{\ominus}CN$

—B→ R, HO, O, CN, :N(H)(H)~$CO_2{}^tBu$ —−HCN→ R, HO, O, N-H, $CO_2{}^tBu$

R= Me, Me, ( )$_{11}$

A—首先形成混合酸酐；B—氰基与混合酸酐反应形成酰腈。

反应实例 2

CO_2H NH_2 → (NC, Br) ^{t}BuONO, H_2O, $ClCH_2CH_2Cl$, 回流 → O N H Br

Rigby J H, Laurent S. J Org Chem, 1998, 63: 6742.

【反应说明】该反应是首先邻氨基苯甲酸与亚硝酸酯反应形成苯炔，然后异苯腈与苯炔进行加成反应，最后用水后处理生成酰胺的反应。

【反应机理】

CO_2H NH_2 ^{t}BuO—N=O —A→ CO_2H N N O H —$-H^{\oplus}$ / $+H^{\oplus}$→ O O H N=N—OH → O $O^{\ominus}$ N=N—$\overset{\oplus}{O}H_2$ —$-H_2O$→

O $O^{\ominus}$ $\overset{\oplus}{N}$≡N —$-CO_2$, $-N_2$ / B→ $\overset{\ominus}{C}$≡$\overset{\oplus}{N}$ Br —C→ C≡$\overset{\oplus}{N}$ Br ⊖ H—OH →

HO⊖ C≡$\overset{\oplus}{N}$ Br —D→ HO N Br —$-H^{\oplus}$ / $+H^{\oplus}$→ O N H Br

A—苯胺与亚硝酸酯形成重氮盐；**B**—消去一分子二氧化碳和一分子氮气形成苯炔；**C**—异腈亲核加成到苯炔上；**D**—水加成到腈鎓离子上得到产物。

8.2 醛酮的反应

8.2.1 由醛合成腈

反应实例

MeO MeO O H —1) NH_2OH HCl, NaOH, EtOH-H_2O, rt; 2) Ac_2O, 回流→ MeO MeO CN

Buck J S, Ide W S. Org Synth, 1943, Coll Vol 2: 622.

【反应说明】该反应是在碱性条件下醛与羟胺反应形成肟，然后与乙酸酐反应转变为腈。

【反应机理】

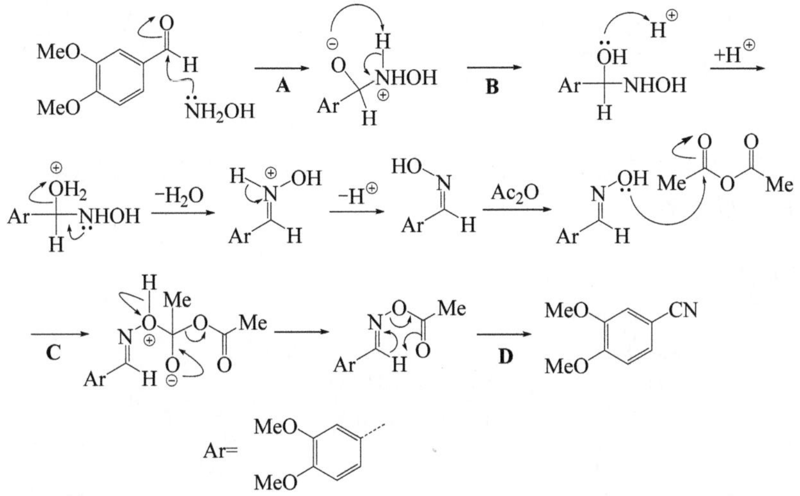

A—羟胺在甲醛上加成；B—质子交换移动，然后消去一分子水形成肟；C—肟乙酰化；D—顺式消去一分子乙酸生成了产物腈。

8.2.2 由醛酮合成羧酸

反应实例1

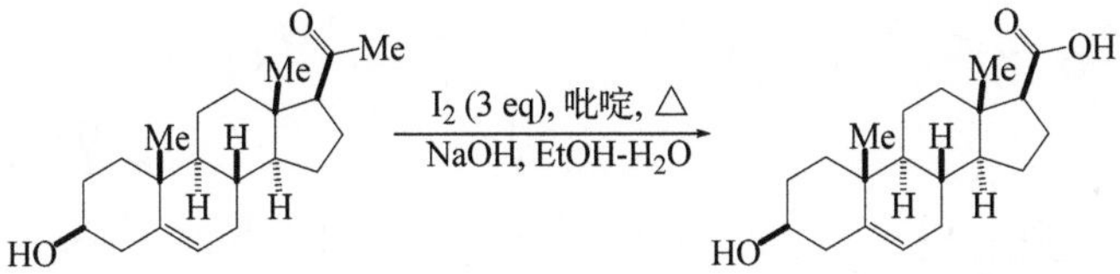

Bergmann E D, Rabinovitz M, Levinson Z H. J AM Chem Sco, 1959, 81: 1239.

【反应说明】该反应为碘仿反应，在碱性条件下甲基酮甲基上的氢被碘取代形成一个极易离去的基团，然后与氢氧根反应生成羧酸盐。

【反应机理】

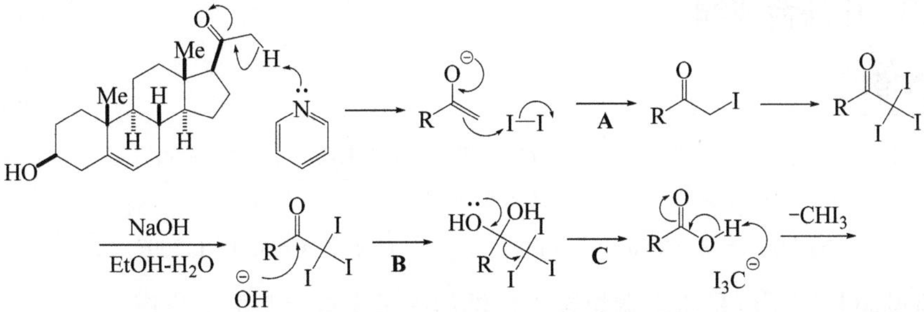

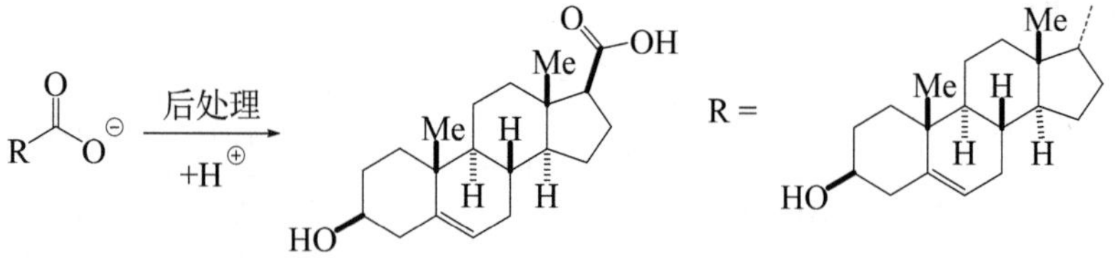

A—甲基酮的 3 个 α-氢分别被碘取代；B—氢氧根负离子加成到羰基上；C—消去一个碘仿负离子。

反应实例 2

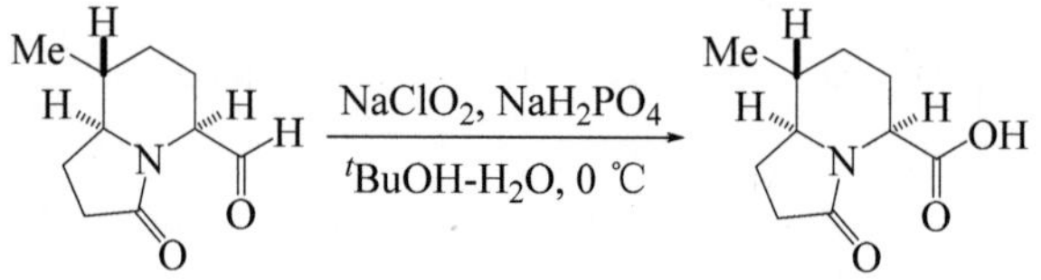

$NaClO_2$, NaH_2PO_4
^tBuOH-H_2O, 0 ℃

Toyooka N, Zhou D J, Nemoto H, et al. Tetrahedron Lett, 2006, 47: 577.

【反应说明】该反应是 Pinnick 氧化反应，是将醛氧化为羧酸的常用反应。

【反应机理】

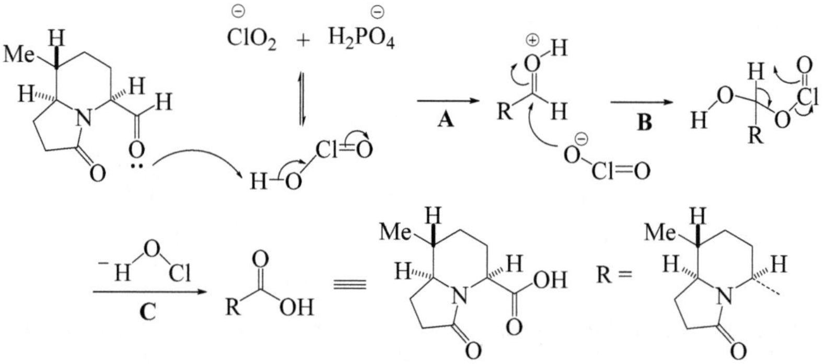

A—醛羰基氧得到一个质子活化；B—亚氯酸离子进攻活化了的羰基；C—通过一个五元环消去一分子次氯酸生成相应的羧酸。

8.2.3 由炔合成酮

反应实例 1

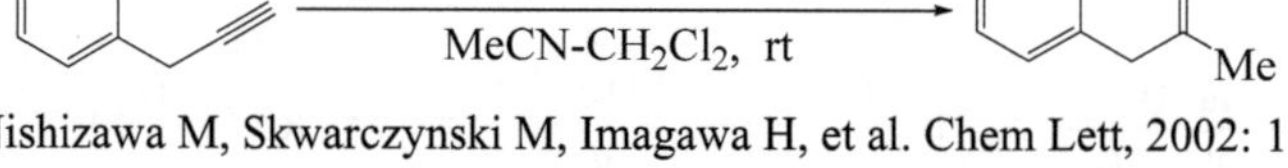

$Hg(OTf)_2$ (1%, 摩尔分数), H_2O
$MeCN$-CH_2Cl_2, rt

Nishizawa M, Skwarczynski M, Imagawa H, et al. Chem Lett, 2002: 12.

【反应说明】该反应是将末端炔羟汞化然后脱汞生成甲基酮的反应。

【反应机理】

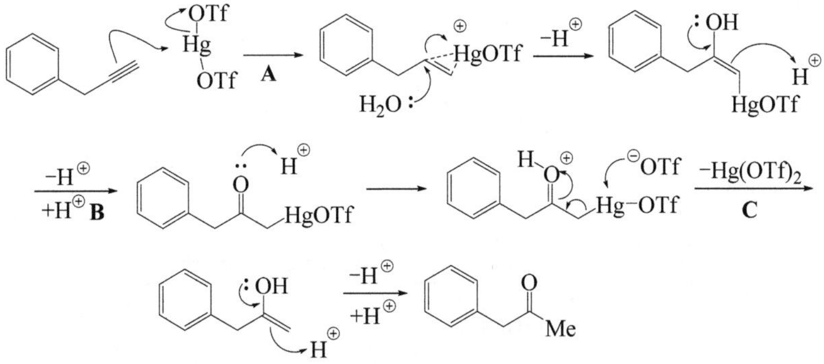

A—炔羟汞化反应；B—烯醇互变异构为酮；C—脱去汞变为烯醇，而脱下的汞再生为 $Hg(OTf)_2$。

反应实例 2

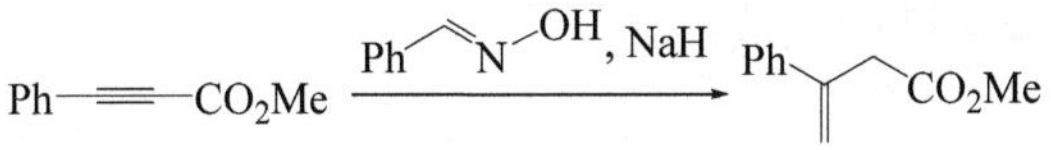

Gómez V, Pérez-Medrano A, Muchowski J M. J Org Chem, 1994, 59: 1219.

【反应说明】该反应是将 α,β-炔酯与肟反应生成 β-酮酯的反应。

【反应机理】

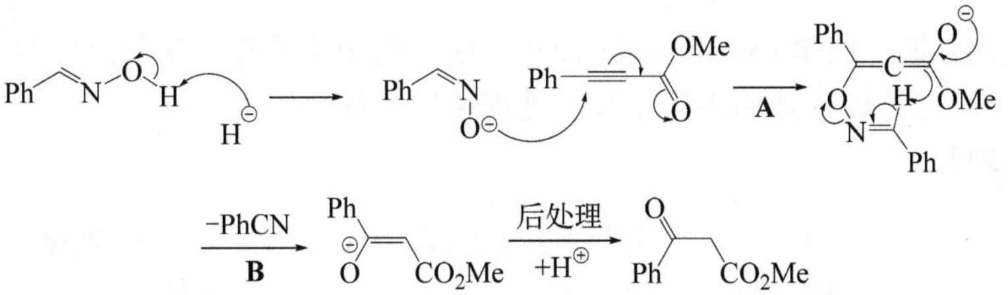

A—肟负离子进攻炔酯进行 Michael 加成反应；B—分子内质子迁移导致裂解脱去一分子苯腈，后处理得到产物。

8.2.4 由醛合成炔

反应实例 1

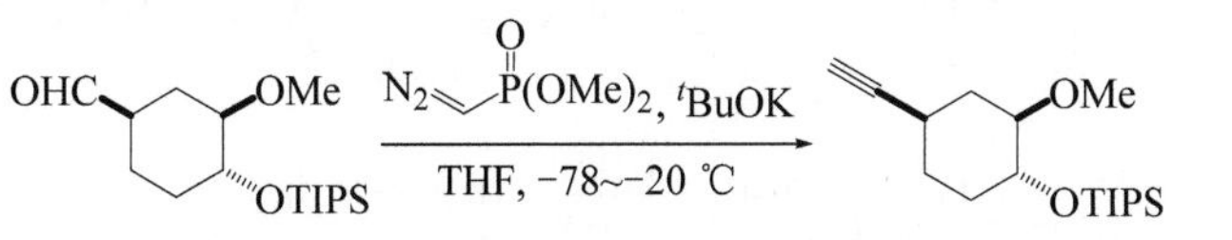

Nakatsuka M, Ragan J A, Sammakia T, et al. J Am Chem Soc, 1990, 112: 5583.

【反应说明】该反应是用醛与 Gilbert 试剂反应合成末端炔的反应。

【反应机理】

N_2 $P(OMe)_2$ O H $^{t}BuO^{\ominus}$ —A→ N_2 $P(OMe)_2$ O $\ominus$ H O OMe OTIPS →

$(MeO)_2P$ O $O^{\ominus}$ N_2 OMe OTIPS → N N $\oplus$ $\ominus$ OMe OTIPS —$-N_2$, B→

H OMe OTIPS —C→ H OMe OTIPS

A—与 Horner-Wadsworth-Emmons 反应类似；B—脱去一分子氮气形成烯碳卡宾；C—卡宾插入碳氢键中生成产物。

反应实例 2

$$^{n}C_7H_{15}CHO \xrightarrow[\text{2) } ^{n}\text{BuLi (2 eq), THF, −78 ℃}]{\text{1) CBr}_4\text{ (1 eq), Ph}_3\text{P (2 eq), CH}_2\text{Cl}_2\text{, 0 ℃}} {}^{n}C_7H_{15}—≡—H$$

Corey E J, Fuchs P L. Tetrahedron Lett, 1972, 13: 3769.

【反应说明】该反应是 Corey-Fuchs 反应，醛与四溴化碳和三苯基膦发生一碳同系化反应生成二溴烯，然后用正丁基锂处理生成末端炔。

【反应机理】

$Ph_3P:$ Br—CBr_3 —A→ $Br_3C^{\ominus}$ H O $^{n}C_7H_{15}$ → Br_3C $O^{\ominus}$ $^{n}C_7H_{15}$ $Ph_3\overset{\oplus}{P}$—Br →

Br Br Br O $\overset{\oplus}{P}Ph_3$ $^{n}C_7H_{15}$ $Ph_3P:$ —$-Ph_3PO$, B→ Br Br $^{n}C_7H_{15}$ —$^{n}BuLi$→ Br Br $^{n}C_7H_{15}$ $^{n}Bu^{\ominus}$ —C→

$Li^{\oplus}$ $\ominus$ $^{n}C_7H_{15}$ Br —$-LiBr$→ H $^{n}C_7H_{15}$ —D→ $Li^{\oplus}$ H—≡—$^{n}C_7H_{15}$ $^{n}Bu^{\ominus}$ —E→

$$Li^{\oplus}\ {}^{\ominus}≡—{}^{n}C_7H_{15} \xrightarrow[+H^{\oplus}]{\text{后处理}} H—≡—{}^{n}C_7H_{15}$$

A—三苯基膦和四溴化碳形成较稳定的碳负离子［pK_a($CHCl_3$) = 13.6］；**B**—发生 E2 消除反应（Ph_3PO 是一个特别容易离去的基团）；**C**—卤-锂交换，然后 α 消除形成碳烯卡宾；**D**—卡宾插入碳氢键中；**E**—由于正丁基锂的碱性较强，炔在后处理前在溶液中以炔盐形式存在［pK_a(^{n}BuH) = 50，pK_a(RCCH) = 25］。

8.2.5　由缩醛合成烯胺

反应实例

O
Me
MeO OMe
Me_2NH (1.1 eq)
MeOH
O
Me
Me_2N

Kozmin S A, He S, Rawal V H. Org Synth, 2004, Coll Vol 10: 301.

【反应说明】该反应是缩醛与胺反应生成烯胺的反应。

【反应机理】

O
Me HN Me
Me
MeO OMe
$-H^{\oplus}$
$+H^{\oplus}$
HO NMe_2
Me
MeO OMe
$HO^{\ominus}$
Me $N^{\oplus}$ Me
H
Me
MeO OMe
A

Me
N−Me
Me
MeO OMe
$-MeO^{\ominus}$
Me $N^{\oplus}$ Me
Me
MeO
HN−Me
Me
$-H^{\oplus}$
B
Me
N−Me
Me
MeO NMe_2
$-MeO^{\ominus}$

Me $N^{\oplus}$ Me
Me
Me_2N H_2O
$-H^{\oplus}$
$+H^{\oplus}$
HO $^{\oplus}NHMe_2$
Me
Me_2N
$-Me_2NH$
$-H^{\oplus}$
O
Me
Me_2N

A—形成烯胺，然后脱去一个甲氧负离子；**B**—二甲胺共轭加成，然后再脱去一个甲氧负离子形成 α,β-不饱和亚胺离子。

8.2.6　由酮合成酯

反应实例

O
Me
^{i}Bu
I_2, $AgNO_3$, $HC(OMe)_3$
MeOH, 回流
OMe
O
^{i}Bu

Oppolzer W, Rosset S, Brabander J D. Tetrahedron Lett, 1997, 38: 1539.

【反应说明】该反应是苯甲酮在碘和硝酸银的作用下重排生成苯乙酸甲酯的反应。

【反应机理】

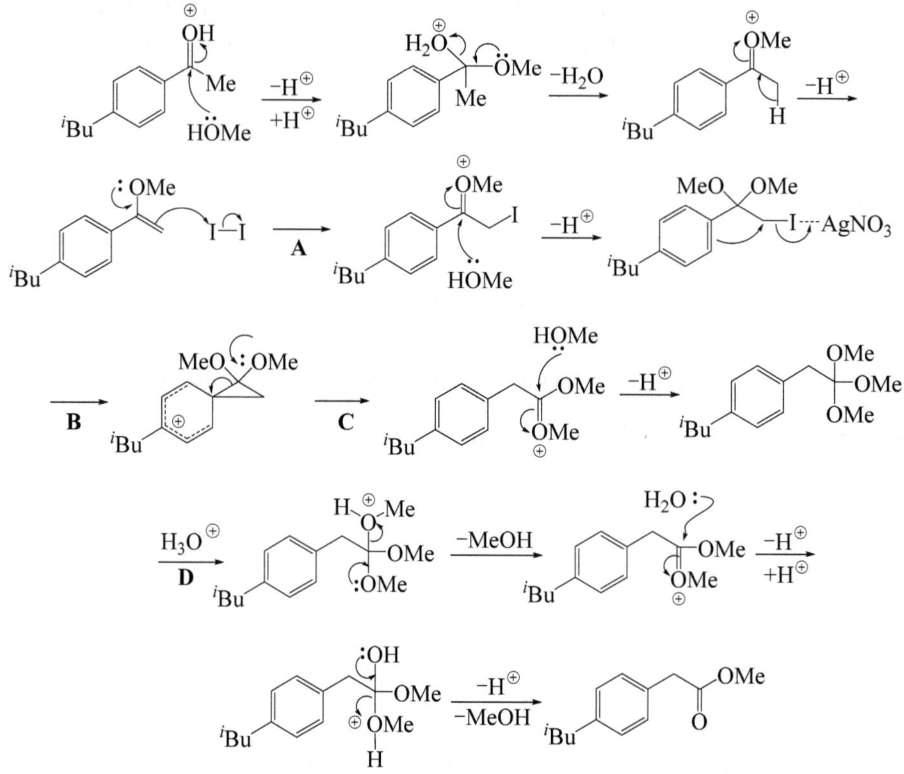

A—烯醇醚碘化，然后形成二甲基缩酮；B—碘化物被银离子活化，脱去碘形成苯氧离子；C—芳香化重排导致富电子的环丙烷开环；D—原酸酯水解形成酯。

8.2.7 由肟裂解生成醛

反应实例

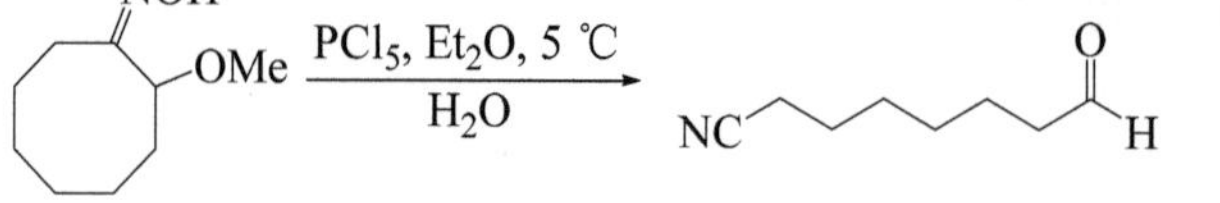

Ohno M, Naruse N, Terasawa I. Org Synth, 1973, Coll Vol 5: 266.

【反应说明】该反应是 Beckmann 裂解反应，肟与路易斯酸五氯化磷反应生成腈的反应。

【反应机理】

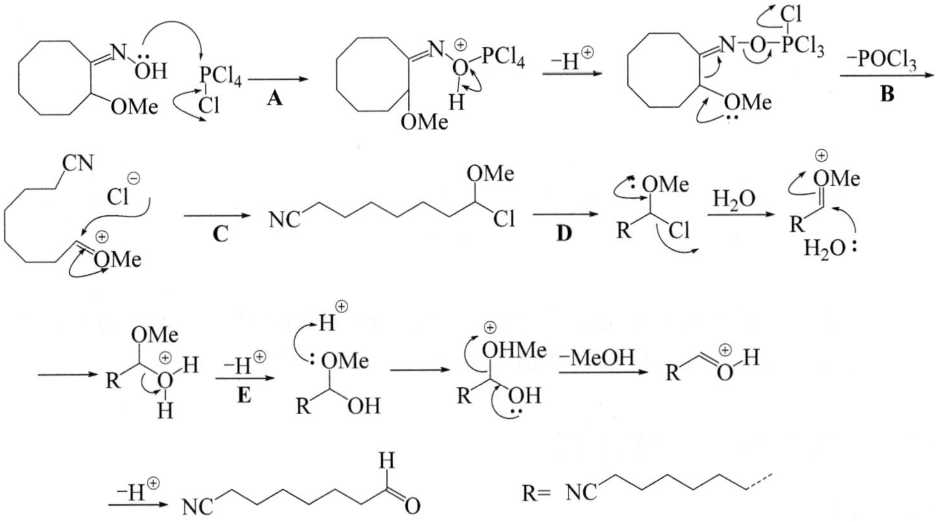

A—肟作为富电子体进攻路易斯酸五氯化磷；B—在甲氧基孤对电子的推动下消去一分子的三氯氧磷，导致碳-碳键断裂；C—氯离子加成；D—消去一个氯离子，然后一分子水加成；E—质子移动消去一分子的甲醇。

8.2.8 由烯胺合成酮

反应实例

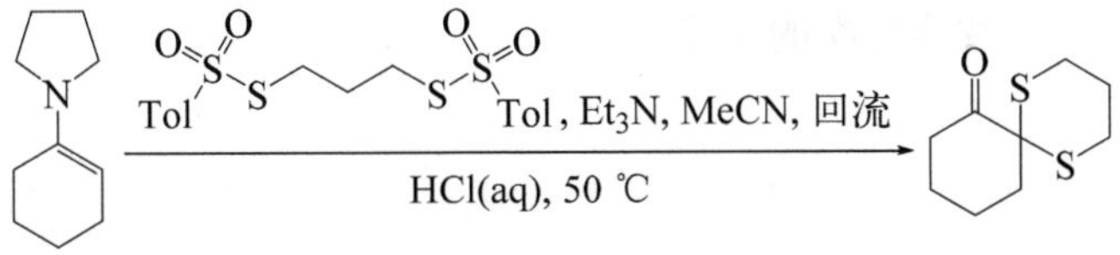

Woodward R B, Pachter I J, Scheinbaum M L. Org Synth, 1988, Coll Vol 6: 1014.

【反应说明】该反应是将烯胺转变为 α-二硫缩酮的反应（如果再用 $HgCl_2$ 处理可以生成邻二酮）。

【反应机理】

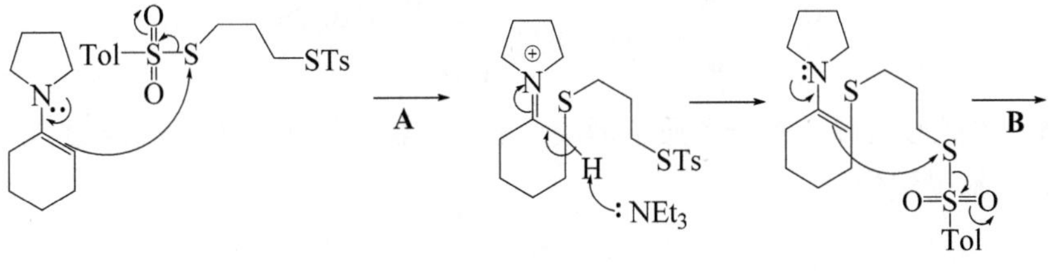

Et_3N: H N S S → N S S $\xrightarrow[\textbf{C}]{HCl(aq)}$ N S S $H^{\oplus}$ →

H_2O: N S S → $H_2O^{\oplus}$ N S S $\underset{+H^{\oplus}}{\overset{-H^{\oplus}}{\rightleftharpoons}}$ HO H—N S S $\xrightarrow[-H^{\oplus}]{}$ (⁻ N H) O S S

A—烯胺与对甲苯磺酸硫酯反应形成硫醚 [pK_a($PhSO_2H$) = 1.5]；**B**—形成六元二硫缩酮；**C**—烯胺水解得到产物。

8.2.9 由酮合成烯醇磺酸酯

反应实例

O N Cbz H OTBDPS $\xrightarrow[\text{THF, −78~−40 ℃}]{\text{LiHMDS, Cl–(pyridine)–N(Tf)}_2}$ TfO N Cbz H OTBDPS

Toyooka N, Zhou D J, Nemoto H, et al. Tetrahedron Lett, 2006, 47: 577.

【反应说明】 该反应是用 2-[*N*,*N*-二(三氟甲基磺酰)氨基]-5-氯吡啶（Comins 试剂）与酰胺反应生成烯胺磺酸酯的反应。

【反应机理】

TMS N⁻ TMS H $Li^{\oplus}$ O N Cbz H OTBDPS $\xrightarrow[\textbf{A}]{-\text{HMDS}}$ $Li^{\oplus}$ ⁻O N Cbz H OTBDPS + Tf N (N Cl) O S O CF_3

$\xrightarrow[\textbf{B}]{-\ \text{Cl–(pyridine)–N}^{\ominus}\text{–Tf}}$ TfO N Cbz H OTBDPS

A—内酰胺被碱夺去一个质子形成烯醇盐；**B**—烯醇盐与 Comins 试剂反应形成烯胺三氟磺酸酯。

8.2.10　由腈合成醛

反应实例

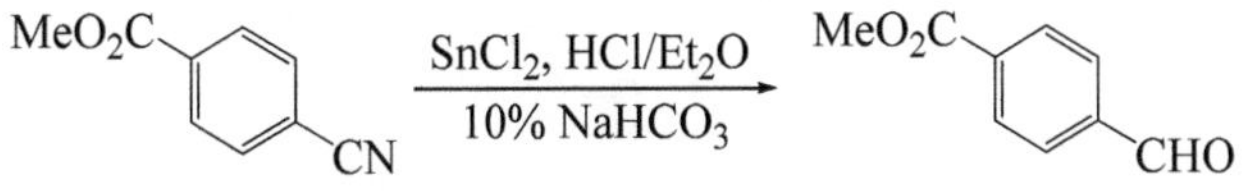

MeO2C-C6H4-CN →(SnCl2, HCl/Et2O; 10% NaHCO3) MeO2C-C6H4-CHO

Scrimin P, Tecilla P, Tonellato U, et al. Chem Eur J, 2002, 8: 2753.

【反应说明】 该反应是 Stephen 反应，腈在氯化氢和氯化锡作用下转变成醛。

【反应机理】

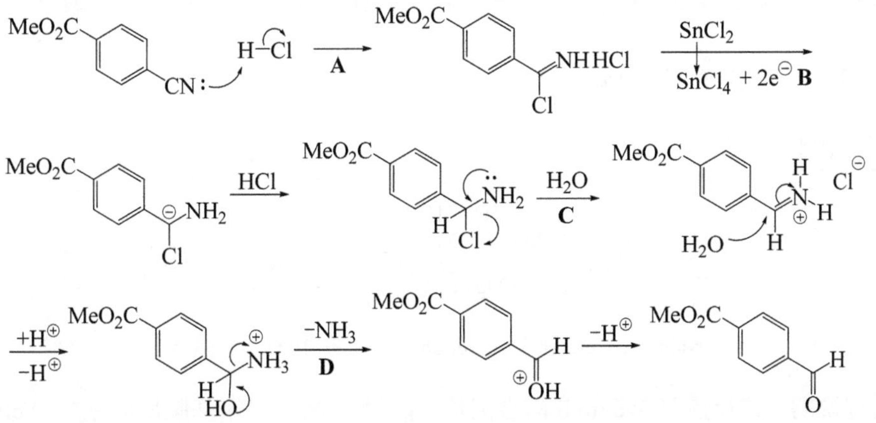

A—氰基与 HCl 亲电加成；B—在氯化锡作用下得到电子转变成苄基负离子；C—在氮孤对电子推动下，脱去氯负离子形成亚胺正离子；D—水分子与亚胺加成后，脱去一分子氨气生成醛。

8.2.11　由醛合成酯

反应实例

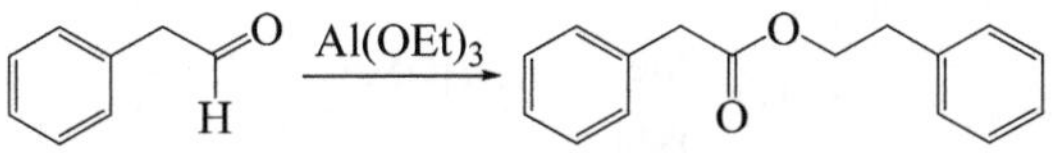

Lin I, Day A. R. J Am Chem Soc, 1952, 74: 5133.

【反应说明】 该反应是 Tishchenko 反应，两分子醛在三烷氧基铝催化下缩合成酯。

【反应机理】

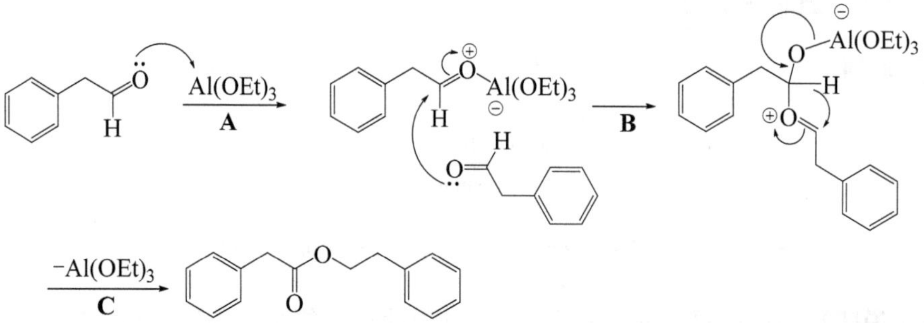

$\xrightarrow[\textbf{A}]{Al(OEt)_3}$ $\xrightarrow{\textbf{B}}$ $\xrightarrow[\textbf{C}]{-Al(OEt)_3}$

A—三烷氧基铝活化醛基；**B**—另一分子醛羰基氧的孤对电子进攻活化了的羰基碳，进行亲核加成；**C**—分子内氢负离子转移，同时催化剂离去得到产物。

8.2.12 由酰氯合成酮

反应实例

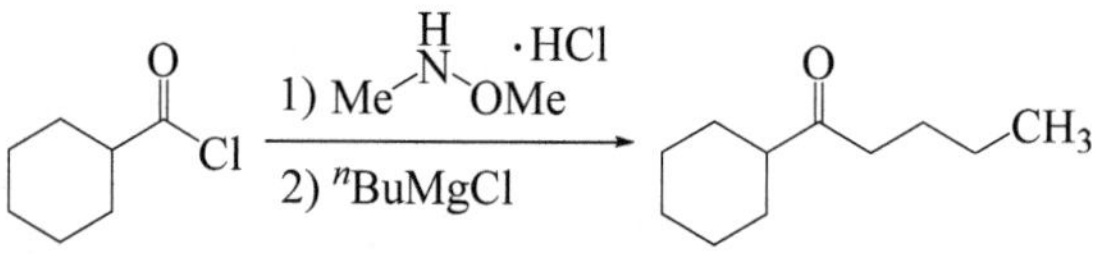

1) MeNH(OMe)·HCl

2) ^nBuMgCl

Nahm S, Weinreb S M. Tetrahedron Lett, 1981, 22: 3815.

【反应说明】该反应是 Weinreb 酮合成法，酰氯与 *N*,*O*-二甲基胺反应生成 Weinreb 试剂，然后与格氏试剂或烷基锂反应生成酮。

【反应机理】

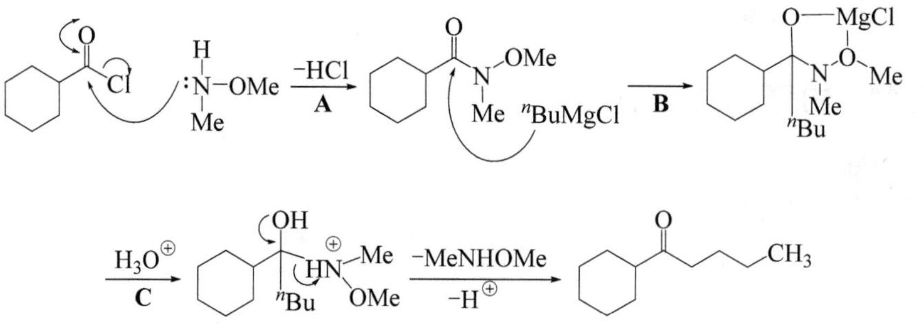

$\xrightarrow[\textbf{A}]{-HCl}$ ^nBuMgCl $\xrightarrow{\textbf{B}}$

$\xrightarrow[\textbf{C}]{H_3O^{\oplus}}$ $\xrightarrow[-H^{\oplus}]{-MeNHOMe}$

A—*N*,*O*-二甲基胺与酰氯亲核取代，脱去一分子 HCl 生成 Weinreb 试剂；**B**—格氏试剂与 Weinreb 试剂加成，形成五元环过渡态，不再继续进行加成反应；**C**—酸性条件后处理，破坏五元环过渡态，同时脱去一分子 *N*,*O*-二甲基胺生成酮。

8.3　碳碳双键的反应

8.3.1　由碳碳双键合成醇

反应实例 1

1) BH_3-THF (0.33 eq), THF, rt
2) NaOH(aq), H_2O_2(aq), rt

Kono H, Hooz J. Org Synth, 1988, 6: 919.

【反应说明】该反应是硼氢化选择性加成反应，与羟汞化脱汞反应相反，硼氢化氧化是反 Markovnikov 规则，是在烯烃取代基少的一端引入羟基。

【反应机理】

A—通过一个四元环电子移动进行硼氢化反应；B—过氧化氢负离子进攻硼烷形成硼酸盐；C—烷基迁移生成硼酸酯；D—水解生成末端醇。

反应实例 2

$Hg(OAc)_2$, Et_2O-H_2O, rt;
$NaBH_4$, NaOH(aq), rt

Jerkunica J M, Traylor T G. Org Synth, 1988, Coll Vol 6: 766.

【反应说明】该反应是羟汞化脱汞反应，是烯烃与乙酸汞在乙醚和水的混合液中进行羟汞化反应，然后再用硼氢化钠脱去汞，在烯烃中引入羟基的反应。该反应与硼氢化氧化反应相反，它是符合 Markovnikov 规则的。

【反应机理】

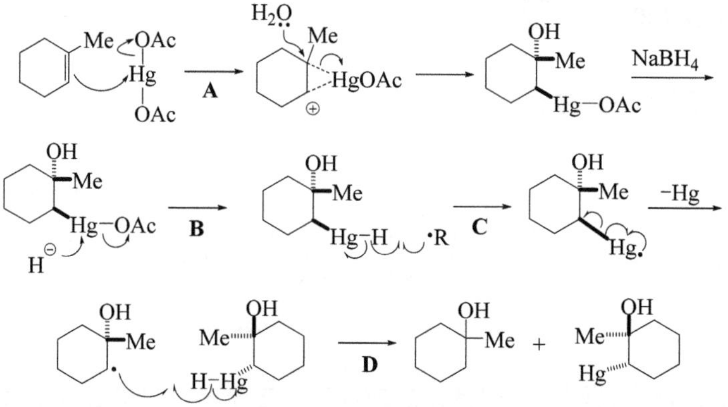

A—烯烃羟汞化反应；B—硼氢化钠还原形成一个汞氢键；C—汞氢键被裂解后，脱去一个汞原子形成一个仲碳自由基；D—获取一个氢原子生成产物。

8.3.2 由碳碳双键合成环氧乙烷

反应实例

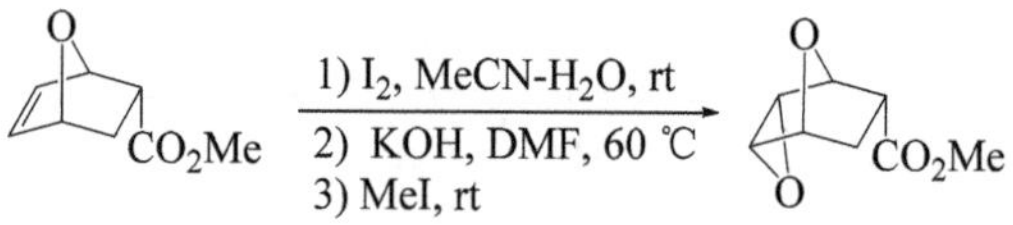

1) I_2, MeCN-H_2O, rt
2) KOH, DMF, 60 ℃
3) MeI, rt

Shoji M, Yamaguchi J, Kakeya H, et al. Angew Chem Int Ed, 2002, 41: 3192.

【反应说明】该反应提供了一种由碳碳双键转变为环氧丙烷的方法。

【反应机理】

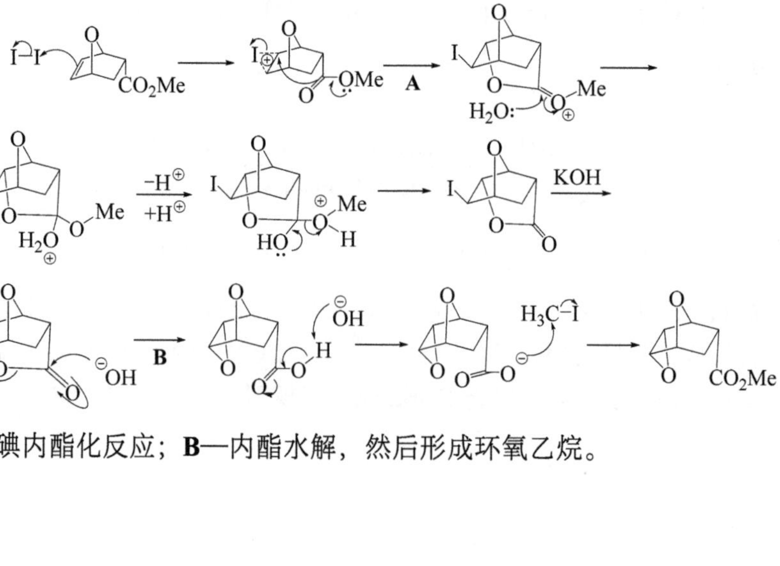

A—碘内酯化反应；B—内酯水解，然后形成环氧乙烷。

8.4 胺的反应

8.4.1 由胺合成重氮化物

反应实例

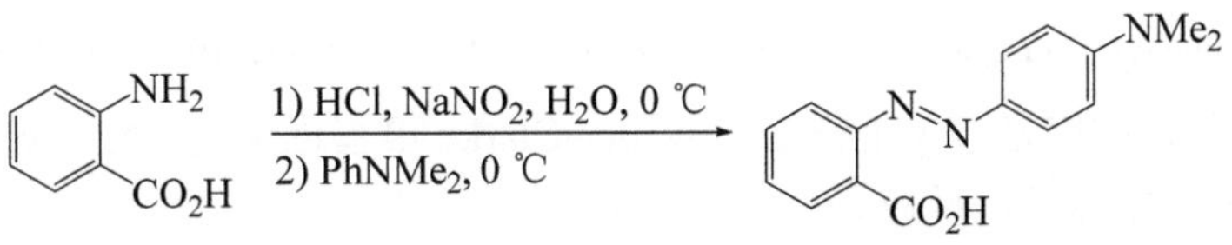

1) HCl, $NaNO_2$, H_2O, 0 ℃
2) $PhNMe_2$, 0 ℃

Clarke H T, Kirner W R. Org Synth, 1941, Coll Vol 1: 374.

【反应说明】 该反应是苯胺在亚硝酸的作用下转变为重氮盐，然后与 *N*,*N*-二甲基苯胺反应生成偶氮苯的典型反应。

【反应机理】

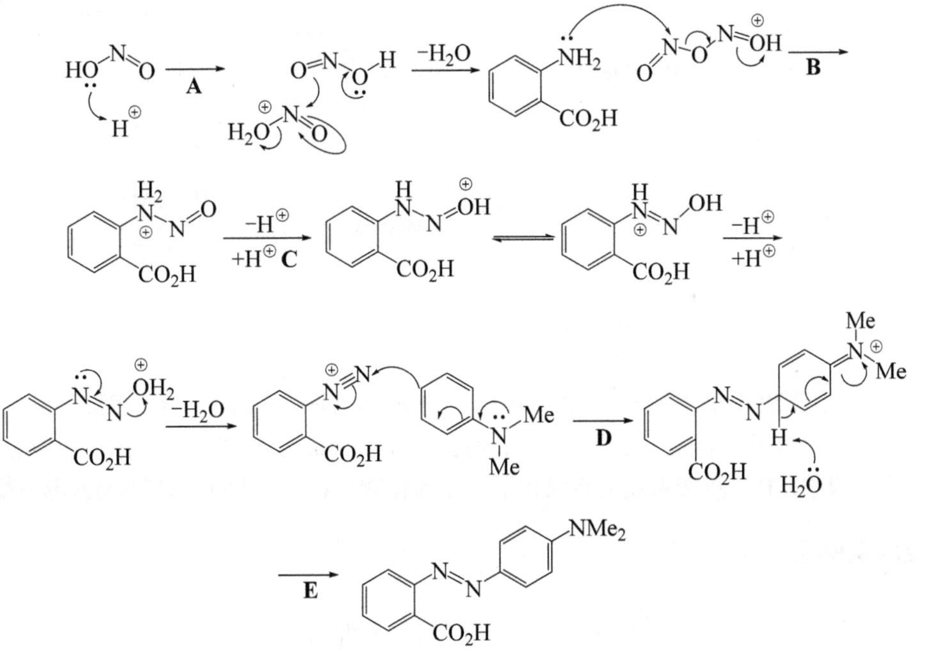

A—亚硝酸在酸性条件下形成亚硝酸酐；B—苯胺在亚硝酸酐上加成；C—质子移动，然后脱去一分子水形成重氮盐；D—富电子的 *N*,*N*-二甲基苯胺在重氮盐上进行加成反应；E—芳构化形成产物。

8.4.2 由胺合成碳碳双键

反应实例 1

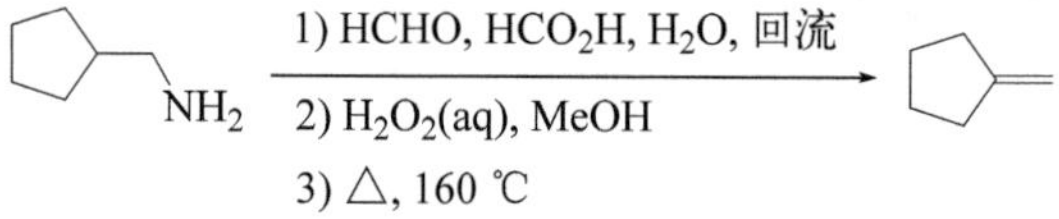
NH2
1) HCHO, HCO2H, H2O, 回流
2) H2O2(aq), MeOH
3) △, 160 ℃

Cope A C, Bumgardner C L, Schweizer E E. J Am Chem Soc, 1957, 79: 4729.

【反应说明】 该反应是首先进行 Eschweiler-Clarke 甲基化反应，然后进行 Cope 消除反应生成末端烯烃的反应。

【反应机理】

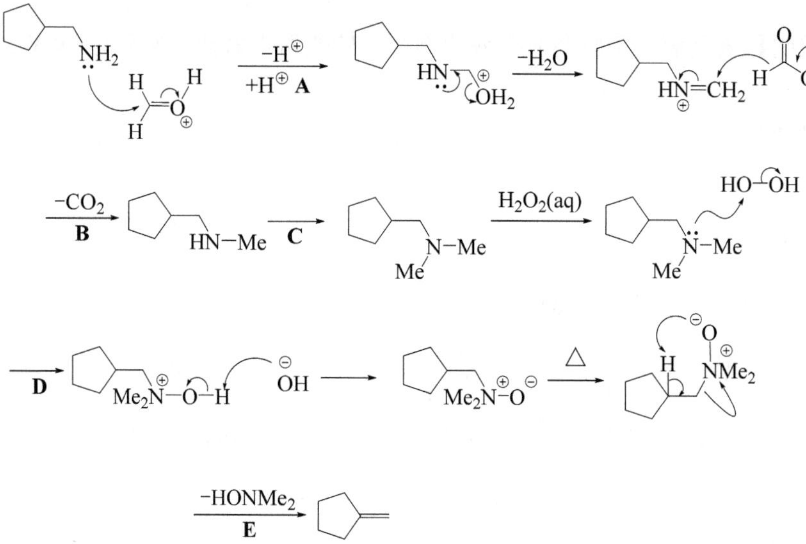
NH2
H
H
O
H
−H⊕
+H⊕ A
HN
OH2
−H2O
HN=CH2
H
O
O
−CO2
B
HN−Me
C
N−Me
Me
H2O2(aq)
HO−OH
N−Me
Me
D
Me2N−O−H
OH
Me2N−O
△
O
H
NMe2
−HONMe2
E

A—伯胺在甲醛上加成，然后消去一分子水形成亚胺正离子；**B**—甲酸负离子提供一个氢负离子进攻亚胺正离子，同时消去一分子二氧化碳；**C**—同样的反应重复进行形成叔胺；**D**—叔胺被双氧水氧化形成氮氧化物；**E**—顺式消去 $HONMe_2$ 形成烯。

反应实例 2

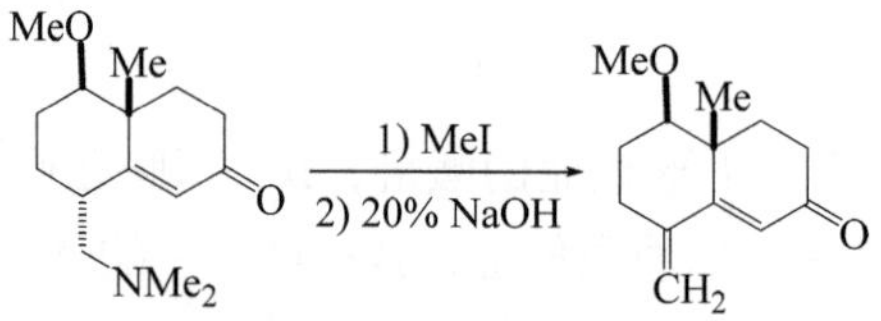
MeO
Me
O
NMe2
1) MeI
2) 20% NaOH
MeO
Me
O
CH2

Kawada K, Kim M, Watt D S. Tetrahedron Lett, 1989, 30: 5989.

【反应说明】 该反应是 Hofmann 消除反应。

【反应机理】

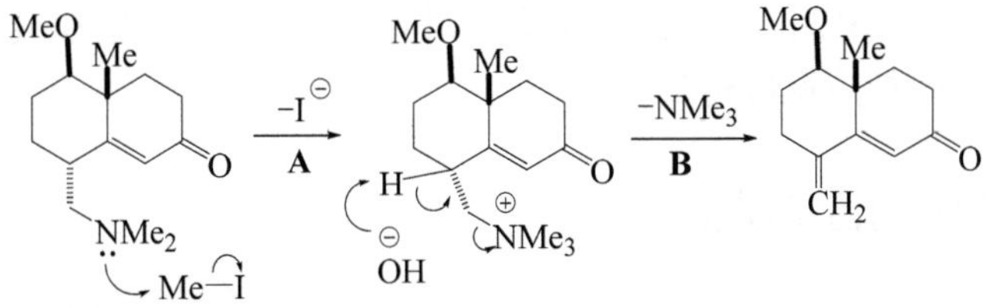

A—叔胺与碘甲烷反应彻底烷基化，生成季铵盐；B—碱性条件下，消去一分子三甲胺生成碳碳双键产物。

8.5 卤代物的反应

8.5.1 由卤代物合成胺

反应实例

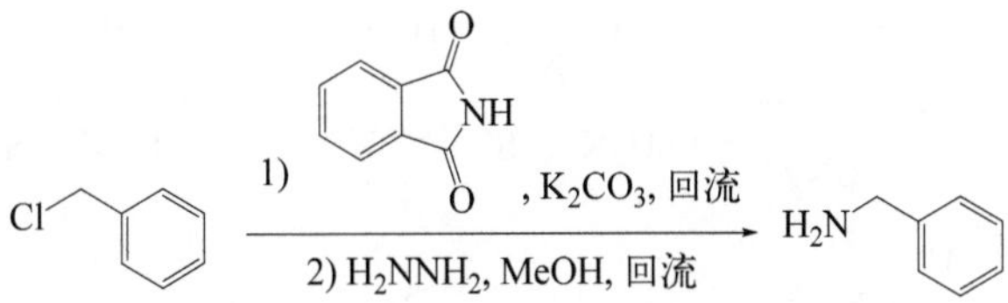

Manske R H F. Org Synth, 1943, Coll Vol 2: 83.

【反应说明】该反应是 Gabriel 反应，是由卤代烃与邻苯二甲酰亚胺反应合成伯胺的反应。

【反应机理】

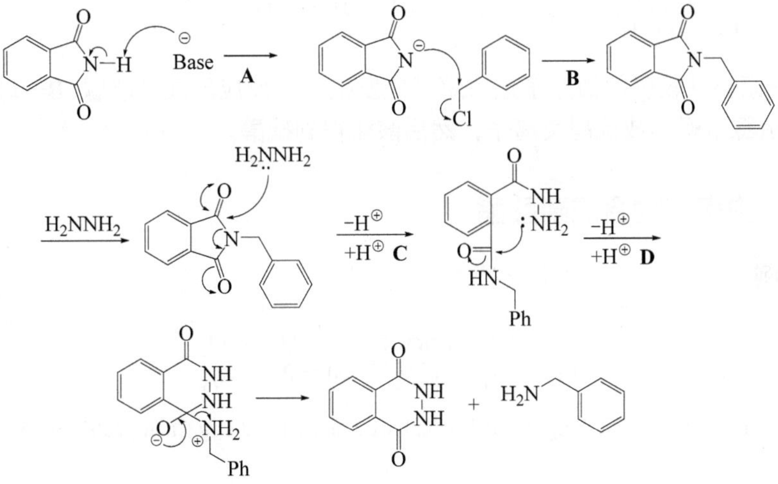

A—碱夺取邻苯二甲酰亚胺上的氢形成酰亚胺负离子［pK_a(RCONHCOR) = 9.6，$pK_a(HCO_3^-)$ = 10.3］；**B**—酰胺负离子进行烷基化；**C**—肼加成到酰胺上形成酰肼；**D**—分子内加成反应得到苄胺。

8.5.2 由卤代物合成硫醇

反应实例

$$ClCH_2CH_2CN \xrightarrow[\text{2) NaOH(aq), 45 ℃}]{\text{1) } H_2NC(S)NH_2\text{, } H_2O\text{, 70~100 ℃}} HSCH_2CH_2CN$$

Gerber R E, Hasbun C, Dubenko L G, et al. Org Synth, 2002, Coll Vol 10: 475.

【反应说明】该反应是卤代物与硫脲反应生成硫醇的反应。

【反应机理】

$$H_2NC(S)NH_2 + ClCH_2CH_2CN \xrightarrow{\mathbf{A}} H_2NC(=\overset{\oplus}{N}H_2)SCH_2CH_2CN \xrightarrow{H_2\ddot{O}} H_2NC(=NH)SCH_2CH_2CN$$

$$\xrightarrow{NaOH} H_2NC(=NH)SCH_2CH_2CN + {}^{\ominus}OH \xrightarrow{\mathbf{B}} H_2NC(\overset{\ominus}{N}H)(OH)SCH_2CH_2CN \longrightarrow$$

$$H_2NC(=NH)O{-}H \;(H{-}OH) + {}^{\ominus}SCH_2CH_2CN \xrightarrow[+H^{\oplus}]{\text{后处理}} H_2NC(O)NH_2 + HSCH_2CH_2CN$$

A—亲核性较强的硫原子进攻烷基氯发生 S_N2 反应形成异硫脲；**B**—碱性条件下，异硫脲水解形成硫醇负离子，然后酸化得到硫醇。

8.5.3 由卤代物合成磷酸酯

反应实例

$$BrCH_2COOEt \xrightarrow[\text{回流}]{(EtO)_3P} (OEt)_2P(O)CH_2COOEt$$

van der Klei A, de Jong R L P, Lugtenburg J, et al. Eur J Org Chem, 2002: 3015.

【反应说明】 该反应是 Arbuzov 反应，亚磷酸酯与卤代物反应可以得到磷酸酯。此方法可以用来制备 Homer-Wadsworth-Emmons 试剂。

【反应机理】

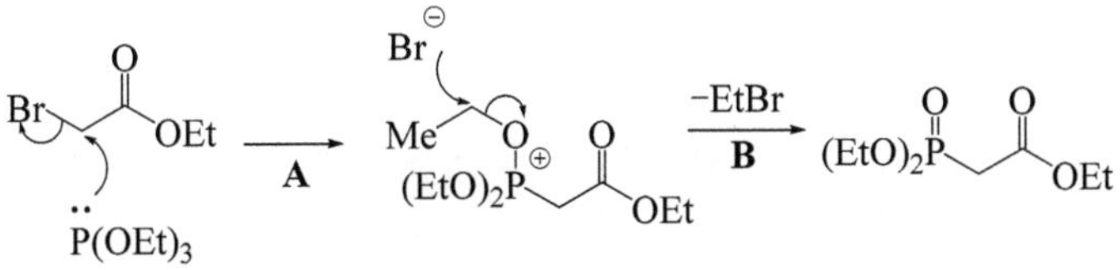

A—亚磷酸三乙酯进攻溴代乙酸乙酯，脱去一个溴离子；**B**—脱去的溴负离子进攻乙基发生 S_N2 反应得到磷酸酯。

8.6　其他常见官能团的转换反应

8.6.1　由环氧乙烷合成环硫乙烷

反应实例

Guss C O, Chamberlain D L. J Am Chem Soc, 1952, 74: 1342.

【反应说明】 该反应是环氧乙烷中的氧原子被硫原子取代生成环硫乙烷的反应，同时构型发生翻转。

【反应机理】

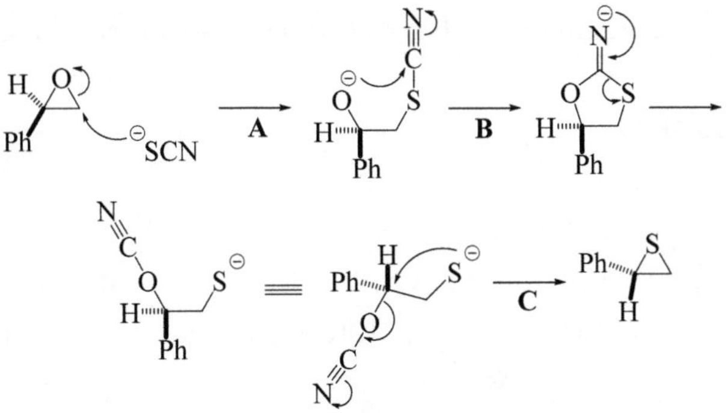

A—硫氰根负离子进攻环氧乙烷位阻较小的碳发生 S_N2 亲核加成反应，使环氧乙烷开环；**B**—氰基从硫原子上迁移到氧原子上；**C**—分子内 S_N2 亲核加成反应，同时构型发生翻转。

8.6.2 由酰胺合成腈

反应实例

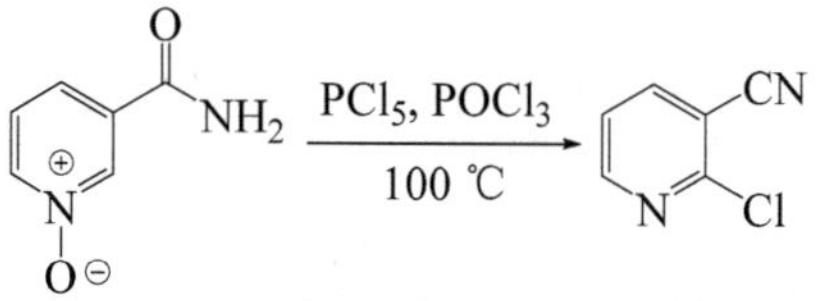

Taylor E C, Crovetti A J. Org Synth, 1963, Coll Vol 4: 166.

【反应说明】该反应是用烟酰胺-*N*-氧化物与路易斯酸五氯化磷反应生成 2-氯烟腈的反应。

【反应机理】

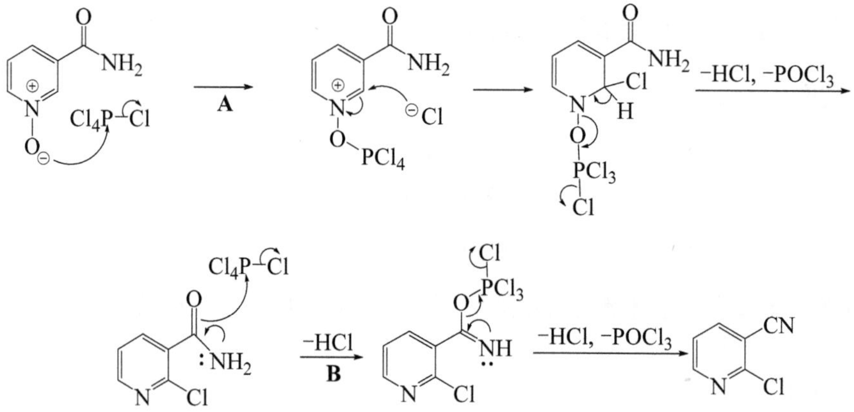

A—氧与五氯化磷反应活化；**B**—酰胺在 PCl_5 辅助下脱氧转变为腈。

8.6.3 由醇合成醚

反应实例

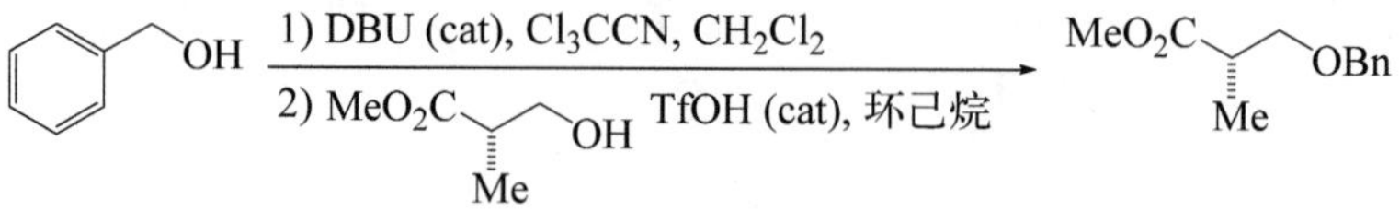

White J D, Reddy G N, Spessard G O. J Am Chem Soc, 1988, 110: 1624.

【反应说明】该反应是在温和条件下醇与醇反应生成醚的反应。相关反应有 Williamson 反应与 Mitsunobu 反应。

【反应机理】

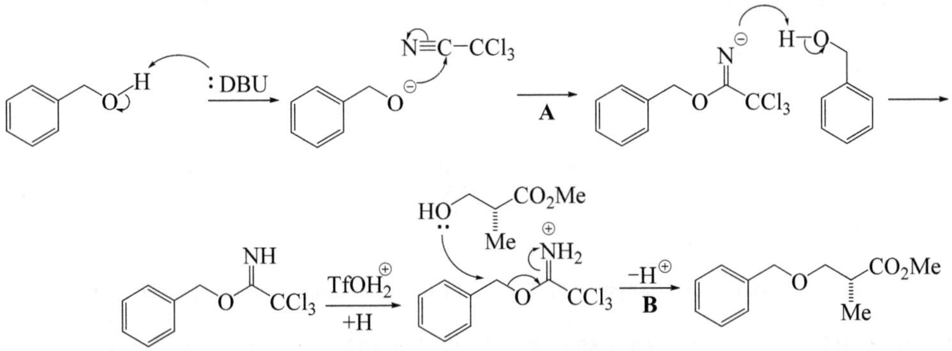

A—在 DBU 作用下形成的苄醇负离子在亲电腈上加成；B—在酸性条件下醇醚化生成产物。

8.6.4 由酮合成缩酮

反应实例

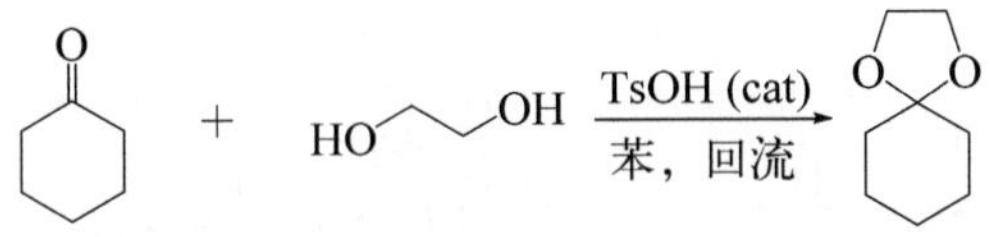

Daignault R A, Eliel E L. Org Synth, 1973, Coll Vol 5: 303.

【反应说明】该反应是酮与乙二醇在酸性条件下反应生成缩酮的反应。常用该反应保护醛基或羰基。

【反应机理】

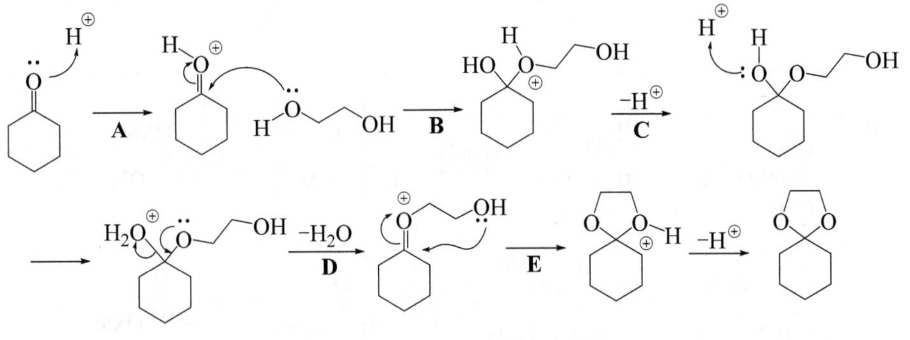

A—羰基氧得到一个质子活化；**B**—乙二醇进攻羰基碳；**C**—质子转移形成一个易脱去的羟基；**D**—在氧的孤对电子推动下脱去一分子水；**E**—羟基氧上的孤对电子进攻羰基，然后再脱去一个质子形成缩酮。

8.6.5 由醛合成缩醛

反应实例

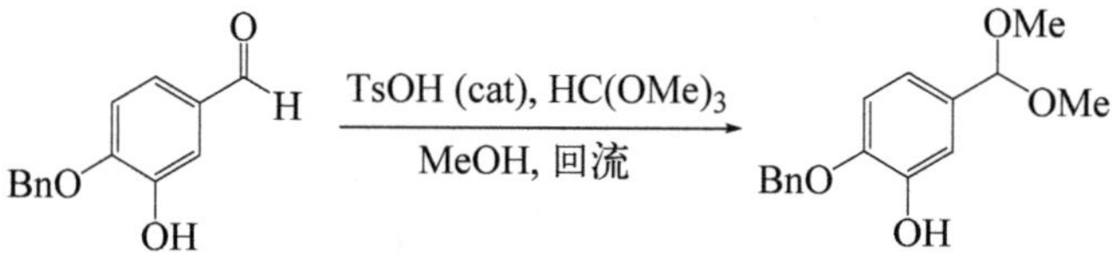

TsOH (cat), $HC(OMe)_3$

MeOH, 回流

Baker R, Cooke N G, Humphrey G R, et al. J Chem Soc Chem Commun, 1987: 1102.

【反应说明】该反应是醛与醇在酸性条件下生成缩醛的反应。常用该反应保护醛基。

【反应机理】

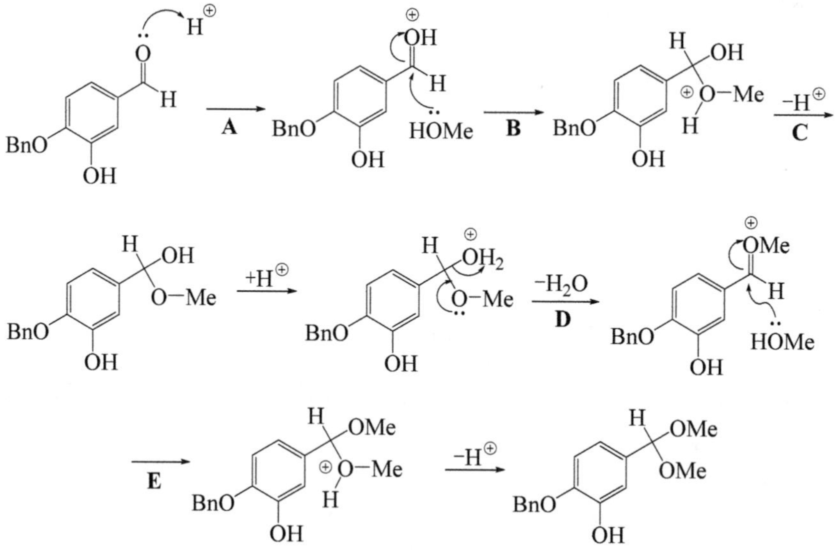

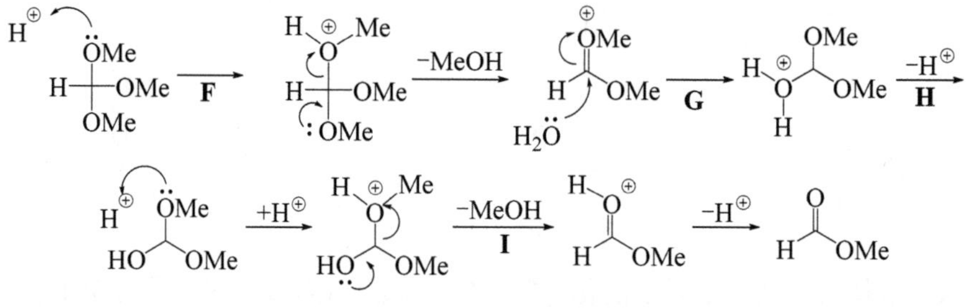

A—醛羰基得到一个质子活化；**B**—甲醇羟基氧的孤对电子进攻活化了的羰基；**C**—质子移动；**D**—在甲氧基孤对电子的推动下消去一分子的水；**E**—又一分子的

甲醇加成，然后脱去一个质子形成二甲基缩醛；**F**—原甲酸三甲酯得到一个质子活化，然后脱去一分子的甲醇；**G**—与前面反应中的副产物水反应来消耗掉一分子的水，这样能使反应向正反应方向进行；**H**—质子移动；**I**—消去一分子的甲醇后，再脱去一个质子生成甲酸甲酯。

8.6.6 由酚合成芳香醚

反应实例

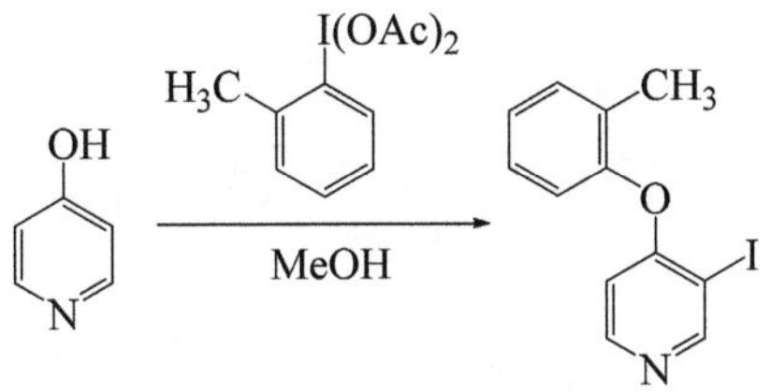

Zhai Y Y, Wang Z H, Gong X Y, et al. J Chem Res, 2021, 45: 818.

【反应说明】 该反应是高价碘氧化偶联反应，是含有吸电子基团的酚与高价碘试剂发生氧化偶联反应生成芳香醚的有效方法。

【反应机理】

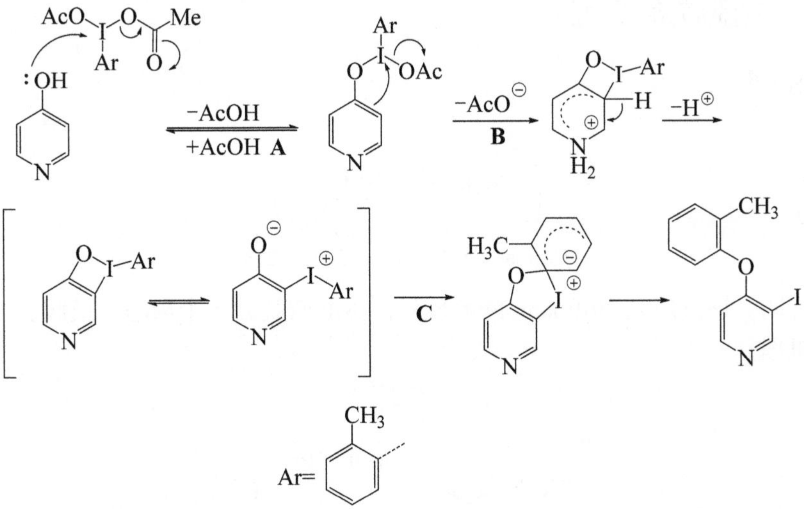

A—酚羟基氧孤对电子进攻高价碘，发生亲核取代并脱去一分子乙酸；**B**—分子内亲电取代；**C**—经五元环过渡态，苯环从碘原子转移到氧原子上，得到芳香醚产物。

8.6.7 由烯腈缩合成酰胺

反应实例

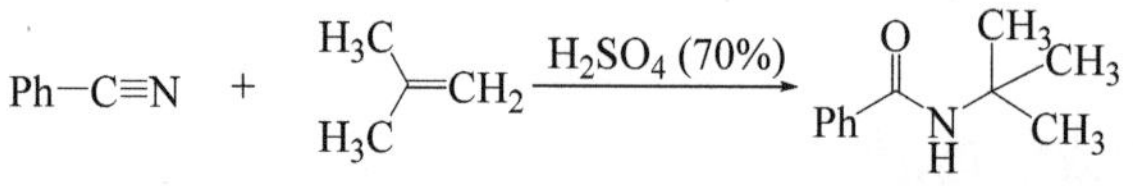

$$Ph-C\equiv N + (H_3C)_2C=CH_2 \xrightarrow{H_2SO_4\ (70\%)} PhC(O)NHC(CH_3)_3$$

Ritter J J, Kalish J. J Am Chem Soc, 1948, 70: 4048.

【反应说明】 该反应是 Ritter 反应，是腈与烯在酸性条件下缩合生成酰胺的反应。

【反应机理】

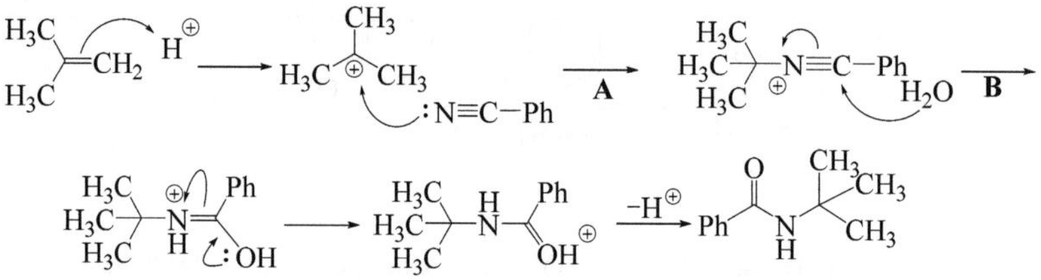

A—异丁烯在酸性条件下转变成叔碳正离子后，氰基氮的孤对电子进攻叔碳正离子进行亲电加成；B—水与碳氮三键进行加成反应，电子转移并脱去一个质子得到产物。

8.6.8 由酰胺降解为胺

反应实例 1

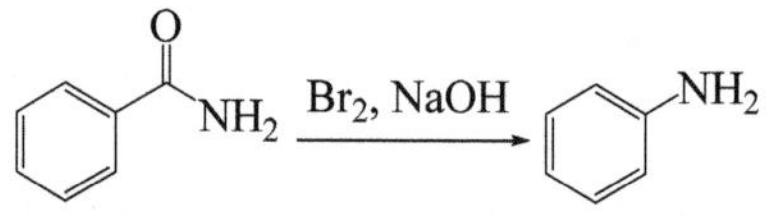

$$PhC(O)NH_2 \xrightarrow{Br_2,\ NaOH} PhNH_2$$

Hofmann A W. Ann, 1851, 78: 253.

【反应说明】 该反应是 Hofmann 降解反应，由酰胺脱去一个羰基形成胺。

【反应机理】

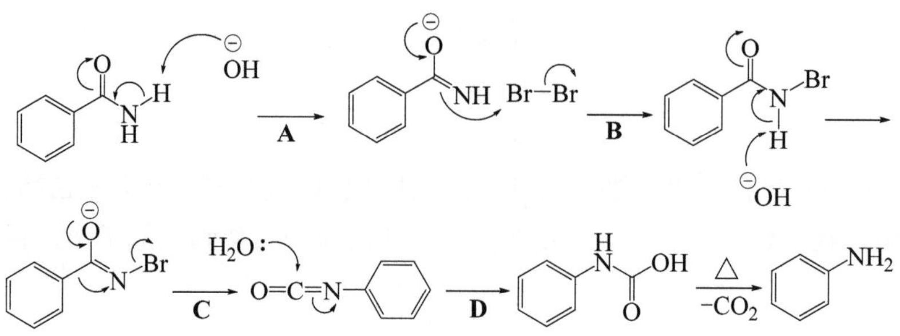

A—氢氧负离子夺取酰胺氮上的一个氢，转变为酰胺负离子；**B**—在氧负离子的推动下氮得一个溴；**C**—在氧负离子推动下，苯环迁移到氮上同时脱去一个溴负离子，形成异氰酸酯；**D**—异氰酸酯与水分子加成得到氨基甲酸，最后脱羧得到苯胺。

反应实例2

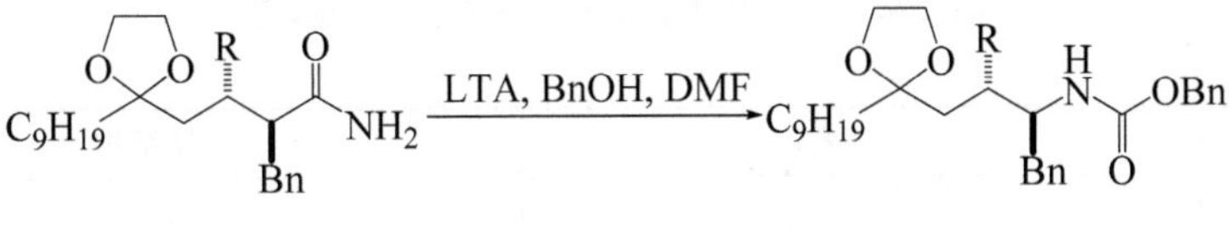

LTA, BnOH, DMF

R=PhMe$_2$Si

Verma R, Ghosh S K. Chem Commun, 1997: 1601.

【反应说明】该反应是Hofmann重排反应，也称Hofmann降解反应。

【反应机理】

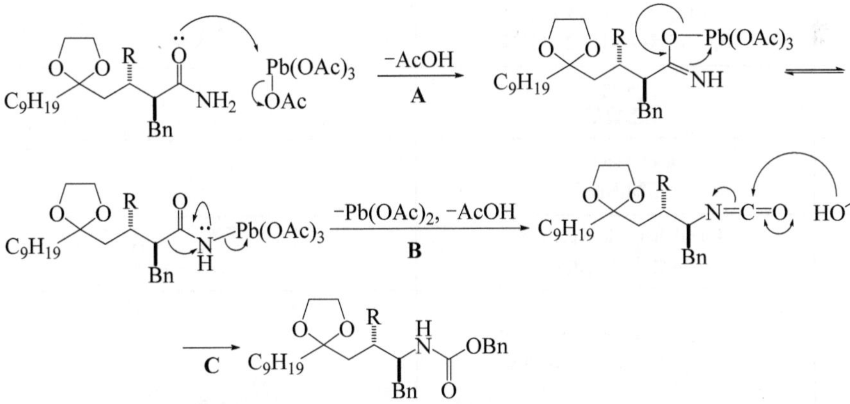

−AcOH A

$-Pb(OAc)_2$, −AcOH B

C

A—酰胺羰基氧进攻四乙酸铅（LTA），脱去一分子乙酸，接着分子内迁移，铅转移到氮原子上；**B**—在氮原子孤对电子的推动下，羰基另一端的碳链迁移到氮原子上，同时脱去一分子乙酸和二乙酸铅形成异氰酸酯；**C**—醇羟基进攻异氰酸酯得到产物。

附 录

附录1　有机化学常用缩略语

英文缩写	中英文名称	化学结构
18-Cr-6	18-crown-6 18-冠-6	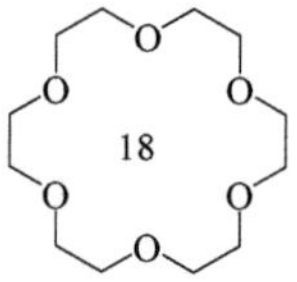
AA	asymmetric aminohydroxylation 不对称氨基羟化物	—
ABO	2,7,8-trioxabicyclo[3.2.1]octyl 2,7,8-三氧双环[3.2.1]辛基	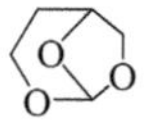
Ac	acetyl 乙酰基	
acac	acetylacetonyl 乙酰丙酮基	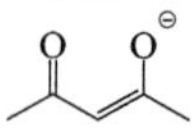
ACBZ	4-azidobenzyloxycarbonyl 4-叠氮苄氧羰基	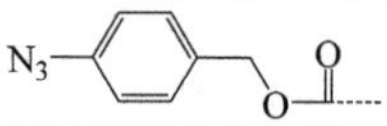
AcHmB	2-acetoxy-4-methoxybenzyl 2-乙酰氧基-4-甲氧基苄基	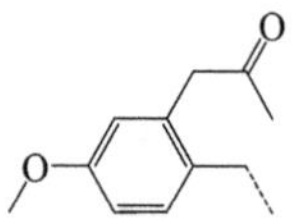
Acm	acetamidomethyl 乙酰氨甲基	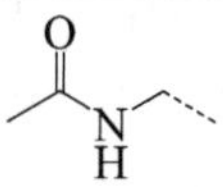
AD	asymmetric dihydroxylation 不对称双羟基化	—
ad	adamantyl 金刚烷基	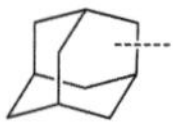
ADDP	1,1′-(azodicarbonyl)dipiperidine 1,1′-(偶氮二羟基)二四氢吡啶	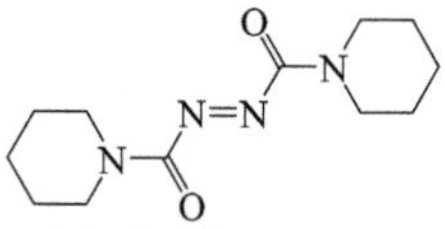
ADMET	acyclic diene metathesis polymerization 无环二烯换位聚合	—

续表

英文缩写	中英文名称	化学结构
acaen	*N*,*N*′-bis(1-methyl-3-oxobutylidene) ethylenediamine *N*,*N*′-双(1-甲基-3-氧代亚丁基)乙二胺	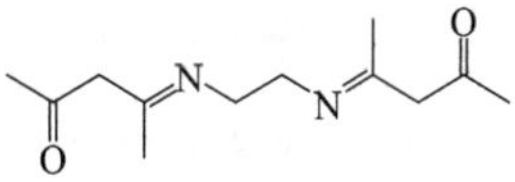
AIBN	2,2′-azobisisobutyronitrile 2,2′-偶氮二异丁腈	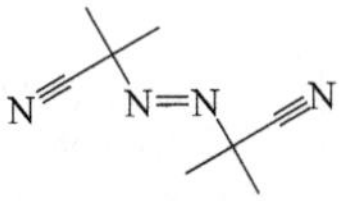
Alloc	allyloxycarbonyl 烯丙基氧羟基	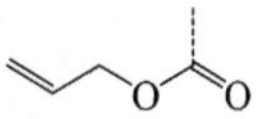
Am	amyl (*n*-pentyl) 正戊基	
An	*p*-anisyl 对-茴香基	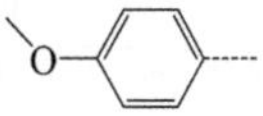
ANRORC	anionic ring-opening ring-closing 阴离子开环闭环	—
aq	aqueous 水溶液	—
AQN	anthraquinone 蒽醌	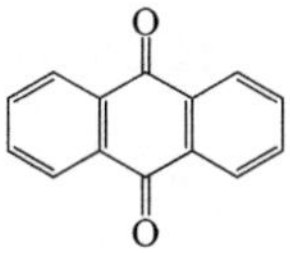
Ar	aryl (substituted aromatic ring) 芳基(取代的芳环)	—
ATD	aluminum tris(2,6-di-*tert*-butyl-4-methylphenoxide) 三(2,6-二叔丁基-4-甲基苯酚)铝	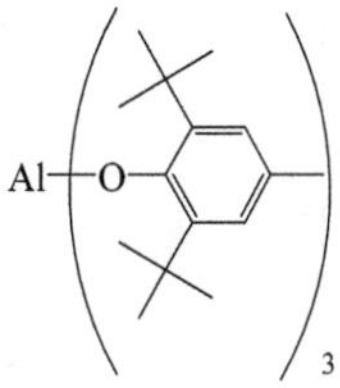
ATPH	aluminum tris(2,6-diphenylphenoxide) 三(2,6-二苯基苯酚)铝	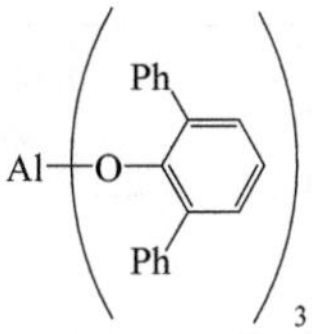
BBN (9-BBN)	9-borabicyclo[3.3.1]nonane (9-BBN) 9-硼杂双环[3.3.1]壬烷	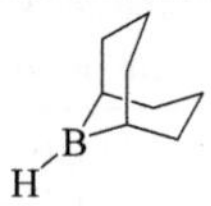
BCME	bis(chloromethyl)ether 二(氯甲基)醚	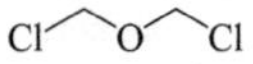

续表

英文缩写	中英文名称	化学结构
BCN	*N*-benzyloxycarbonyloxy-5-norbornene-2,3-dicarboximide *N*-苄氧基羟氧基-5-降冰片烯-2,3-二甲酰亚胺	
BDPP	(2*R*,4*R*) or (2*S*, 4*S*) bis(diphenylphosphino)pentane (2*R*,4*R*) 或 (2*S*, 4*S*)双(二苯基膦基)戊烷	
BER	borohydride exchange resin 硼氢化物交换树脂	—
BHT	2,6-di-*t*-butyl-*p*-cresol (butylated hydroxytoluene) 2,6-二叔丁基对甲苯酚(丁基化的羟基甲苯)	
BICP	2(*R*)-2′(*R*)-bis(dipenylphosphino)-1(*R*), 1′(*R*)-dicyclopentane 2(*R*)-2′(*R*)-双(二苯基膦基)-1(*R*), 1′(*R*)-联环戊烷	
BINAL-H	2,2′-dihydroxy-1,1′-binaphthyl lithium aluminum hydride 2,2′-二羟基-1,1′-联萘基氢化锂铝	
BINAP	2,2′-bis(diphenylphosphino)-1,1′-binaphthyl 2,2′-双(二苯基膦基)-1,1′-联萘	
BINOL	1,1′-bi-2,2′-naphthol 1,1′-联-2,2′-萘酚	
Bip	biphenyl-4-sulfonyl 联苯-4-磺酰基	
bipy	2,2′-bipyridyl 2,2′-联吡啶	
BLA	Brönsted acid assisted chiral Lewis acid Brönsted 酸协助的手性 Lewis 酸	—
bmin	1-butyl-3-methylimidazolium cation 1-丁基-3-甲基咪唑阳离子	
BMS	Borane-dimethyl sulfide complex 硼烷-二甲基硫醚复合物	$H_3B\cdot SMe_2$

续表

英文缩写	中英文名称	化学结构
Bn	benzyl 苄基	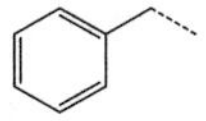
BNAH	1-benzyl-1,4-dihydronicotinamide 1-苄基-1,4-二氢烟酰胺	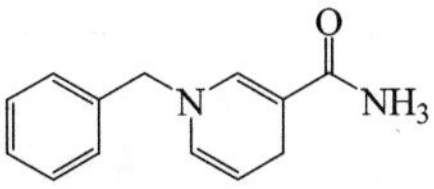
BOB	4-benzyloxybutyryl 4-苄氧基丁酰基	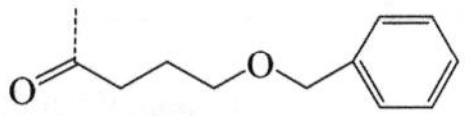
Boc	*t*-butoxycarbonyl 叔丁氧基羰基	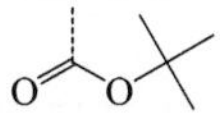
BOM	benzyloxymethyl 苄氧基甲基	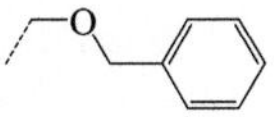
BOP-Cl	bis(2-oxo-3-oxazolidinyl)phosphinic chloride 双(2-氧代-3-噁唑烷基)次膦酸酰氯	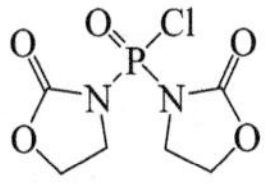
bp	boiling point 沸点	—
BPD	bis(pinacolato)diboron 双(频哪醇带)乙硼烷	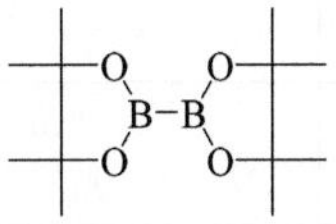
BPMPO	*N,N'*-bis(5-methyl-[1,1'-biphenyl]-2-yl) oxalamide *N,N'*-二(2-苯基-4-甲基苯基)草酰二胺	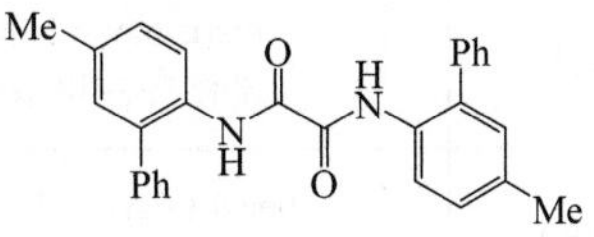
BPO	benzoyl peroxide 过氧化苯甲酰	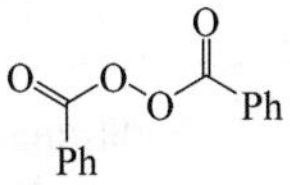
BPS(TBDPS)	*t*-butyldiphenylsilyl 叔丁基二苯基甲硅烷基	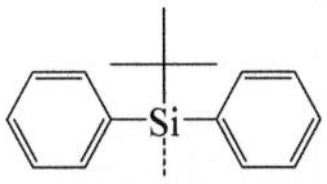
BQ	benzoquinone 苯醌	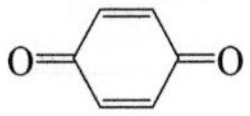
Bs	brosyl (4-bromobenzenesulfonyl) 4-溴苯磺酰基	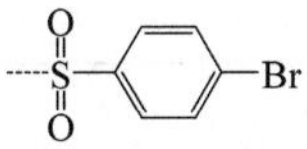
BSA	*N,O*-bis(trimethylsilyl)acetamide *N,O*-双(三甲基硅烷基)乙酰胺	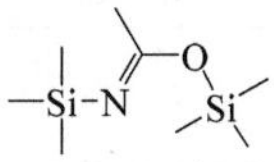
BSA	Bovine serum albumin 牛血清白蛋白	—

续表

英文缩写	中英文名称	化学结构
Bt	1- or 2-benzotriazolyl 1-或 2-苯并三唑基	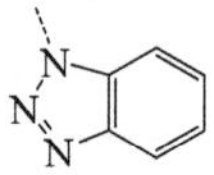
BTAF	benzyltrimethylammonium fluoride 氟化苄基三甲基铵	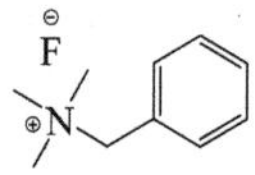
BTEA	benzyltriethylammonium 苄基三乙基铵	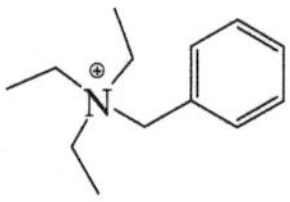
BTEAC	benzyltriethylammonium chloride 苄基三乙基氯化铵	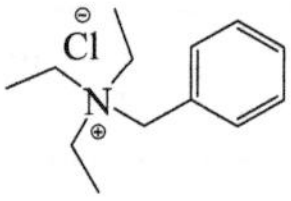
BTFP	3-bromo-1,1,1-trifluoro-propan-2-one 3-溴-1,1,1-三氟-2-丙酮	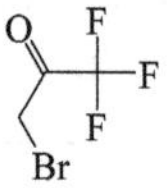
BTMA	benzyltrimethylammonium 苄基三甲基铵	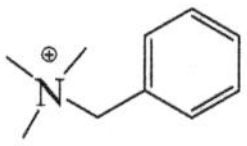
BTMSA	bis(trimethylsily) acetylene 双(三甲基硅烷基)乙炔	
BTS	bis(trimethylsilys) sulfate 硫酸二(三甲基硅烷基)酯	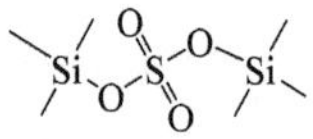
BTSA	benzothiazole-2-sulfonic acid 苯并噻唑-2-磺酸	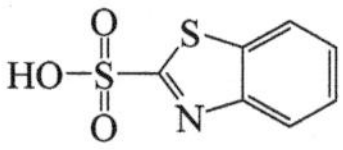
BTSP	bis(trimethylsilys) peroxide 双(三甲基硅烷基)过氧化物	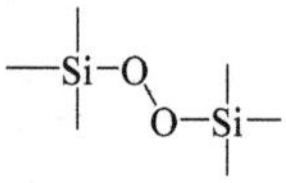
Bz	benzoyl 苯甲酰基	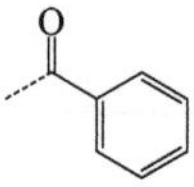
^{n}Bu(*n*-Bu)	*n*-butyl 正丁基	
c	cyclo 环	—
ca	circa (approximately) 大约	—
CA	chloroacetyl 氯乙酰基	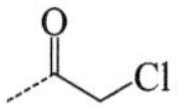

续表

英文缩写	中英文名称	化学结构
CAN	cerium(Ⅳ) ammonium nitrate (cericammonium nitrate) 硝酸铈铵	$Ce(NH_4)_2(NO_3)_2$
cat	catalyst 催化剂	—
CB	catecholborane 儿茶酚硼烷	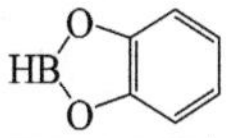 HB O O
CBS	Corey-Bakshi-Shibata reagent Corey-Bakshi-Shibata 试剂	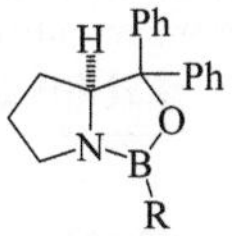 H Ph Ph N B O R R= H, 烷基
Cbz (Z)	benzyloxycarbonyl 苄氧羰基	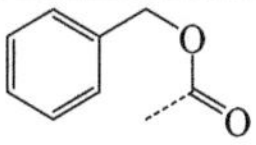 O O
cc. 或 conc.	concentrated 浓缩的	—
CCE	constant current electrolysis 恒电流电解	—
CDI	carbonyl diimidazole 羰基二咪唑	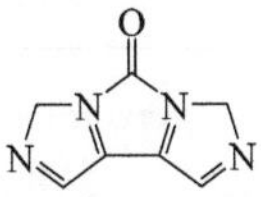 O N N N N
CHD	1,3 or 1,4-cyclohexadiene 1,3 或 1,4-环己二烯	 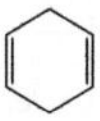 1,3-CHD 1,4-CHD
CHIRAPHOS	2,3-bis(diphenylphosphino)butane 2,3-双(二苯基膦基)丁烷	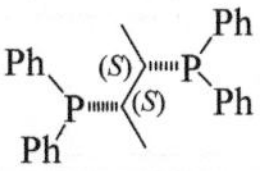 Ph Ph P (S) (S) P Ph Ph
Chx (Cy)	cyclohexyl 环己基	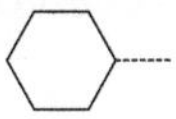
CIP	2-chloro-1,3-dimethylimidazolidinium hexafluorophosphate 六氟磷酸-2-氯-1,3-二甲基咪唑(盐)	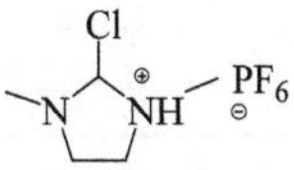 Cl N NH ⊕ PF_6 ⊖
CM (XMET)	cross metathesis 交叉换位反应	—
CMMP	cyanomethylenetrimethyl phosphorane 氰基亚甲基三甲基膦	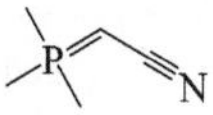 P N
COD	1,5-cyclooctadiene 1,5-环辛二烯	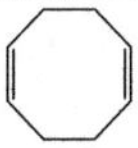
COT	1,3,5-cyclooctatriene 1,3,5-环辛三烯	

续表

英文缩写	中英文名称	化学结构
Cp	cyclopentadienyl 环戊二烯基	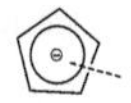
CPTS	collidinium-*p*-toluenesulfonate 对甲苯磺酸三甲基吡啶(盐)	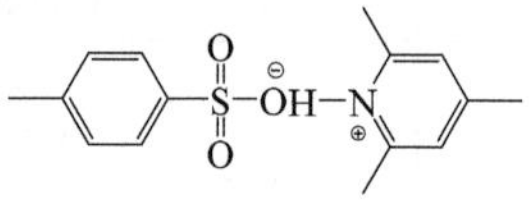
CRA	complex reducing agent 复合还原剂	—
Cr-PILC	chromium-pillared clay catalyst 承载铬的黏土催化剂	—
CSA	camphorsufonic acid 樟脑磺酸	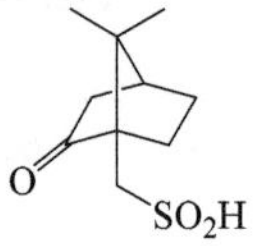
CSI	chlorosulfonyl isocyanate 氯磺酰基异氰酸酯	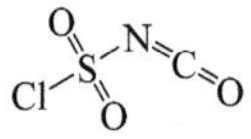
CTAB	cetyl trimethylammonium bromide 溴化十六烷基三甲基铵	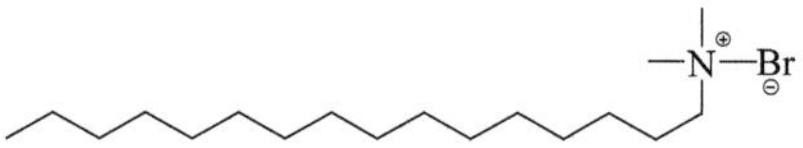
CTACI	cetyl trimetrhylammonium chloride 氯化十六烷基三甲基铵	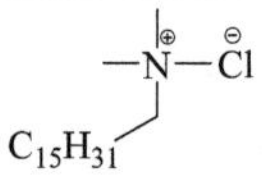
CTAP	cetyl trimethylammonium permanganate 高锰酸十六烷基三甲基铵	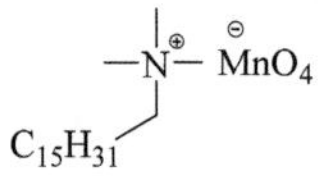
△	heat 加热	—
d	days (length of reaction time) 天(反应时间长度)	—
DABCO	1,4-diazabicyclo[2.2.2]octane 1,4-二氮杂双环[2.2.2]辛烷	
DAST	diethylaminosulfur trifluoride 二乙氨基三氟化硫	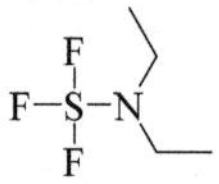
DATMP	diethylaluminum 2,2,6,6-tetramethylpiperidide 2,2,6,6-四甲基六氢吡啶二乙基铝	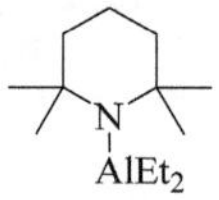
DBA (dba)	dibenzylideneacetone 二亚苄基丙酮	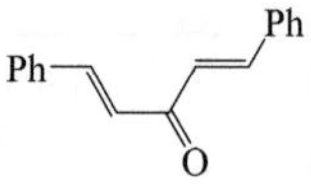

续表

英文缩写	中英文名称	化学结构
DBAD	di-*tert*-butylazodicarboxylate 偶氮二甲酸二叔丁酯	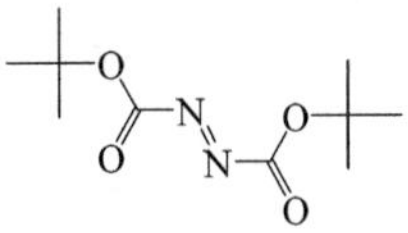
DBI	dibromoisocyanuric acid 二溴代异氰脲酸	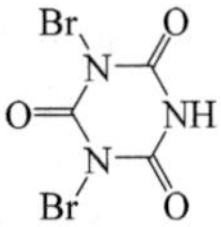
DBM	dibenzoylmethane 二苯甲酰甲烷	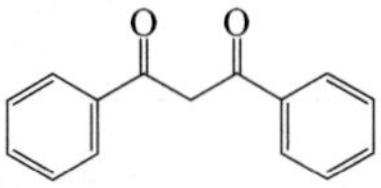
DBN	1,5-diazabicyclo[4.3.0]non-5-ene 1,5-二氮杂双环[4.3.0]壬-5-烯	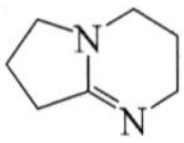
DBS	dibenzosuberyl 二苯并环庚基	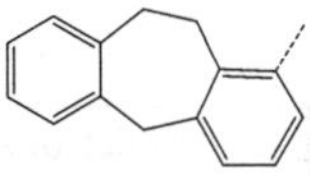
DBU	1,8-diazabicyclo[5.4.0]undec-7-ene 1,8-二氮杂双环[5.4.0]十一碳-7-烯	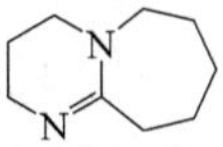
DCA	9,10-dicyanoanthracene 9,10-二氰基蒽	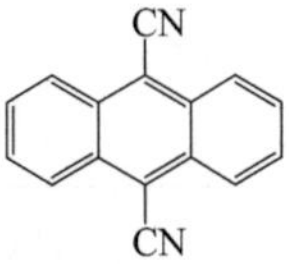
DCB	1,2-dichlorobenzene 1,2-二氯苯	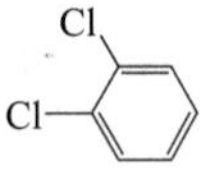
DCC	dicyclohexylcarbodiimide 双环己基碳二亚胺	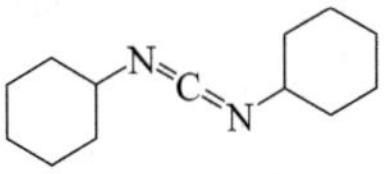
DCE	1,1-dichloroethane 1,1-二氯乙烷	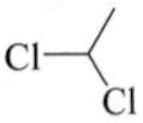
DCM	dichloromethane 二氯甲烷	CH_2Cl_2
DCN	1,4-dicyanonaphthalene 1,4-二氰基萘	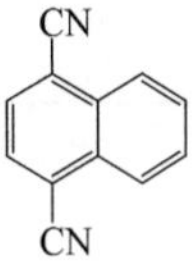
Dcpm	dicyclopropylmethyl 双环丙基甲基	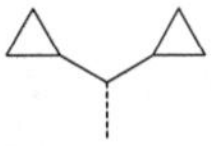

续表

英文缩写	中英文名称	化学结构
DCU	*N,N'*-dicyclohexylurea *N,N'*-二环己基脲	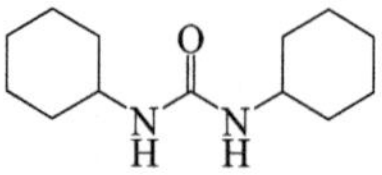
DDQ	2,3-dichloro-5,6-dicyano-1,4-benzoquinone 2,3-二氯-5,6-二氰基-1,4-苯醌	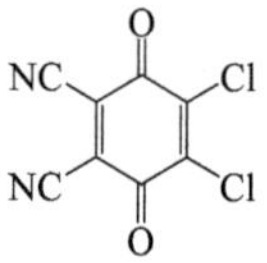
de	diastereomeric excess 非对应体过量	—
DEAD	diethyl azodicarboxylate 偶氮二甲酸二乙酯	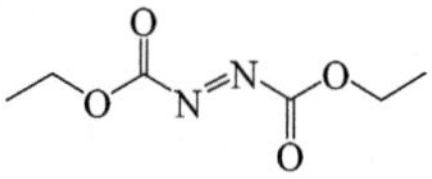
DEIPS	diethylisopropylsilyl 二乙基异丙基硅基	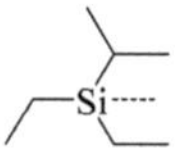
DEPBT	3-(diethoxyphosphoryloxy)-1,2,3-benzotriazin-4(3*H*)-one 3-(二乙氧基膦酰氧基)-1,2,3-苯并三嗪-4(3*H*)-酮	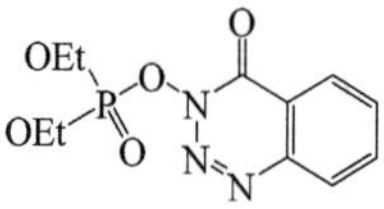
DET	diethyl tartrate 酒石酸二乙酯	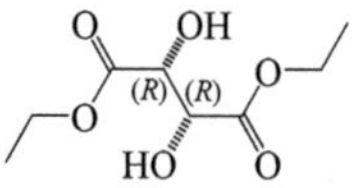
DHP	3,4-dihydro-2*H*-pyran 3,4-二氢-2*H*-吡喃	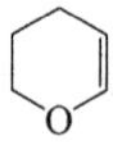
DHQ	dihydroquinine 二氢奎宁	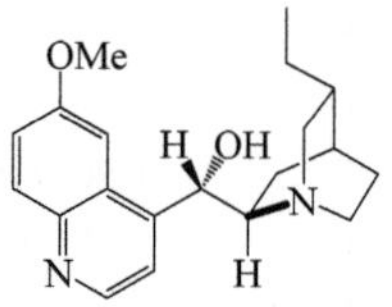
$(DHQ)_2PHAL$	bis(dihydroquinino)phthalazine 双(二氢奎宁基)-2,3-二氮杂萘	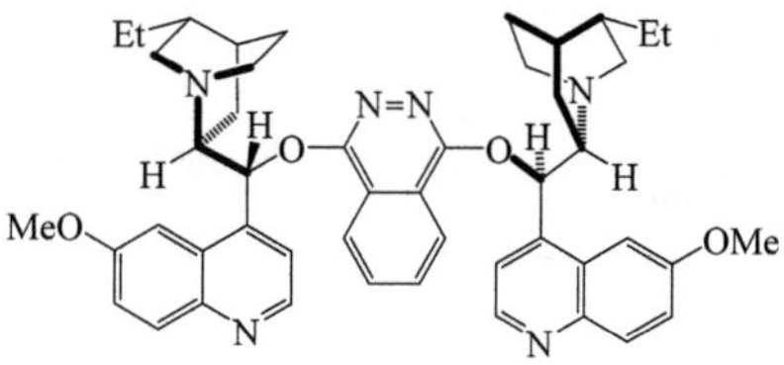
DHQD	dihydroquinidine 二氢奎尼丁	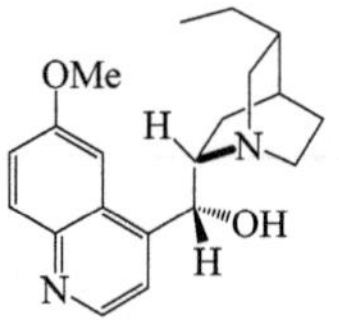

续表

英文缩写	中英文名称	化学结构
$(DHQD)_2PHAL$	bis(dihydroquinidino)phthalazine 双(二氢奎尼丁基)-2,3-二氮杂萘	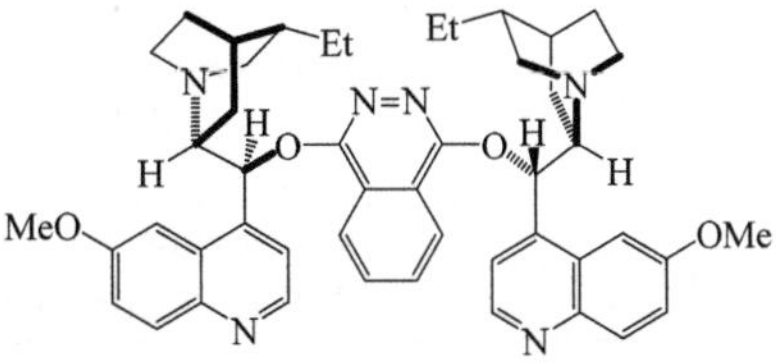
DIAD	diisopropyl azodicarboxylate 偶氮二甲酸二异丙酯	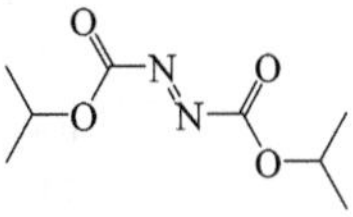
DIB (BAIB, PIDA)	(diacetoxyiodo)benzene 苯基二乙酰基碘 (二乙酸碘苯)	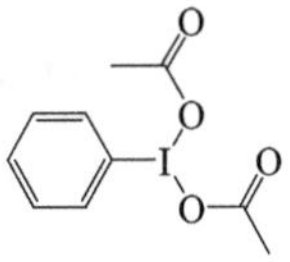
DIBAL (DIBAH) DIBAL-H	diisobutylaluminum hydride 二异丁基氢化铝	
DIC	diisopropyl carbodiimide 二异丙基碳二亚胺	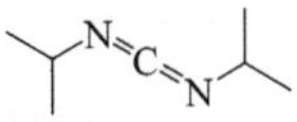
diop	4,5-bis-[(diphenylphosphanyl)methyl]-2,2-dimethyl-[1,3]dioxolane 4,5-双-[(二苯基膦基)甲基]-2,2-二甲基-[1,3]二氧杂环戊烷	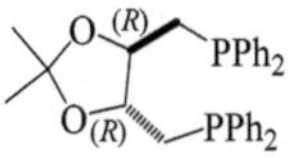
DIPAMP	1,2-bis(*o*-anisylphenylphosphino)ethane 1,2-双(邻茴香基苯基膦基)乙烷	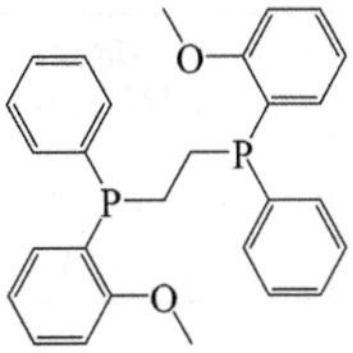
DIPEA (Hünig 碱)	diisopropylethylamine 二异丙基乙胺	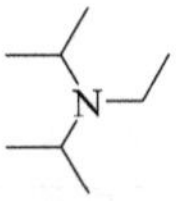
DIPT	diisopropyl tartrate 酒石酸二异丙酯	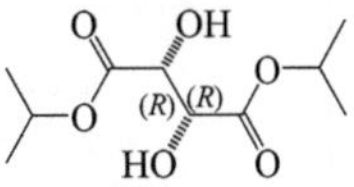
DLP	dilauroyl peroxide 过氧化二月桂酰	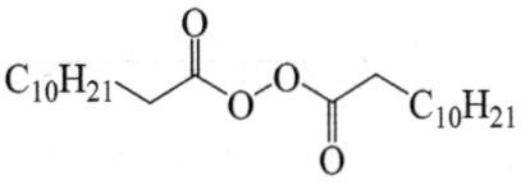
DMA (DMAC)	*N,N*-dimethylacetamide *N,N*-二甲基乙酰胺	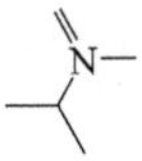

续表

英文缩写	中英文名称	化学结构
DMAD	dimethyl acetylene dicarboxylate 乙炔二甲基二甲酯	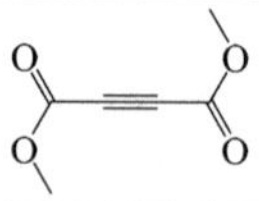
DMAP	*N,N*-4-dimethylaminopyridine *N,N*-4-二甲基氨基吡啶	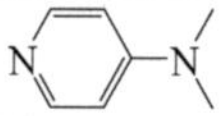
DMB	*m*-dimethoxybenzene 间二甲氧基苯	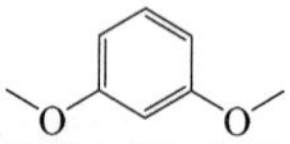
DMDO	dimethyl dioxirane 二甲基二氧杂环丙烷	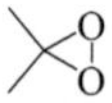
DME	1,2-dimethoxyethane 1,2-二甲氧基乙烷	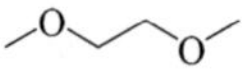
DMF	*N,N*-dimethylformamide *N,N*-二甲基甲酰胺	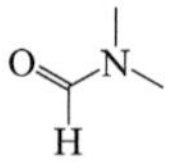
DMI	1,3-dimethylimidazolidin-2-one 1,3-二甲基咪唑烷-2-酮	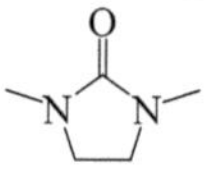
DMP	Dess-Martin periodinane Dess-Martin 高碘烷	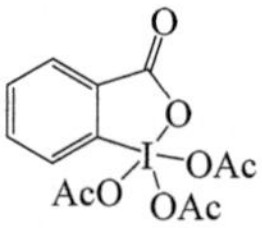
DMPS	dimethylphenylsilyl 二甲基(苯基)硅基	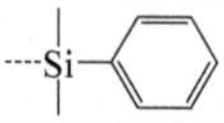
DMPU	1,3-dimethyl-3,4,5,6-tetrahydro-2(1*H*)-pyrimidone (*N,N*-dimethyl propylene urea) 1,3-二甲基-3,4,5,6-四氢-2(1*H*)-嘧啶酮 (*N,N*-二甲基亚丙基脲)	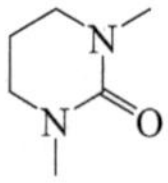
DMS	dimethylsulfide 二甲基硫醚	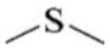
DMSO	dimethylsulfoxide 二甲亚砜	
DMT	4,4′-dimethoxytrityl 4,4′-二甲氧基三苯甲基	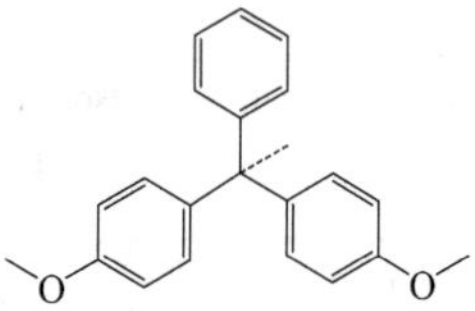
DMTMM	4-(4,6-dimethoxy[1,3,5]triazin-2-yl)-4-methylmorpholinium chloride 氯化 4-(4,6-二甲氧基[1,3,5]三嗪-2-基)-4-甲基吗啉	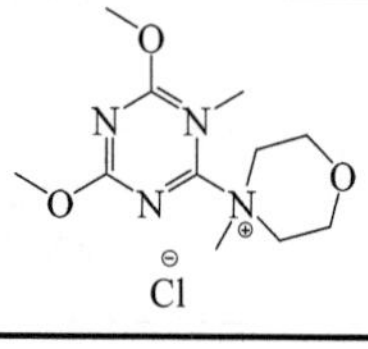

续表

英文缩写	中英文名称	化学结构
DMTr	4,4′-dimethyltrityl 4,4′-二甲基三苯甲基	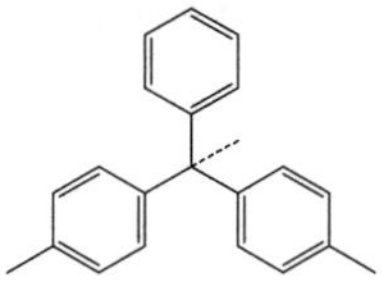
DMTSF	dimethyl(methylthio)sulfonium tetrafluoroborate 四氟硼酸二甲基(甲硫基)锍	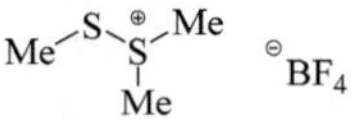
DMTST	(dimethylthio)methylsulfonium trifluoromethanesulfonate 三氟甲磺酸(二甲硫基)甲基锍	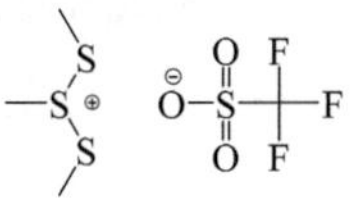
DNA	deoxyribonucleic acid 脱氧核糖核酸	—
DPA(DIPA)	diisopropylamine 二异丙基胺	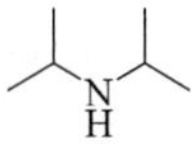
DPBP	2,2′-bis(diphenylphosphino)biphenyl 2,2′-双(二苯基膦基)联苯	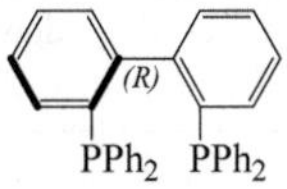
DPDC	diisopropyl peroxydicarbonate 过氧二碳酸二异丙酯	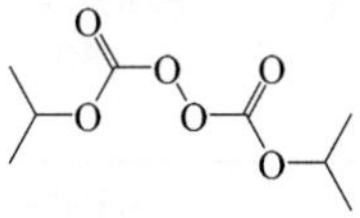
DPDM	diphenyl diazomethane 二苯基重氮甲烷	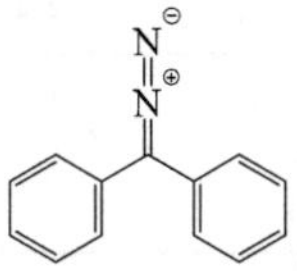
DPEDA	1,2-diamino-1,2-diphenylethane 1,2-二氨基-1,2-二苯基乙烷	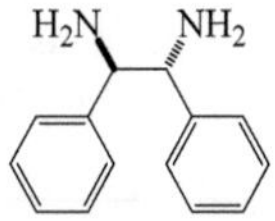
DPIBF	diphenylisobenzofuran 二苯基异苯并呋喃	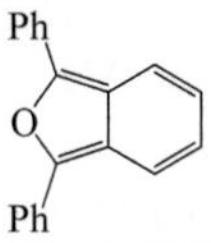
DPPA	diphenylphosphoryl azide (diphenylphosphorazidate) 二苯基磷酰叠氮(磷酰叠氮酸二苯酯)	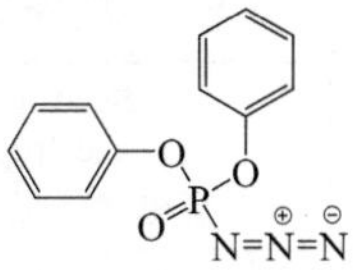
Dppb(ddpb)	1,4-bis(diphenylphosphino)butane 1,4-二(二苯膦基)丁烷	

续表

英文缩写	中英文名称	化学结构
dppe	1,2-bis(diphenylphosphino)ethane 1,2-二(二苯膦基)乙烷	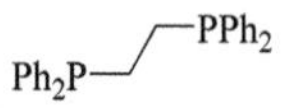
dppf	1,1′-bis(diphenylphosphino)ferrocene 1,1′-二(二苯膦基)二茂铁	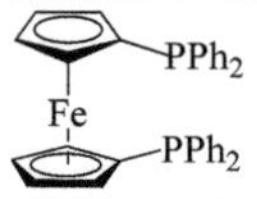
dppm	bis(diphenylphosphino)methane 二(二苯基膦基)甲烷	
dppp	1,3-bis(diphenylphosphino)propane 1,3-二(二苯基膦基)丙烷	
DPS (TBDPS 或 BPS)	*t*-butyldiphenylsilyl 叔丁基(二苯基)硅基	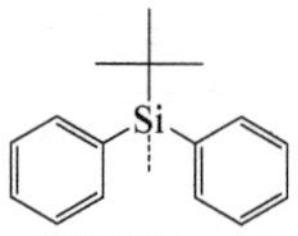
DPTC	*O,O′*-bis(2′-pyridyl)thiocarbonate *O,O′*-二(2′-吡啶基)硫代碳酸酯	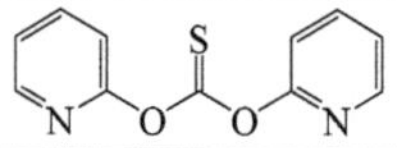
dr	diastereomeric ratio 非对应体比例	—
DTBAD(DBAD)	di-*tert*-butyl azodicarboxylate 偶氮二甲酸二叔丁酯	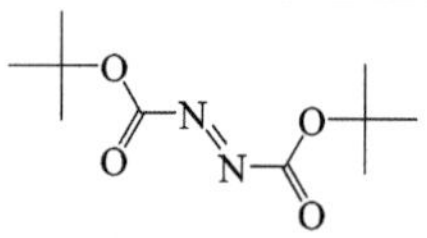
DTBB	4,4′-di-*tert*-butylbiphenyl 4,4′-二叔丁基联苯	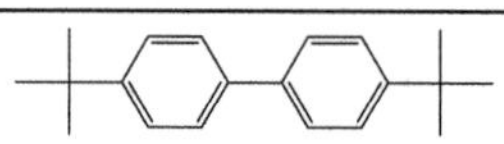
DTBP	2,6-di-*tert*-butylpyridine 2,6-二叔丁基吡啶	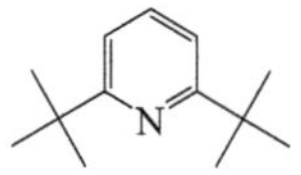
DTBMP	2,6-di-*tert*-butyl-4-methylpyridine 2,6-二叔丁基-4-甲基吡啶	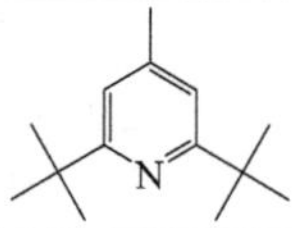
DTE	1,4-dithioerythritol 1,4-赤藓硫代糖	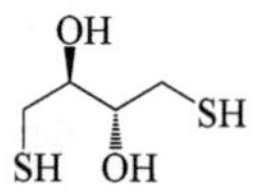
DVS	1,3-divinyl-1,1,3,3-tetramethyldisiloxane 1,3-二乙烯基-1,1,3,3-四甲基二硅氧烷	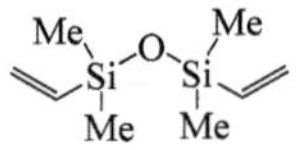
E^+	electrophile (denotes any electrophile in general) 亲电子体(泛指所有的亲电子体)	—
E2	bimolecular elimination 双分子消除反应	—

续表

英文缩写	中英文名称	化学结构
ED	effective dosage 有效剂量	—
EDA	ethyl diazoacetate 重氮乙酸乙酯	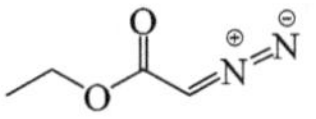
EDDA	ethylenediamine diacetate 乙二胺二乙酸盐	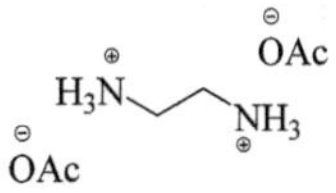
EDC(EDAC)	1-ethyl-3-(3-methylaminopropyl) carbodiimide (ethyldimethylaminopropylcarbodiimide) 1-乙基-3(3-二甲基氨基丙基)碳二亚胺 (乙基二甲基氨基丙基碳二亚胺)	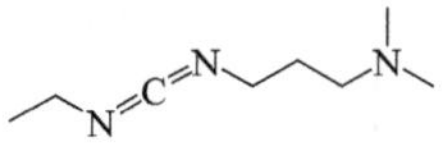
EDCI	1-ethyl-3-(3-dimethylaminopropyl)carbodiimide hydrochloride 1-乙基-3(3-二甲基氨基丙基)碳二亚胺盐酸盐	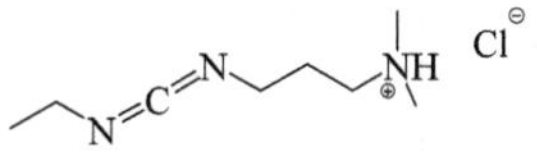
EDCP	2,3-bis-phosphonopentanedioic acid (ethylene dicarboxylic 2,3-diphosphonic acid) 2,3-二磷酸基戊二酸(亚丙基二甲酸 2,3-二磷酸)	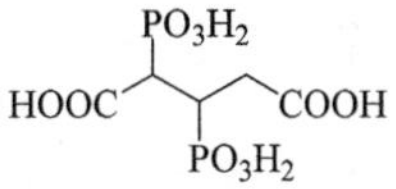
EDG	electron-donating group 供电子基团	—
EDTA	ethylenediamine tetraacetic acid 乙二胺四乙酸	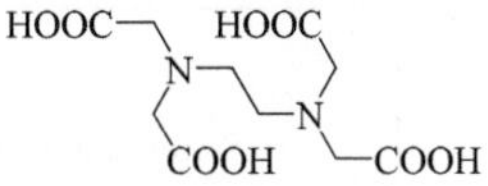
ee	enantiomeric excess 对映体过量	—
EE	ethoxyethyl 乙氧基乙基	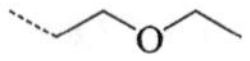
E_i	intramolecular *syn* elimination 分子内顺位消除反应	—
en	ethylenediamine 乙二胺	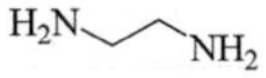
EOM	ethoxymethyl 乙氧基甲基	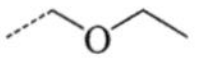
ESR	electron spin resonance (spectroscopy) 电子自旋共振(光谱)(顺磁共振)	—
Et	ethyl 乙基	
ETSA	ethyl trimethylsilylacetate 三甲基硅基乙酸乙酯	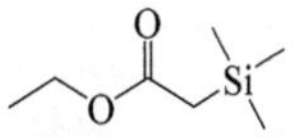

续表

英文缩写	中英文名称	化学结构
EVE	ethyl vinyl ether 乙基乙烯基醚	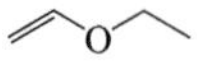 O
EWG	electron-withdrawing group 吸电子基团	—
Fc	ferrocenyl 二茂铁基	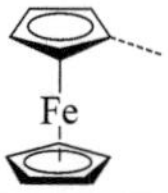 Fe
FDP	fructose-1,6-diphosphate 果糖-1,6-二磷酸酯	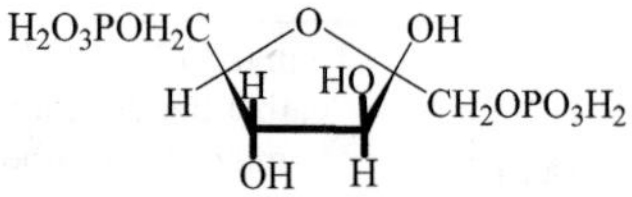 $H_2O_3POH_2C$ O OH H H HO $CH_2OPO_3H_2$ OH H
FDPP	pentafluorophenyl diphenylphosphinate 五氟苯基二苯磷酸酯	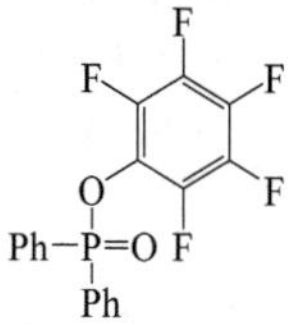 F F F F F O Ph−P=O Ph
Fl	fluorenyl 芴基	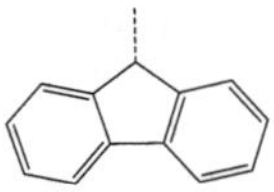
FMO	frontier molecular orbital (theory) 前沿分子轨道(理论)	—
Fmoc	9-fluorenylmethoxycarbonyl 9-芴基甲氧羰基	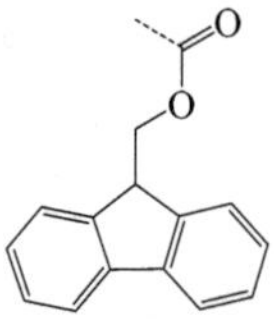 O O
fod	6,6,7,7,8,8,8-heptafluoro-2,2-dimethyl-3,5-octanedione 6,6,7,7,8,8,8-七氟-2,2-二甲基-3,5-辛二酮	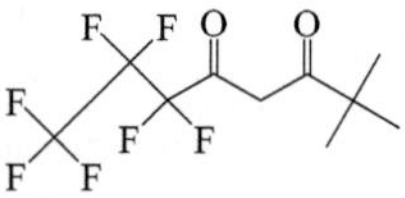 F F O O F F F F F
fp	flash point 闪点	—
FSM	Mesoporous silica 中孔硅胶	—
FTT	1-fluoro-2,4,6-trimethylpyridinium triflate 三氟甲磺酸 1-氟-2,4,6-三甲基吡啶(盐)	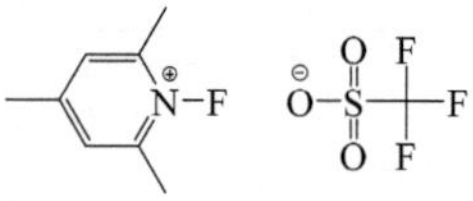 $\overset{\oplus}{N}$−F $\overset{\ominus}{O}$−S(=O)(=O)−C F F F
FVP	flash vacuum pyrolysis 真空闪热解	—
GEBC	gel entrapped base catalyst 凝胶承载的碱催化反应	—

续表

英文缩写	中英文名称	化学结构
hv	irradiation with lignt 光照	—
HATU	*O*-(7-azabenzotriazol-1-yl)-*N*,*N*,*N*′,*N*′-tetramethyluronium hexafluorophosphate *O*-(7-氮杂苯并三唑基)-*N*,*N*,*N*′,*N*′-四甲基脲六氟磷酸酯	
Het	heterocycle 杂环	—
hfacac	hexafluoroacetylacetone 六氟乙酰丙酮	
HFIP	1,1,1,3,3,3-hexafluoro-2-propanol (hexafluoroisopropanol) 1,1,1,3,3,3-六氟-2-丙醇(六氟异丙醇)	
HGK	4-hydroxy-2-ketoglutarate 4-羟基-2-酮戊二酸酯(盐)	
mmHg	millimeter of mercury (760 mmHg = 1 atm = 760 Torr) 毫米汞柱(760 mmHg = 1 大气压 = 760 托)	—
HLE	horse liver esterase 马肝酯酶	
Hmb	2-hydroxy-4-methoxybenzyl 2-羟基-4-甲氧基苄基	
HMDS	1,1,1,3,3,3-hexamethyldisilazane 1,1,1,3,3,3-六甲基二硅胺	
HMPA	hexamethylphosphoric acid triamide (hexamethylphosphoramide) 六甲基磷酸三酰胺(六甲基磷酰胺)	
HMPT	hexamethylphosphorous triamide 六甲基亚磷酰三酰胺	
HOAt	1-hydroxy-7-azabenzotriazole 1-羟基-7-氮苯并三唑	
HOBt (HOBT)	1-hydroxybenzotriazole 1-羟基苯并三唑	
HOMO	highest occupied molecular orbital 最高占据分子轨道	—

续表

英文缩写	中英文名称	化学结构
HOSu	*N*-hydroxysuccinimide *N*-羟基琥珀酰亚胺	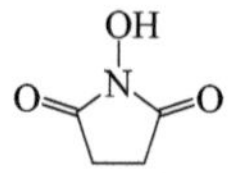
HPLC	high-pressure liquid chromatography 高效液相色谱	—
HWE	Horner-Wadsworth-Emmons Horner-Wadsworth-Emmons 反应	—
i	iso 异	—
IBA	2-iodosobenzoic acid 2-亚碘酰苯甲酸	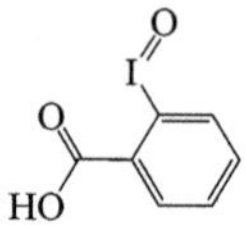
IBX	*o*-iodoxybenzoic acid 邻碘酰苯甲酸	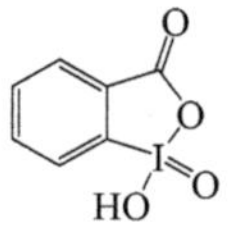
IDCP	bis(2,4,6-collidine)iodonium perchlorate 高氯酸双(2,4,6-三甲基吡啶)碘	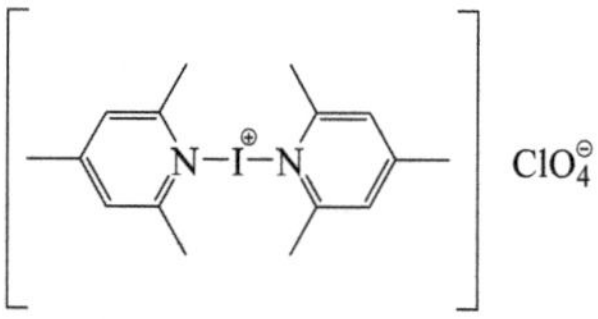 ClO_4^-
Imid(Im)	imidazole 咪唑	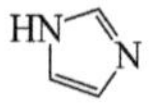
INOC	intramolecular nitrile oxide cycloaddition 分子内腈氧化物环加成反应	—
IPA	isopropyl alcohol 异丙醇	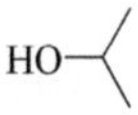
Ipc	isopinocamphenyl 异松莰烷基	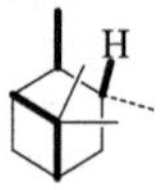
IR	infrared spectroscopy 红外光谱	—
K-10	a type of Montmorillonite clay 一种蒙脱土	—
KDA	potassium diisopropylamide 二异丙基氨基钾	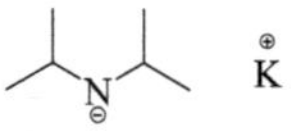
KHMDS	potassium bis(trimethylsilyl)amide 二(三甲基硅基)胺基钾	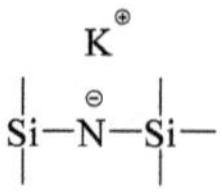

续表

英文缩写	中英文名称	化学结构
KSF	a type of Montmorillonite clay 一种蒙脱土	—
L	ligand 配体	—
L.R.	Lawesson's reagent [2,4-bis-(4-methoxyphenyl)-[1,3,2,4] dithiadiphosphetane-2,4-dithion] Lawesson 试剂[2,4-二-(4-甲氧基苯基)-[1,3,2,4]二硫杂二磷杂环丁烷-2,4-二硫酮]	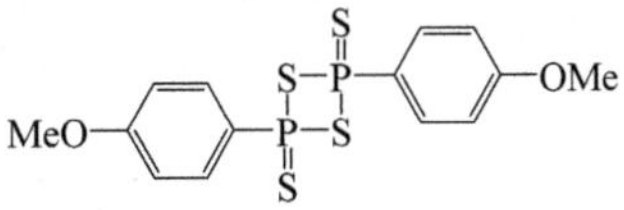 MeO, S, S, P, P, S, S, OMe
LA	Lewis acid Lewis 酸	—
LAB	lithium amidotrihydroborate 氨基三氢硼化锂	LiH_2NBH_3
LAH	lithium aluminum hydride 锂铝氢	$LiAlH_4$
LD_{50}	dose that is lethal to 50% of the test subjucts (cells, animals, humans etc.) 实验对象(细胞、动物、人等)的半致死剂量	—
LDA	lithium diisopropylamide 二异丁基氨基锂	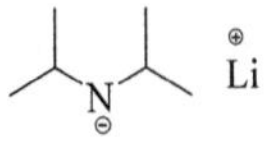 N⊖ Li⊕
LDBB	lithium 4,4′-di-*t*-butylbiphenylide 4,4′-二叔丁基联苯基锂	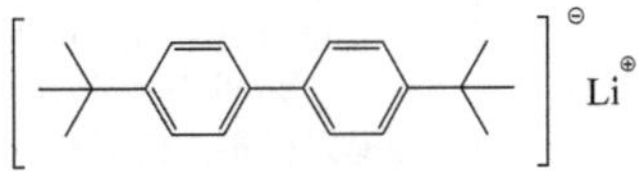 [ ]⊖ Li⊕
LDE	lithium diethylamide 二乙基氨基锂	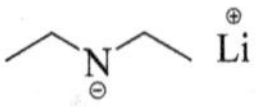 N⊖ Li⊕
LDPE	lithium perchlorate-diethyl etherate 高氯酸锂乙醚化物	
LHMDS (LiHMDS)	lithium bis(trimethylsilyl)amide 二(三甲基硅基)氨基锂	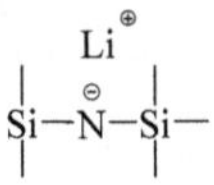 Li⊕ Si—N⊖—Si
LICA	lithium isopropylcyclohexylamide 异丙基环己基氨基锂	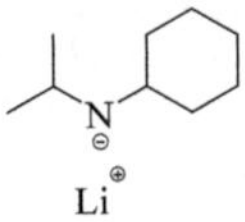 N⊖ Li⊕
LICKOR	butyllithium-potassium *t*-butoxide 丁基锂-叔丁醇钾	
liq.	liquid 液体	—
LiTMP(LTMP)	lithium 2,2,6,6-tetramethylpiperidide 2,2,6,6-四甲基哌啶锂	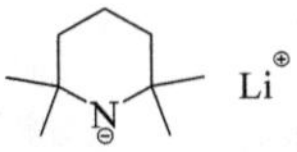 N⊖ Li⊕

续表

英文缩写	中英文名称	化学结构
LPT	lithium pyrrolidotrihydroborate (lithium pyrrolidide-borane) 吡咯烷基三氢硼化锂(吡咯烷基锂-硼烷)	
L-selectride	lithium tri-sec-butylborohydride 三仲丁基硼氢化锂	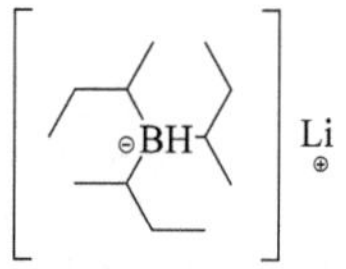 [⊖BH(sec-Bu)₃] Li⊕
LTA	lead tetraacetate 四乙酸铅	$Pb(OAc)_4$
LUMO	lowest unoccupied molecular orbital 最低空分子轨道	—
lut	2,6-lutidine 2,6-二甲基吡啶	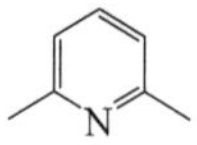
m	meta 间(位)	—
MA	maleic anhydride 马来酸酐	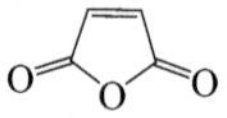
MAD	methyl aluminum bis(2,6-di-*t*-butyl-4-methylphenoxide) 甲基双(2,6-二叔丁基-4-甲基苯氧基)铝	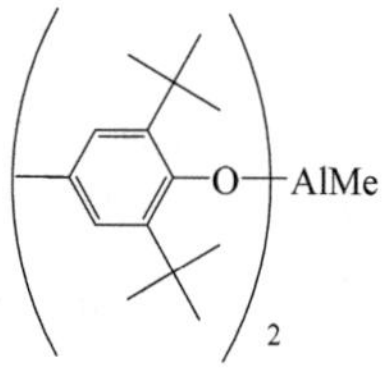
MAT	methyl aluminum bis(2,4,6-tri-*t*-butylphenoxide) 甲基双(2,4,6-三叔丁基苯氧基)铝	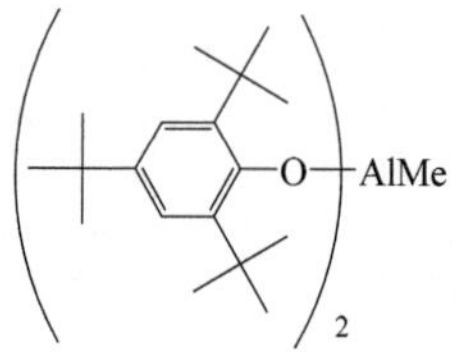
MBT	2-mercaptobenzothiazole 2-巯基苯并噻唑	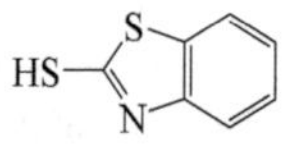
m-CPBA	meta-chloroperbenzoic acid 间氯过氧苯甲酸	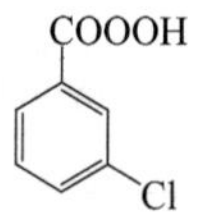
Me	methyl 甲基	$-CH_3$
MEM	(2-methoxyethoxy)methyl (2-甲氧基乙氧基)甲基	

续表

英文缩写	中英文名称	化学结构
MEPY	methyl 2-pyrrolidone-5(*S*)-carboxylate 2-吡咯烷酮-5(*S*)甲酸甲酯	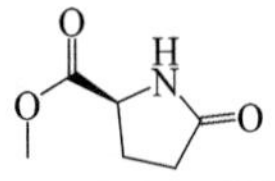
Mes	mesityl 2,4,6-三甲基苯基	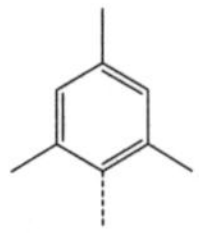
mesal	*N*-methylsalicylaldimine *N*-甲基水杨醛亚胺	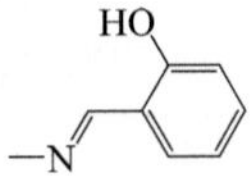
MIC	methyl isocyanate 异氰酸甲酯	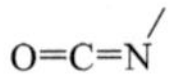 O=C=N
MMPP (MMPT)	magnesium monoperoxyphthalate 单过氧邻苯二甲酸镁	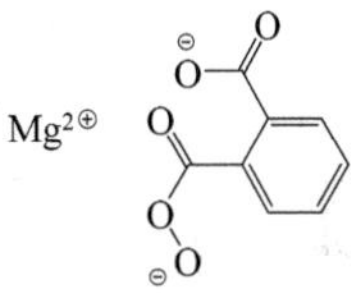
MOM	methoxymethyl 甲氧基甲基	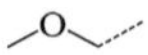
MoOPH	oxodiperoxomolybdenum(pyridine)-(hexamethylphosphoric triamide) 氧合二过氧化钼(吡啶)-(六甲基磷酸三酰胺)	—
mp	melting point 熔点	—
MPD (NMP)	*N*-methyl-2-pyrrolidinone *N*-甲基-2-吡咯烷酮	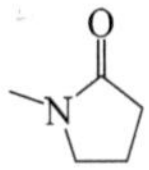
MPM	methoxy(phenylthio)methyl 对甲氧基苄基	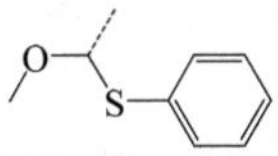
MPM (PMB)	*p*-methoxybenzyl 对甲氧苄基	
MPPC	*N*-methyl piperidinium chlorochromate 氯铬酸 *N*-甲基哌啶盐	
Ms	mesyl (methanesulfonyl) 甲磺酰基(甲烷磺酰基)	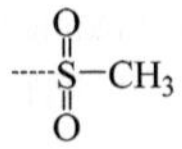 $-S(=O)_2-CH_3$
MS	mass spectrometry 质谱	—
MS	molecular sieves 分子筛	—

续表

英文缩写	中英文名称	化学结构
MSA	methanesulfonic acid 甲磺酸(甲烷磺酸)	
MSH	*o*-mesitylenesulfonyl hydroxylamine 邻-1,3,5-三甲基苯磺酰羟胺	
MSTFA	*N*-methyl-*N*-(trimethylsilyl) trifluoroacetamide *N*-甲基-*N*-(三甲基硅基)三氟乙酰胺	
MTAD	*N*-methyltriazolinedione *N*-甲基三唑啉二酮	
MTEE (MTBE)	mehtyl *t*-butyl ether 叔丁基甲基醚	
MTM	methylthiomethyl 甲硫基甲基	
MTO	methyltrioxorhenium 甲基三氧化铼	
Mtr	(4-methoxy-2,3,6-trimethylphenyl)sulfonyl (4-甲氧基-2,3,6-三甲基苯基)磺酰基	
MVK	mehthyl vinyl ketone 甲基乙烯基酮	
mw	microwave 微波	—
n	normal (e.g. unbranched alkyl chain) 正(如，无支链的烷基链)	—
NADPH	nicotinamide adenine dinucleotide phosphate 烟酰胺腺嘌呤二核苷酸磷酸(酯)	

续表

英文缩写	中英文名称	化学结构
NaHMDA	sodium bis(trimethylsilyl)amide 二(三甲基硅基)胺钠	$Na^{\oplus}$ Si–$N^{\ominus}$–Si
Naph (Np)	naphthyl 萘基	
NBA	*N*-bromoacetamide *N*-溴代乙酰胺	Br N H O
NBD (nbd)	norbornadiene 降冰片二烯	
NBS	*N*-bromosuccinimide *N*-溴代丁二酰亚胺	Br N O O
NCS	*N*-chlorosuccinimide *N*-氯代丁二酰亚胺	Cl N O O
N_f	nonafluorobutanesulfonyl 九氟丁磺酰基	O S O F F F F F F F F F
NHPI	*N*-hydroxyphthalimide *N*-羟基邻苯二甲酰亚胺	O N–OH O
NIS	*N*-iodosuccinimide *N*-碘代丁二酰亚胺	N O O
NMM	*N*-methylmorpholine *N*-甲基吗啉	–N O
NMO	*N*-methylmorpholine oxide *N*-甲基吗啉氮氧化物	O $^{\oplus}$N $O^{\ominus}$
NMP	*N*-methyl-2-pyrrolidinone *N*-甲基-2-吡咯烷酮	O N
NMR	nuclear magnetic resonance 核磁共振	—
NORPHOS	bis(diphenylphosphino)bicyclo [2.2.1]-hept-5-ene 二(二苯膦基)二环[2.2.1]-庚-5-烯	Ph_2P PPh_2

续表

英文缩写	中英文名称	化学结构
Nos	4-nitrobenzenesulfonyl 4-硝基苯磺酰基	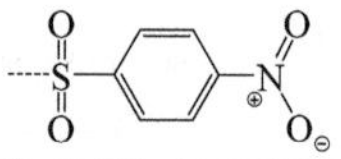
NPM	*N*-phenylmaleimide 顺丁烯二酰亚胺	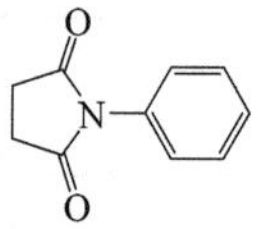
NR	no reaction 未反应	—
Ns	2-nitrobenzenesulfonyl 2-硝基苯磺酰基	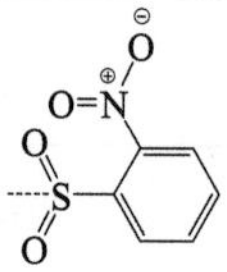
NSAID	non steroidal anti-inflammatory drug 非甾体抗炎药	—
Nuc	nucleophile (general) 亲核试剂	—
o	ortho 邻(位)	
Oxone	potassium peroxymonosulfate 过硫酸氢钾	$KHSO_3$
p	para 对(位)	—
PAP	2,8,9-trialkyl-2,5,8,9-tetraaza-1-phospha-bicyclo[3,3,3]undecane 2,8,9-三烷基-2,5,8,9-四氮杂-1-磷杂-二环[3,3,3]十一烷	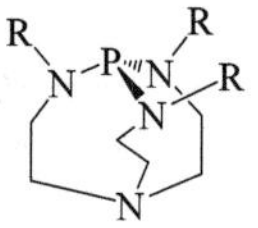
PBP	pyridinium bromide perbromide 过溴化氢溴酸吡啶(盐)	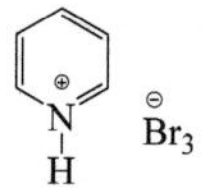
PCC	pyridinium chlorochromate 吡啶铬酸盐	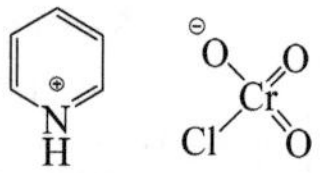
PDC	pyridinium dichromate 重铬酸吡啶(盐)	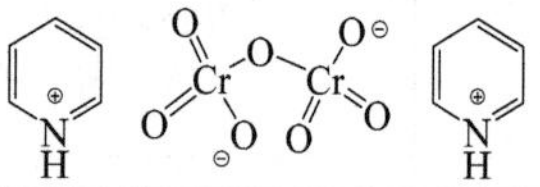
PEG	polyethylene glycol 聚乙二醇	
Pf	9-phenylfluorenyl 9-苯基芴基	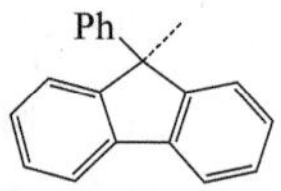

续表

英文缩写	中英文名称	化学结构
pfb	perfluorobutyrate 全氟丁酸盐(酯)	
Ph	phenyl 苯基	
PHAL	phthalazine 2,3-二氮杂萘	
phen	9,10-phenanthroline 9,10-菲咯啉	
Phth	phthaloyl 邻苯二甲酰基	
pic	2-pyridinecarboxylate 2-吡啶羧酸盐(酯)	
PIDA (BAIB，DIB)	phenyliodonium diacetate 苯基二乙酰基碘 (二乙酸碘苯)	
PIFA	phenyliodonium bis(trifluoroacetate) 苯基二(三氟乙酰基)碘 [二(三氟乙酸)碘苯]	
Piv	pivaloyl 新戊酰基	
PLE	pig liver esterase 猪肝酯酶	
PMB (MPM)	*p*-methoxybenzyl 对甲氧基苄基	
PMP	4-methoxyphenyl 对甲氧苯基	
PMP	1,2,2,6,6-pentamethylpiperidine 1,2,2,6,6-五甲基哌啶	
PNB	*p*-nitrobenzyl 对硝基苄基	

续表

英文缩写	中英文名称	化学结构
PNZ	*p*-nitrobenzyloxycarbonyl 对硝基苄氧羰基	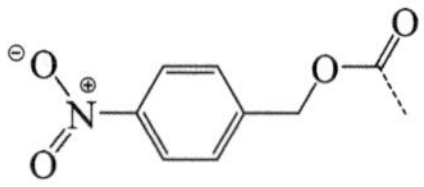
PPA	polyphosphoric acid 多聚磷酸	
PPI	2-phenyl-2-(2-pyridyl)-2*H*-imidazole 2-苯基-2-(2-吡啶基)-2*H*-咪唑	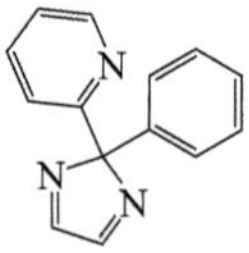
PPL	pig pancreatic lipase 猪胰脂肪酶	
PPO	4-(3-phenylpropyl)pyridine-*N*-oxide 4-(3-苯丙基)吡啶-*N*-氧化物	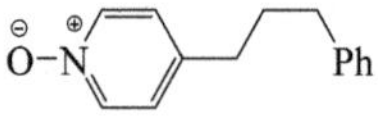
PPSE	polyphosphoric acid trimethylsilyl ester 聚磷酸三甲基硅脂	
PPTS	pyridinium *p*-toluenesulfonate 对甲苯磺酸吡啶鎓盐	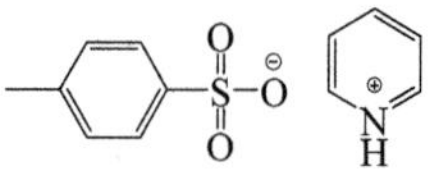
Pr	propyl 丙基	
psi	pounds per square inch 每平方英寸磅(英制压力单位)	—
PT	1-phenyl-1*H*-tetrazol-yl 1-苯基-1*H*-四唑基	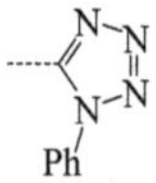
P.T.	proton transfer 质子转移	—
PTAB	phenyltrimethylammonium perbromide 过溴化苯基三甲基铵	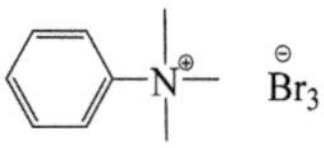
PTC	Phase transfer catalyst 相转移催化剂	—
PTMSE	(2-phenyl-2-trimethylsilyl)ethyl (2-苯基-2-三甲基硅基)乙基	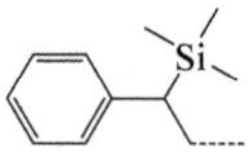
PTSA (TsOH)	*p*-toluenesulfonic acid 对甲苯磺酸	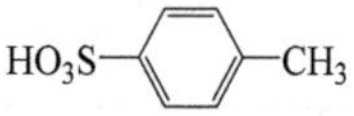
PVP	poly(4-vinylpyridine) 聚(4-乙烯基吡啶)	

续表

英文缩写	中英文名称	化学结构
Py (pyr)	pyridine 吡啶	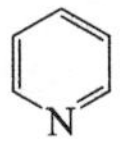 (structure: pyridine ring, N)
rt	room temperature 室温	—
rac	racemic 外消旋的	—
RAMP	(*R*)-1-amino-2-(methoxymethyl)pyrrolidine (*R*)-1-氨基-2-(甲氧基甲基)四氢吡咯 [(*R*)-1-氨基-2-(甲氧基甲基)吡咯烷]	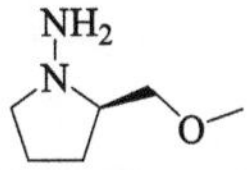 NH_2, N, O
Raney-Ni	Raney nickel Raney 镍	
RB	Rose Bengal 玫瑰红	
RCAM	ring-closing alkyne metathesis 环合烯烃换位反应	—
RCM	ring-closing metathesis 环合换位反应	—
Rds (RDS)	rate-determining step 速率决定步	—
Red-AI	sodium bis(2-methoxyethoxy) aluminum hydride 二(2-甲氧基乙基)氢化铝钠	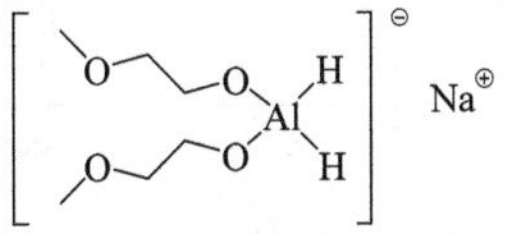 [O, O, Al, H, H, O, O]$^{\ominus}$ $Na^{\oplus}$
Rham	rhamnosyl 鼠李糖基	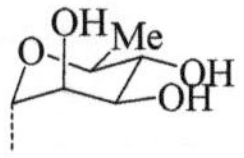 O, OH, Me, OH, OH
R_f	perfluoroalkyl group 全氟烷基	C_nF_{2n+1}
R_f	retention factor in chromatography 色谱中保留系数	—
ROM	ring-opening metathesis 开环换位反应	—
ROMP	ring-opening metathesis polymerization 开环换位聚合反应	—
Rose Bengal (RB)	2,4,5,7-tetraiodo-3′,4′,5′,6′- tetrachlorofluorescein disodium salt (a photosensitizer) 2,4,5,7-四碘-3′,4′,5′,6′-四氯荧光素 二钠盐(玫瑰红)(一种荧光敏剂)	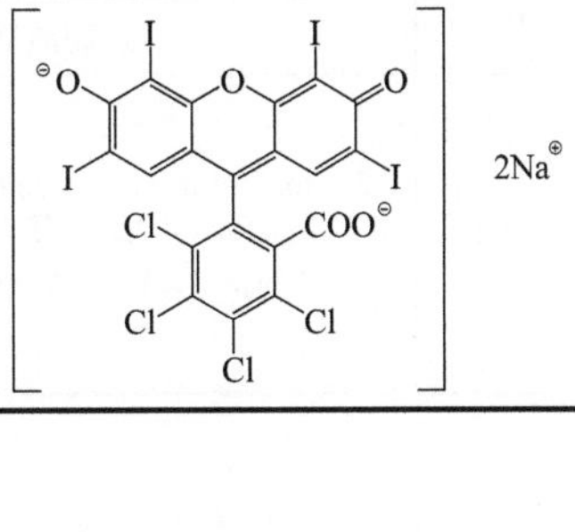 [$^{\ominus}$O, I, O, I, O, I, I, Cl, $COO^{\ominus}$, Cl, Cl, Cl] $2Na^{\oplus}$

续表

英文缩写	中英文名称	化学结构
S,S-chiraphos	(*S,S*)-2,3-bis(diphenylphosphino)butane (*S,S*)-2,3-二(二苯基膦基)丁烷	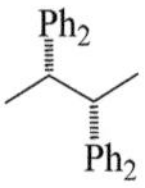
Salen	*N,N'*-ethylenebis(salicylideneiminato) bis(salicylidene)ethylenediamine *N,N'*-亚乙基-二(水杨基亚胺) 二(亚水杨基)乙二胺	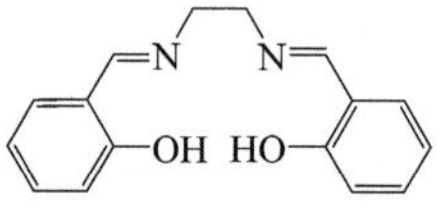
salophen	*o*-phenylenebis(salicylideneiminato) 邻亚苯基-二(水杨基亚胺)	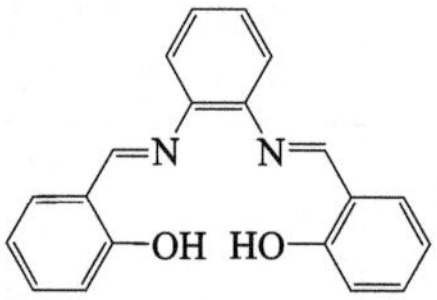
SAMP	(*S*)-1-amino-2-(methoxymethyl)pyrrolidine (*S*)-1-氨基-2-(甲氧基甲基)-吡咯烷	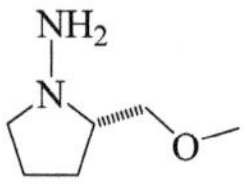
SC CO_2	supercritical carbon-dioxide 超临界二氧化碳	—
SDS	sodium dodecylsulfate 十二烷基硫酸钠	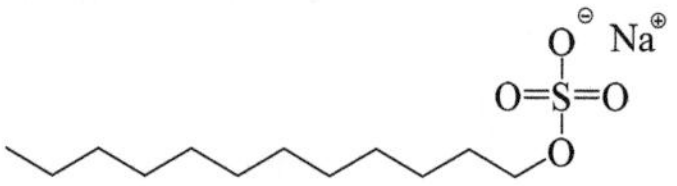
sec	secondary 仲	—
SEM	2-(trimethylsilyl)ethoxymethyl 2-(三甲基硅基)乙氧基甲基	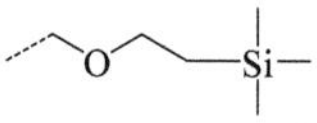
SES	2-[(trimethylsilyl)ethyl]sulfonyl 2-(三甲基硅基)乙基磺酰基	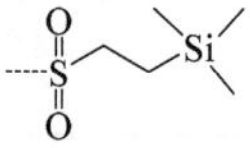
SET	single electron transfer 单电子转移	—
Sia	1,2-dimethylpropyl (secondary isoamyl) 1,2-二甲基丙基(仲异戊基)	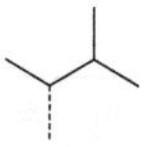
SPB	sodium perborate 过硼酸钠	$\overset{\oplus}{Na}\overset{\ominus}{B}O_3$
TADDOL	2,2-dimethyl-*α,α,α',α'*-tetraaryl-1,3-dioxolane-4,5-dimethanol 2,2-二甲基-*α,α,α',α'*-四芳基-1,3-二氧环戊烷-4,5-二甲醇	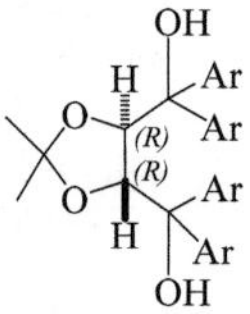

续表

英文缩写	中英文名称	化学结构
TASF	tris(diethylamino)sulfonium difluorotrimethylsilicate 三-(二乙胺基)-二氟三甲基硅酸硫盐	$(Et_2N)_3S^{\oplus}$ $SiMe_3F_2^{\ominus}$
TBAB	tetra-*n*-butylammonium bromide 溴化四正丁基铵	$(n\text{-}Bu)_4\overset{\oplus}{N}\overset{\ominus}{Br}$
TBAF	tetra-*n*-butylammonium fluoride 氟化四正丁基铵	$(n\text{-}Bu)_4\overset{\oplus}{N}\overset{\ominus}{F}$
TBAI	tetra-*n*-butylammonium iodide 碘化四正丁基铵	$(n\text{-}Bu)_4\overset{\oplus}{N}\overset{\ominus}{I}$
TBCO	tetrabromocyclohexadienone 四溴环己二烯酮	Br, Br, O, Br, Br
TBDMS (TBS)	*t*-butyldimethylsilyl 叔丁基二甲基硅基	Si
TBDPS (BPS)	*t*-butyldiphenylsilyl 叔丁基二苯基硅基	Si
TBH	*t*-butyl hypochlorite 次氯酸叔丁酯	O, Cl
TBHP	*t*-butyl hydroperoxide 叔丁基过氧化氢	O, OH
TBP	tributylphosphine 三正丁基膦	$^{n}Bu_4P$
TBT	1-*t*-butyl-1*H*-tetrazol-5-yl 1-叔丁基-1*H*-四唑-5-基	N, N, N, N, ^{t}Bu
TBTH	tributyltin hydride 三正丁基锡氢	$^{n}Bu_3SnH$
TBTSP	*t*-butyl trimethylsilyl peroxide 叔丁基(三甲基硅基)过氧化物	Si, O, O
TCCA	trichloroisocyanuric acid 三氯异氰脲酸	O, Cl, N, Cl—N, O, O, N, Cl
TCDI	thiocarbonyl diimidazole 硫代羰基二咪唑	S, N, N, N, N

续表

英文缩写	中英文名称	化学结构
TCNE	tetracyanoethylene 四氰基乙烯	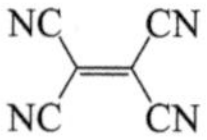 NC CN NC CN
TCNQ	7,7,8,8-tetracyano-para-quinodimethane 7,7,8,8-四氰基对苯二醌二甲烷	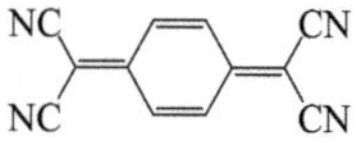 NC CN NC CN
TDS	dimethyl thexylsilyl 二甲基异叔己基硅基	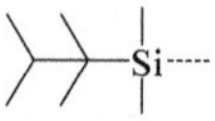 Si
TEA	triethylamine 三乙胺	Et_3N
TEBACl	benzyl trimethylammonium chloride 氯化苄基三甲基铵	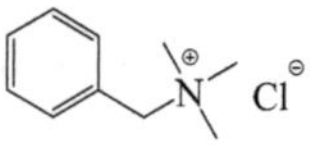 $N^{\oplus}$ $Cl^{\ominus}$
TEMPO	2,2,6,6-tetramethyl-1-piperidinyloxy free radical 2,2,6,6-四甲基-1-哌啶氧自由基	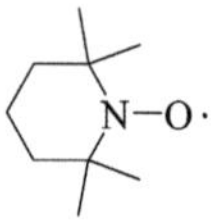 N−O·
Teoc	2-(trimethylsilyl)ethoxycarbonyl 2-(三甲基硅基)乙氧基羰基	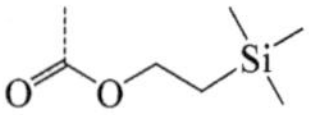 O O Si
TEP	triethylphosphite 亚磷酸三乙酯	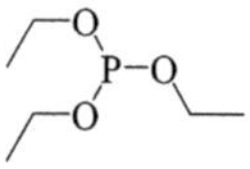 O P−O O
TES	triethylsilyl 三乙基硅基	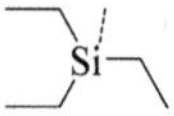 Si
Tf	trifluoromethanesulfonyl 三氟甲磺酰基	$F_3C-S(=O)_2-$
TFA	trifluoroacetic acid 三氟乙酸	$F_3C-C(=O)-OH$
Tfa	trifluoroacetamide 三氟乙酰胺	$F_3C-C(=O)-NH_2$
TFAA	trifluoroacetic anhydride 三氟乙酸酐	$F_3C-C(=O)-O-C(=O)-CF_3$
TFE	2,2,2-trifluoroethanol 2,2,2-三氟乙醇	F_3C-CH_2-OH
TFMSA	trifluoromethanesulfonic acid (triflic acid) 三氟甲磺酸	$F_3C-S(=O)_2-OH$
TFP	tris(2-furyl)phosphine 三(2-呋喃基)膦	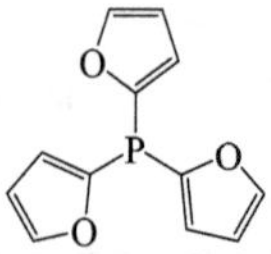 O P O O

续表

英文缩写	中英文名称	化学结构
Th	2-thienyl 2-噻吩基	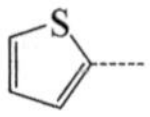
thexyl	1,1,2-trimethylpropyl 1,1,2-三甲基丙基(异叔己基)	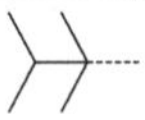
THF	tetrahydrofuran 四氢呋喃	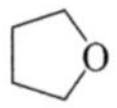
THP	2-tetrahydropyranyl 2-四氢吡喃	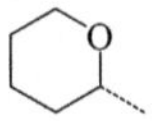
TIPB	1,3,5-triiso propylbenzene 1,3,5-三异丙基苯	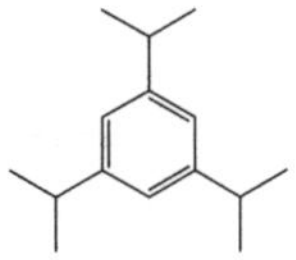
TIPS	triiso propylsilyl 三异丙基硅基	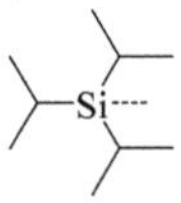
TM	target molecule	—
TMAO (TMANO)	trimethylamine *N*-oxide 三甲胺-*N*-氧化物	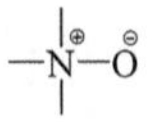
TMEDA	*N,N,N',N'*-tetramethylethylenediamine *N,N,N',N'*-四甲基乙二胺	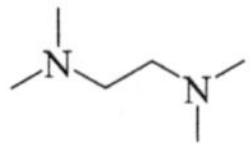
TMG	1,1,3,3-tetramethylguanidine 1,1,3,3-四甲基胍	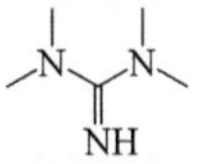
TMGA	tetramethylguanidinium azide 叠氮化四甲基胍盐	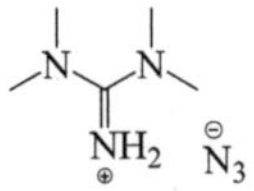
Tmob	2,4,6-trimethoxybenzyl 2,4,6-三甲氧基苄基	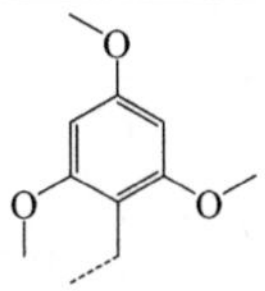
TMP	2,2,6,6-tetramethylpiperidine 2,2,6,6-四甲基哌啶	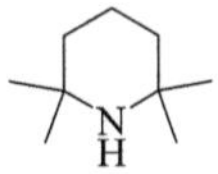
TMS	trimethylsilyl 三甲基硅基	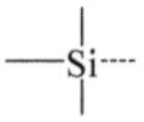
TMSA	trimethylsilyl azide 叠氮化三甲基硅	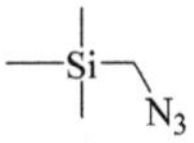

续表

英文缩写	中英文名称	化学结构
TMSEE	(trimethylsilyl)ethynyl ether (三甲基硅基)乙炔基醚	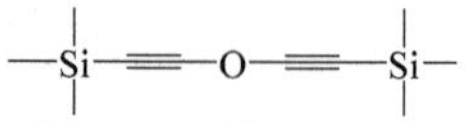
TMU	tetramethylurea 四甲基脲	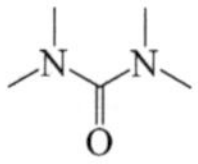
TNM	tetranitromethane 四硝基甲烷	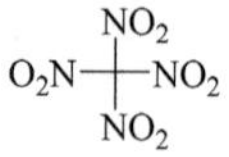
Tol	*p*-tolyl 对甲苯基	
tolbinap	2,2′-bis(di-*p*-tolylphosphino)-1,1′-binaphthyl 2,2′-二(二对甲苯基膦)-1,1′-联萘	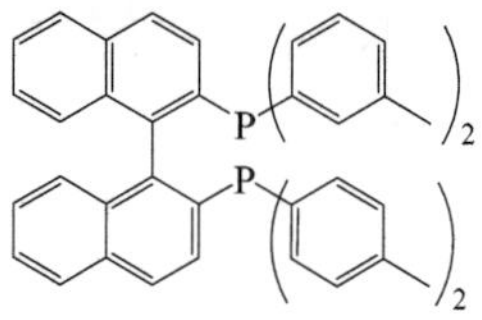
T3P	*n*-propanephosphonic acid anhydride 正丙基磷酸酐	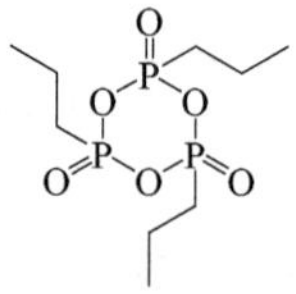
TPAP	tetra-*n*-propylammonium perruthenate 四正丙基过钌酸铵	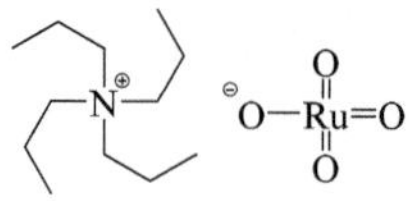
TPP	triphenylphosphine 三苯基膦	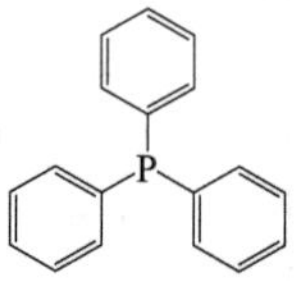
TPP	5,10,15,20-tetraphenylporphyrin 5,10,15,20-四苯基卟啉	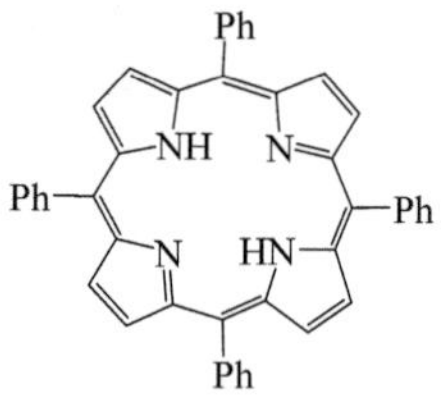
TPS	triphenylsilyl 三苯基硅基	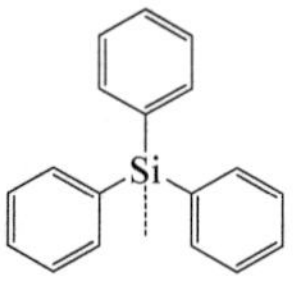

续表

英文缩写	中英文名称	化学结构
Tr	trityl (triphenylmethyl) 三苯甲基	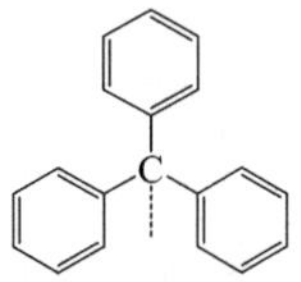
Trisyl	2,4,6-triiso propylbenzenesulfonyl 2,4,6-三异丙基苯磺酰基	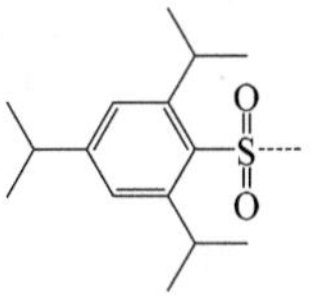
Troc	2,2,2-trichloroethoxycarbonyl 2,2,2-三氯乙氧基羰基	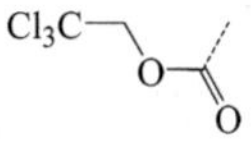
TS	transition state (or transition structure) 过渡态(或过渡结构)	—
Ts (Tos)	*p*-toluenesulfonyl 对甲苯磺酰基	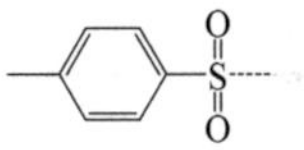
TSE (TMSE)	2-(trimethylsilyl)ethyl 2-三甲基硅基乙基	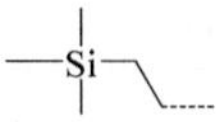
TTBP	2,4,5-tri-*t*-butylpyrimidine 2,4,5-三叔丁基嘧啶	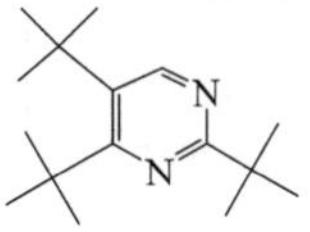
TTMSS	tris(trimethylsilyl)silane 三(三甲基硅基)硅烷	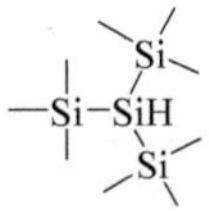
TTN	thallium(III)-trinitrate 硝酸铊(III)	$TI(NO_3)_3$
UHP	urea-hydrogen peroxide complex 尿素-过氧化氢络合物	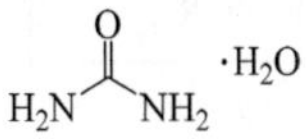
Vitride (Red-AI)	sodium bis(2-methoxyethoxy)aluminum hydride 二(2-甲氧基乙氧基)铝钠氢(红铝)	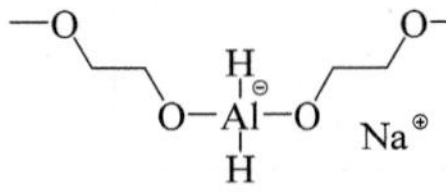
wk	weeks (length of reaction time) 周(反应时间长度)	—
Z (Cbz)	benzyloxycarbonyl 苄氧基羰基	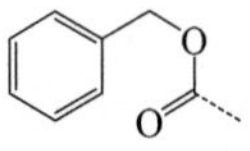

附录 2 酸碱度表

pK_a	酸	对应碱	pK_a	酸	对应碱
−10	$HO-S(=O)_2-OH$	$HO-S(=O)_2-O^{\ominus}$	−0.5	$RC(=\overset{\oplus}{O}H)NH_2$	$RC(=O)NH_2$
−9	$RC(=\overset{\oplus}{O}H)Cl$	$RC(=O)Cl$	0.5	$F_3C-C(=O)OH$	$F_3C-C(=O)O^{\ominus}$
−8	$RC(=\overset{\oplus}{O}H)H$	$RC(=O)H$	1.5	$Ph-S(=O)-OH$	$Ph-S(=O)-O^{\ominus}$
−7	$RC(=\overset{\oplus}{O}H)R$	$RC(=O)R$	2	$HO-S(=O)_2-O^{\ominus}$	$^{\ominus}O-S(=O)_2-O^{\ominus}$
−6.5	$RC(=\overset{\oplus}{O}H)OR$	$RC(=O)OR$	2.2	$HO-P(=O)(=O)-O^{\ominus}$	$^{\ominus}O-P(=O)(OH)-O^{\ominus}$
−6.5	$Ar-S(=O)_2-OH$	$Ar-S(=O)_2-O^{\ominus}$	2.9	$ClH_2C-C(=O)OH$	$ClH_2C-C(=O)O^{\ominus}$
−6.4	$Ar\overset{\oplus}{O}H_2$	ArOH	4.2	$Ph-C(=O)OH$	$Ph-C(=O)O^{\ominus}$
−6	$Me-S(=O)_2-OH$	$Me-S(=O)_2-O^{\ominus}$	4.8	$Me-C(=O)OH$	$Me-C(=O)O^{\ominus}$
−6	$RC(=\overset{\oplus}{O}H)OH$	$RC(=O)OH$	6.4	$HO-C(=O)-OH$	$HO-C(=O)-O^{\ominus}$
−6	$Ar-\overset{\oplus}{O}(H)-R$	Ar—O—R	7.2	$HO-P(=O)(OH)-O^{\ominus}$	$^{\ominus}O-P(=O)(OH)-O^{\ominus}$
−3.5	$R-\overset{\oplus}{O}(H)-R$	R—O—R	10	PhOH	$PhO^{\ominus}$
−2.4	$Et\overset{\oplus}{O}H_2$	EtOH	10.3	$HO-C(=O)-O^{\ominus}$	$^{\ominus}O-C(=O)-O^{\ominus}$
−1.7	$H_3\overset{\oplus}{O}$	H_2O	11.6	HO—OH	$HO-O^{\ominus}$
−1.5	$ArC(=\overset{\oplus}{O}H)NH_2$	$ArC(=O)NH_2$	12.2	$Me_2C=N-OH$	$Me_2C=N-O^{\ominus}$
−1.4	$HO-\overset{\oplus}{N}(=O)-O^{\ominus}$	$^{\ominus}O-\overset{\oplus}{N}(=O)-O^{\ominus}$	12.4	$^{\ominus}O-P(=O)(OH)-O^{\ominus}$	$^{\ominus}O-P(=O)(O^{\ominus})-O^{\ominus}$

续表

pK_a	酸	对应碱	pK_a	酸	对应碱
12.4	CF_3CH_2OH	$CF_3CH_2O^{\ominus}$	10.6	$Et\overset{\oplus}{N}H_3$	$EtNH_2$
13.3	$HOCH_2OH$	$HOCH_2O^{\ominus}$	10.7	$Et_3\overset{\oplus}{N}H$	Et_3N
15.5	Me—OH	Me—$O^{\ominus}$	13.6	$(H_2N)_2C{=}\overset{\oplus}{N}H_2$	$(H_2N)_2C{=}NH$
15.7	H_2O	$^{\ominus}OH$	17	吲哚（N—H）	吲哚负离子（$N^{\ominus}$）
16	EtOH	$EtO^{\ominus}$	17	$RC(=O)NH_2$	$RC(=O)\overset{\ominus}{N}H$
18	*i*-PrOH	*i*-$PrO^{\ominus}$	25.8	$(Me_3Si)_2N{-}H$	$(Me_3Si)_2N^{\ominus}$
19	*t*-BuOH	*t*$BuO^{\ominus}$	27	$PhNH_2$	$Ph\overset{\ominus}{N}H$
−10	$R{-}C{\equiv}\overset{\oplus}{N}{-}H$	$R{-}C{\equiv}N{-}H$	35	NH_3	$^{\ominus}NH_3$
4.6	$Ph{-}\overset{\oplus}{N}H_3$	$Ph{-}NH_2$	36	Et_2NH	$Et_2N^{\ominus}$
5.2	吡啶鎓（$\overset{\oplus}{N}{-}H$）	吡啶	9	$MeC(=O)CH(H)C(=O)Me$	$MeC(=O)\overset{\ominus}{C}HC(=O)Me$
5.8	$HO{-}\overset{\oplus}{N}H_3$	$HO{-}NH_2$	9.2	$H{-}C{\equiv}N$	$^{\ominus}C{\equiv}N$
7	咪唑鎓（HN，$\overset{\oplus}{N}H$）	咪唑（HN，N）	10	噻唑鎓（S，$\overset{\oplus}{N}{-}R$，C—H）	噻唑鎓叶立德（S，$\overset{\oplus}{N}{-}R$，$C^{\ominus}$）
7.9	$H_2N{-}\overset{\oplus}{N}H_3$	$H_2N{-}NH_2$	10.2	$H_3C{-}NH_2$	$H_2\overset{\oplus}{C}{-}NO_2$
8.5	$Ph{-}S(=O)_2{-}NH_2$	$Ph{-}S(=O)_2{-}\overset{\ominus}{N}H$	10.2	$H_3C{-}\overset{\oplus}{N}{\equiv}N$	$H_2\overset{\ominus}{C}{-}\overset{\oplus}{N}{\equiv}N$
9.2	$\overset{\oplus}{N}H_4$	NH_3	10.7	$MeC(=O)CH(H)C(=O)OR$	$MeC(=O)\overset{\ominus}{C}HC(=O)OR$
9.6	$MeC(=O)N(H)C(=O)Me$	$MeC(=O)\overset{\ominus}{N}C(=O)Me$	11.2	$NC{-}CH(H){-}CN$	$NC{-}\overset{\ominus}{C}H{-}CN$

续表

pK_a	酸	对应碱	pK_a	酸	对应碱
13	$ROC(O)CH_2C(O)OR$	$ROC(O)\overset{\ominus}{C}HC(O)OR$	43	$H_3C-CH=CH_2$	$H_2\overset{\ominus}{C}-CH=CH_2$
13.5	$H_3C-C(O)-O-C(O)-CH_3$	$H_3C-C(O)-O-C(O)-\overset{\ominus}{C}H_2$	43	H—Ph	$^{\ominus}$Ph
13.6	$H-CCl_3$	$^{\ominus}CCl_3$	44	$H_2C=CH_2$	$H\overset{\ominus}{C}=CH_2$
14	$H_3C-C(O)-SR$	$H_2\overset{\ominus}{C}-C(O)-SR$	48	CH_4	$^{\ominus}CH_3$
16	环戊二烯（C_5H_5—CH_2）	环戊二烯负离子（$\overset{\ominus}{C}H$）	50	H_3C-CH_3	$H_2\overset{\ominus}{C}-CH_3$
16	$H_3C-C(O)-Cl$	$H_2\overset{\ominus}{C}-C(O)-Cl$	51	$Me-CH_2-Me$	$Me-\overset{\ominus}{C}H-Me$
19.2	$H_3C-C(O)-CH_3$	$H_2\overset{\ominus}{C}-C(O)-CH_3$	52	Me_3C-H	$Me_3C^{\ominus}$
23	$H_3C-SO_2-CH_3$	$H_2\overset{\ominus}{C}-SO_2-CH_3$	−10	H—I	$^{\ominus}$I
24	$H_3C-C(O)-OR$	$H_2\overset{\ominus}{C}-C(O)-OR$	−9	H—Br	$^{\ominus}$Br
25	$H_3C-C\equiv N$	$H_2\overset{\ominus}{C}-C\equiv N$	−7	H—Cl	$^{\ominus}$Cl
25	$HC\equiv CH$	$^{\ominus}C\equiv CH$	3.2	H—F	$^{\ominus}$F
28	$H_3C-C(O)-NR_2$	$H_2\overset{\ominus}{C}-C(O)-NR_2$	3.3	$H_3C-C(O)-SH$	$H_3C-C(O)-S^{\ominus}$
31	$RS-CH_2-SR$	$RS-\overset{\ominus}{C}H-SR$	6.5	PhSH	PhS$^{\ominus}$
35	$H_3C-S(O)-CH_3$	$H_2\overset{\ominus}{C}-S(O)-CH_3$	10.6	EtSH	EtS$^{\ominus}$
35	$H_3C-\overset{\oplus}{P}Ph_3$	$H_2\overset{\ominus}{C}-\overset{\oplus}{P}Ph_3$	35	H—H	H$^{\ominus}$
41	H_3C-Ph	$H_2\overset{\ominus}{C}-Ph$			

附录 3　常用有机溶剂物理性质

名称	分子量	熔点/℃	沸点/℃	闪点/℃	密度/(g/cm^3)	毒性	溶解度
甲醇	32.04	−97.7	64.7	11	0.7913	低毒，神经视力损害	可溶于水和常见有机溶剂（石油醚除外）
乙醇	46.07	−117.3	78.5	13	0.7894	微毒，麻醉，神经抑制	可溶于水和常见有机溶剂
乙醚	74.12	−116.3	34.6	−45	0.7134	麻醉	不溶于水，可溶于常见有机溶剂（DMSO 除外）
丙酮	58.08	−95.35	56.2	−20	0.7906	微毒，麻醉	可溶于水和常见有机溶剂
乙酸	60.05	1.7	117.9	39(cc)	1.0492	刺激，腐蚀	可溶于水和常见有机溶剂
乙酸酐	102.09	−73.1	139.8	54(cc)	1.0820	低毒，刺激，腐蚀	在水中易水解，可溶于常见有机溶剂
1,4-二氧六环	88.11	11.8	101.2	12	1.0329	刺激，麻醉	可溶于水和常见有机溶剂
苯	78.12	5.5	80.1	−11(cc)	0.8787	致癌，神经、造血损害	不溶于水，可溶于常见有机溶剂
甲苯	92.14	−94.9	110.6	4	0.8660	低毒，刺激，神经损害	不溶于水，可溶于常见有机溶剂
氯仿	119.39	−63.6	61.1		1.4832	强麻醉，易转变光气，致癌	不溶于水，可溶于常见有机溶剂
二氯甲烷	84.93	−95	39.7	—	1.3265	微毒，麻醉，刺激	不溶于水，可溶于常见有机溶剂
四氯化碳	153.82	−22.99	76.5	—	1.5940	口服中毒，心肝肾损害	不溶于水，可溶于常见有机溶剂
乙酸乙酯	88.11	−83.58	77.1	−4	0.9003	低毒，刺激	不溶于水，可溶于常见有机溶剂
四氢呋喃	72.11	−108.5	65.4	−14	0.8892	麻醉，肝肾损害	可溶于水和常见有机溶剂
二甲基亚砜	78.13	−18.5	189.0	95	1.101	微毒类	不溶于烷烃和醚，其他可溶
乙腈	41.05	−44	81.6	6	0.7875	中毒	不溶于烷烃和醚，其他可溶
吡啶	79.10	−41.6	115.2	20	0.9827	低毒，刺激	可溶于水和常见有机溶剂
石油醚			60 ~ 90		0.63 ~ 0.66	低毒	不溶于水、DMF、DMSO、甲醇、乙腈，其他可溶
正丁醇	74.12	−89.5	117.7	37	0.8097	低毒	不溶于水，可溶于常见有机溶剂
异丙醇	60.10	−89.5	82.4	12	0.7855	微毒，刺激，视力损害	可溶于水和常见有机溶剂
硝基苯	123.11	5.8	210.8	88	1.205	致癌	不溶于水，可溶于常见有机溶剂
N,N-二甲基甲酰胺	73.10	−60.4	152.8	57	1.4305	低毒，刺激	不溶于烷烃和醚，其他可溶

附录 4 常用显色剂及配制方法

名称	适用范围	配制方法
紫外灯	共轭结构	无需配制
碘粉	适用于各种化合物	10 g 碘粒，30 g 硅胶
磷钼酸（PMA）	适用于各种化合物	10 g 磷钼酸+100 mL 乙醇
茴香醛（对甲氧基苯甲醛）1	适用于各种化合物	135 mL 乙醇 + 5 mL 浓硫酸 + 1.5 mL 冰醋酸 + 3.7 mL 茴香醛，剧烈搅拌混合均匀
茴香醛（对甲氧基苯甲醛）2	适用于萜烯、桉树脑、醉茄内酯、山油柑碱	茴香醛：$HClO_4$：丙酮：水（1：10：20：80）
硫酸铈	适用于生物碱	10%硫酸铈（Ⅳ）+15%硫酸的水溶液
氯化铁	适用于苯酚类化合物	1% $FeCl_3$ + 50%乙醇水溶液
桑黄素（羟基黄酮）	适用于各种化合物	0.1%桑黄素 + 甲醇
茚三酮	适用于氨基酸类	1.5 g 茚三酮 + 100 mL 正丁醇 + 3.0 mL 醋酸
二硝基苯肼（DNP）	适用于醛类和酮类	12 g 二硝基苯肼 + 60 mL 浓硫酸 + 80 mL 水 + 200 mL 乙醇
香草醛（香兰素）	适用于各种化合物	15 g 香草醛 + 250 mL 乙醇 + 2.5 mL 浓硫酸
碱性高锰酸钾	适用于含还原性基团的化合物，如羟基、氨基、醛基等	1.5 g $KMnO_4$ + 10 g K_2CO_3 + 1.25 mL 10% NaOH + 200 mL 水（使用期 3 个月）
溴甲酚绿	适用于酸性化合物，$pK_a \leqslant 5.0$	在 100 mL 乙醇中，加入 0.04 g 溴甲酚绿，缓慢滴加 0.1 mol/L 的 NaOH 水溶液，刚好出现蓝色即止
钼酸铈	适用于各种化合物	235 mL 水 + 12 g 钼酸铵 + 0.5 g 钼酸铈铵 + 15 mL 浓硫酸